国家骨干高职院校项目建设成果

Wuliu Guanli Zhuanye ji Zhuanyequn
物流管理专业及专业群
Rencai Peiyang Fang'an
人才培养方案

王敏军　黄　浩　孙浩静　主　编
戴豪赣　主　审

人民交通出版社股份有限公司
China Communications Press Co.,Ltd.

内 容 提 要

《物流管理专业及专业群人才培养方案》是江西交通职业技术学院国家骨干高职院校建设项目的重点专业建设成果之一。物流管理专业作为中央财政支持的重点建设专业项目之一，在建设过程中，坚持“以需求为导向、以能力为核心、以学生为中心”的现代职业教育理念，在对行业内企业进行调研的基础上，依托合作企业，推行“岗位导向、产学对接”的人才培养模式。以交通运输物流企业运营真实情境为引领，实施“任务驱动、虚实结合”的教学模式和“三段递进、工学交替”的教学组织模式，进一步构建以物流管理岗位职业能力标准为导向的课程体系，实现专业教学资源共享。

本专业人才培养方案共分为三部分，第一部分是物流管理专业人才培养方案、实施人才培养方案的支撑条件以及主要的课程标准；第二部分是报关与国际货运专业人才培养方案及专业核心学习领域的课程标准；第三部分是会计电算化专业人才培养方案及专业核心学习领域的课程标准。

本方案可作为高职院校同类专业的教学参考标准，也可为其他专业制订人才培养方案和课程标准提供参考。

图书在版编目(CIP)数据

物流管理专业及专业群人才培养方案 / 王敏军，黄浩，孙浩静主编. —北京：人民交通出版社股份有限公司，2015.1

国家骨干高职院校项目建设成果

ISBN 978-7-114-12438-9

Ⅰ.①物… Ⅱ.①王… ②黄… ③孙… Ⅲ.①物流-物资管理-人才培养-高等职业教育-教材 Ⅳ.①F252

中国版本图书馆 CIP 数据核字(2015)第 183707 号

国家骨干高职院校项目建设成果

书　　名：**物流管理专业及专业群人才培养方案**
著 作 者：王敏军　黄　浩　孙浩静
责任编辑：卢仲贤　司昌静
出版发行：人民交通出版社股份有限公司
地　　址：(100011)北京市朝阳区安定门外外馆斜街 3 号
网　　址：http://www.ccpress.com.cn
销售电话：(010)59757973
总 经 销：人民交通出版社股份有限公司发行部
经　　销：各地新华书店
印　　刷：北京市密东印刷有限公司
开　　本：787×1092　1/16
印　　张：18.25
字　　数：438 千
版　　次：2015 年 1 月　第 1 版
印　　次：2015 年 1 月　第 1 次印刷
书　　号：ISBN 978-7-114-12438-9
定　　价：90.00 元

江西交通职业技术学院
专业人才培养方案编审委员会

本书编审人员

主　编：王敏军　江西交通职业技术学院

黄　浩　江西交通职业技术学院

孙浩静　江西交通职业技术学院

主　审：戴豪赣　江西长运大通物流有限公司

参　编：陆亚维　江西交通职业技术学院

闵秀红　江西交通职业技术学院

熊　青　江西交通职业技术学院

邱海菊　江西交通职业技术学院

唐振武　江西交通职业技术学院

万义国　江西交通职业技术学院

曾周玉　江西交通职业技术学院

黄盈盈　江西交通职业技术学院

迟　颖　江西交通职业技术学院

叶雄英　江西交通职业技术学院

安礼奎　江西交通职业技术学院

杨　莉　江西交通职业技术学院

汪武芽　江西交通职业技术学院

占　维　江西交通职业技术学院

敖丽芳　江西交通职业技术学院

序

PREFACE

为配合国家骨干高职院校建设，推进教育教学改革，重构教学内容，改进教学方法，在多年课程改革的基础上，江西交通职业技术学院组织相关专业教师和行业企业技术人员共同编写了“国家骨干高职院校重点建设专业人才培养方案和优质核心课程系列教材”。经过三年的试用与修改，本套丛书在人民交通出版社股份有限公司的支持下正式出版发行。在此，向本套丛书的编审人员、人民交通出版社股份有限公司及提供帮助的企业表示衷心感谢！

人才培养方案和教材是教师教学的重要资源和辅助工具，其优劣对教与学的质量有着重要的影响。好的人才培养方案和教材能够提纲挈领，举一反三，而差的则照搬照抄，不知所云。在当前阶段，人才培养方案和教材仍然是教师以育人为目标，服务学生不可或缺的载体和媒介。

基于上述认识，本套丛书以适应高职教育教学改革需要、体现高职教材“理论够用、突出能力”的特色为出发点和目标，努力从内容到形式上有所突破和创新。在人才培养方案设计时，依据企业岗位的需求，构建了以岗位需求为导向，融教学生产于一体的工学结合人才培养模式；在教学内容取舍上，坚持实用性和针对性相结合的原则，根据高职院校学生到工作岗位所需的职业技能进行选择。并且，从分析典型工作任务入手，由易到难设置学习情境，寓知识、能力、情感培养于学生的学习过程中，力求为教学组织与实施提供一种可以借鉴的模式。

本套丛书共涉及汽车运用技术、道路桥梁工程技术、物流管理和交通安全与智能控制等27个专业的人才培养方案，24门核心课程教材。希望本套丛书能具有学校特色和专业特色，适应行业企业需求、高职学生特点和经济社会发展要求。我们期待它能够成为交通运输行业高素质技术技能人才培养中有力的助推器。

用心用功用情唯求致用，耗时耗力耗资应有所值。如此，方为此套丛书的最大幸事！

江西省交通运输厅总工程师

2014年12月

CONTENTS

物流管理专业人才培养方案

报关与国际货运专业人才培养方案

会计电算化专业人才培养方案

物流管理专业
人才培养方案

第一部分　主体部分

一、专业名称（专业代码）

物流管理（620505）

二、招生对象

普通高中毕业生或具有同等学力者

三、学制

全日制三年

四、培养目标

本专业培养学生掌握现代物流管理基本理论和储配方案设计优化与实施、综合运输管理、国际货运代理、物流企业运营管理、物流信息系统维护与应用等物流作业管理应用技术，并具有职业生涯发展基础和良好职业道德的高等技术应用型专门人才。

五、就业面向

本专业毕业生就业主要面向物流企业、物流园区、大型生产企业、商贸企业，从事仓储、运输、物流规划与运营、国际货运、物流信息采集及客户服务等管理工作。

六、培养规格

（一）素质目标

（1）具有较强的社会责任感、团队协作能力、沟通交流能力与社交能力；
（2）具有较强的语言表达能力、文字表达能力；
（3）具有较强的英语综合运用能力和计算机应用能力；
（4）具有良好的文化、身体和心理素质。

（二）知识目标

（1）具有本专业所必需的数学计算、英语交流、计算机应用等科学文化基础知识；
（2）具有经济法、经济学、财务管理、物流基础等专业基础知识；
（3）掌握仓储设计与优化、运输作业、货运代理、物流企业运营、物流信息维护等专业知识；
（4）了解物流行业现状及发展趋势的相关信息。

（三）能力目标

（1）具有阅读一般性英语技术资料和简单口头交流能力；
（2）具有计算机操作和应用能力；

(3)具有物流企业运营管理能力；

(4)具有物流相关信息收集和处理的能力；

(5)具有物流成本分析和财务运作能力；

(6)具有物流方案规划设计和优化的能力；

(7)具有运用现代信息技术从事相关物流管理工作的能力；

(8)具有物流设备和相关软件的操作运用能力。

七、教学环节进程安排表

(一)培养时间分配表

在人才培养的实施过程中,教学环节周数分配见表1-1。

物流管理专业培养时间分配表　　表1-1

学年		第一学年		第二学年		第三学年		合计
学期		一	二	三	四	五	六	
1	入学教育	1周						1周
2	国防教育	2周						2周
3	课内教学	16周	19周	18周	16周	14周		83周
4	实践教学			1周	3周	1周		5周
5	生产实习					4周	19周	23周
累计		19周	19周	19周	19周	19周	19周	114周

注:1. 课内教学指按课程(学习领域)组织的各种教学活动,包括理论课程、理实一体化课程等。

2. 实践教学是指计划单列的非生产性实践教学活动,包括专业认识实践、专项单列实训、课程设计、综合设计等。

3. 生产实习是指生产性教学实习活动,包括工学交替生产实习、生产劳动实习、毕业顶岗实习。

(二)教学进程表(表1-2)

物流管理专业教学进程表　　表1-2

序号	类别	课程名称	教学时数与学分				考核方式		课内教学时数及实践周数					
									第一学年		第二学年		第三学年	
			总学时	学分	理论学时	实践学时	考试学期	考查学期	一	二	三	四	五	六
									16周	19周	18周	16周	14周	0周
1	公共基础课程	“两课”基础	64	4	64			1	4					
2		“两课”概论	76	4	76			2		4				
3		体育	70	4	70			1、2	2	2				
4		计算机应用基础	96	5	44	52	1		6					
5		高等数学	64	4	64			1	4					
6		大学英语	140	6	140		1、2		4	4				
7		大学语文	64	4	64				4					
8		任选课1	36	2	36			3			2			
9		任选课2	32	3	32			4				2		
10		应用文写作	28	2	28			5					2	
11		就业指导	14	1	14			5					1	
公共基础课程小计			684	39	632	52	课内占比		34.03%					

续上表

序号	类别	课程名称	教学时数与学分				考核方式		课内教学时数及实践周数					
			总学时	学分	理论学时	实践学时	考试学期	考查学期	第一学年		第二学年		第三学年	
									一	二	三	四	五	六
									16 周	19 周	18 周	16 周	14 周	0 周
1	专业基础学习领域	礼仪	32	2	20	12	1		2					
2		统计基础与实务	57	4	23	34	2			3				
3		基础会计	76	5	48	28	2			4				
4		物流学	76	5	42	34	2			4				
5		经济法	57	4	57			2		3				
6		物流专业英语	72	4	72			3			4			
7		企业管理基本知识	72	5	60	12		3			4			
8		管理基础能力训练	36	2	24	12		4				2		
专业基础学习领域小计			478	31	346	132	课内占比		23.78%					
1	专业核心学习领域	物流信息系统维护与应用	108	7	68	40	3				6			
2		综合运输作业管理	108	7	62	46	3				6			
3		储配方案优化设计与实施	128	9	66	62	4					8		
4		国际货运代理实务	128	9	62	66	4					8		
5		物流企业运营管理实务	112	7	50	62	5						8	
专业核心学习领域小计			584	39	308	276	课内占比		39.09%					
1	专业拓展学习领域	企业经营理财分析	64	4	54	10		3				4		
2		公共关系学	32	2	20	12		4				2		
3		物流项目管理	56	4	30	26		5					4	
4		办公软件应用实务	56	4	26	30		5					4	
5		电子商务物流	56	4	30	26	5						4	
专业拓展学习领域小计			264	18	160	104	课内占比		13.13%					
课内教学环节合计			2010	127	1446	564	总百分比		68.37%					
1	独立实践环节	入学教育	1 周	2		30			1 周					
2		国防教育	2 周	4		60			2 周					
3		综合运输作业管理实训	1 周	2		30					1 周			
4		储配方案优化设计与实施实训	1 周	2		30						1 周		
5		国际货运代理实训	2 周	4		60						2 周		
6		物流企业运营管理实训	1 周	2		30							1 周	
7		物流企业岗位轮训实习	4 周	6		120							4 周	
8		毕业顶岗实习	19 周	10		570								19 周
独立实践环节合计			930	32		930	总百分比		31.63%					
课时(学分)总计			2940	159	1446	1494	周时数		26	24	24	24	23	0
周数总计									19	19	19	19	19	19
理论教学时数			1446				总百分比		49.18%					
实践教学时数			1494				总百分比		50.82%					

(三)课程设置及学时比例(表1-3)

物流管理专业课程设置及学时比例表　　表1-3

项目	理论教学	实践教学			
		课内实训	专项实训	生产实习	合计
学时	1446	564	360	570	1494
所占比例	49.18%	50.82%			

注:1. 理论教学学时不包含课内的实训环节教学,课内实训是指由课程教学内完成的、非计划单列实践教学。
2. 专项实训是指计划单列的非生产性实践教学,包括专业认识实践、专项单列实训、课程设计、综合设计、社会实践等。
3. 生产实习包含轮岗生产实习、定岗生产实习、毕业顶岗实习。

八、毕业标准

(一)学分要求

学生须修完本专业培养方案中必修课程和选修课程,思想道德考核合格,总学分达到165学分,其中选修课最低达到4学分。

(二)取证要求

必须取得省级计算机等级证和英语应用能力证书,并获得至少一个本专业职业资格证书方可毕业,详见表1-4。

物流管理专业职业资格证书表　　表1-4

序号	考核项目	考核发证部门	等级要求
1	助理物流师	人力资源和社会保障部	四级
2	国际商务单证员	外经贸企业协会	职业资格证
3	国际货运代理员	中国国际货运代理协会	职业资格证

(三)其他要求

(1)德、智、体、美良好,学生管理部门考核达标;

(2)按规定修完所有课程,成绩合格;

(3)完成各实践性教学环节(单列科目:如实践课、课程设计、实习、毕业实践、毕业设计等)的学习,成绩合格;

(4)参加一学期的顶岗实习并考核合格。

九、其他说明

本专业人才培养方案依托江西交通职业技术学院管理工程系校企合作工作委员会,与江西交远物流有限公司、江西邮政物流、德邦物流有限公司、江西长运大通物流有限公司、上海申丝物流、江西远洋运输公司等企业以及物流技术应用研究所、江西省交通运输与物流协会等单位合作,共同制订本专业人才培养方案。

(执笔人:孙浩静)

第二部分 支撑材料

一、专业人才培养实施条件

(一)专业教学团队

1. 师资数量与结构

(1)教师队伍结构优化,梯队合理,45岁以下青年教师中具有研究生学历或硕士以上学位者比例达到30%。

(2)每门课程的专任教师应不少于2人,专任教师数量应与学生规模相适应,专任教师中高级职称的比例≥30%,主要专业技能课程至少配备相关专业中级技术职称以上的专任教师2人。

(3)每门课程的专任教师中具备双师素质教师的比例应达到80%以上,由企业工程技术人员担任的兼职教师数占专任教师总数比例应达到50%左右。

(4)专业实训、实习指导教师80%以上具有大专以上学历或中级以上职称;同时,实习指导教师具有中高级职称人数应≥20%。

2. 业务水平

教师应具备良好的职业道德和一定的教学科研能力,获得高等教育教师任职资格。其中主讲教师应由具备讲师以上职称的专任教师或工程师以上职称的兼任教师担任,参加科学研究或技术服务的专任教师人数不少于专任教师总数的30%。

3. 教学团队现状

江西交通职业技术学院物流管理专业现有专业教师29人,其中专任教师16人,从运输、仓储、快递等相关企业聘请了具有丰富实践经验的兼职教师13名。专任教师中,教授4人、副教授4人、江西省高校教学名师1人、交通高等职业教育专业带头人2人、江西省高校中青年学科带头人1人、江西省高校中青年骨干教师2人,双师素质专业教师比例达到93%。

(二)专业教学资源

1. 选用优秀的高职高专规划教材

在选择教材时,应整体研究制定教材选用标准和选用程序,确保具有时代性、应用性、先进性和普适性的优秀教材优先被选用,同时,要注意选用具有鲜明行业特征的高职高专规划教材、特色教材和精品教材。

2. 优质核心课程建设与校本教材编写

1)优质核心课程

依据行业和区域经济发展对物流管理职业岗位能力、职业素质与知识的需求,分析人才层次的差异性及其涉及的岗位。按入职岗位群、拓展岗位群、晋升岗位群进行归类,整合各物流岗位任职资格,将物流企业中的作业流程、实际工作情景和任务、相关技能要求等内容编入校本教材，将行业标准和职业道德融入教学内容中，由专业教师与企业技术人员共同开发了5门专业核心课程（表1-5），具体内容包括课程标准、校本教材、电子教案、教学录像、案例库、专题讲座库、素材资源库、试题库系统、在线自测系统，以及课程教学、学习和交流工具等，可以满足学生自主学习的要求。

物流管理专业优质核心课程建设一览表

表1-5

序号	课程名称	建设状态	负责人	通过时间
1	综合运输作业管理	省级	熊青、戴豪赣（企业）	2014.7
2	物流企业运营管理实务	院级	黄浩、章强（企业）	2012.12
3	物流信息系统维护与应用	院级	曾周玉、傅友华（企业）	2012.12
4	储配方案优化设计与实施	院级	万义国、胡宗林（企业）	2012.12
5	国际货运代理实务	院级	闵秀红、黄友荣（企业）	2011.12

2）校本教材

根据课程标准，校企合作共同开发5本校本教材，详见表1-6。

物流管理专业校本教材开发一览表

表1-6

序号	教材名称	出版社	主编	出版时间
1	《储配方案优化设计与实施》	人民交通出版社股份有限公司	万义国、安礼奎	2015.1
2	《综合运输作业管理》	人民交通出版社股份有限公司	唐振武、熊青	2015.1
3	《国际货运代理实务》	人民交通出版社股份有限公司	闵秀红、闫跃跃	2015.1
4	《物流企业运营管理实务》	人民交通出版社股份有限公司	孙浩静、杨莉	2015.1
5	《物流信息系统维护与应用》	人民交通出版社股份有限公司	曾周玉、吴科	2015.1

3. 专业网络教学资源

以数字化校园建设为载体，以课程为主要表现形式、以素材资源为补充，利用网络学习平台建设共享性网络教学资源库，主要包括试题库、课件库、专业教学素材库、教学录像库等。

4. 其他教学资源

图书馆生均纸质图书藏量在30册以上，其中专业图书不少于60%，同时适用于本专业的相关书籍不应少于2000册；与本专业相关的报刊种类不少于20种，其中专业期刊不少于10种；应有电子阅览室、电子图书资源等。

学院建有校园网系统，各种服务器数十台。建成清华在线教学资源库平台，总容量达5000TB，资源种类丰富，使用方便。此外，校园网内可以查阅“中国期刊全文数据库”电子文献资料。通过专业教学网络登载，为网络学习、终身学习、学生自主学习提供条件，实现校内外资源共享。

（三）实验实训条件

1. 校内实训条件

根据物流管理专业培养目标和教学要求，校内应具备一体化教学和生产性实习等基本实训条件。实训室在设备和工位数量上能保证1个教学班实施理实一体化课程的需要，配置多媒体教学设备，便于开展教、学、做合一的教学活动。根据物流管理专业人才培养的需要，校内实训条件建议见表1-7。

校内实训条件情况表　　表 1-7

序号	名　称	主要设备	主要功能	对应课程	同时容纳学生人数
1	自动化仓储作业实训室	WMS 系统和 WCS 系统；生产性立体货架；巷道式自动堆垛机；自动拣货出货平台；升降式叉车	主要承担 WMS 系统和 WCS 系统的操作培训	物流设施设备、仓储与配送	50 人
2	物流综合模拟实训室	物流企业模拟经营系统	承担物流企业运营管理等课程的专项实训	物流企业运营管理	50 人
3	物流设施与设备观摩与操作实训室	各类叉车、分拣、包装工具	物流设施与设备观摩与操作	物流设备，物流技术	50 人
4	条码与物流信息技术实训室	条码阅读器、RFID、条码、标签	承担物流信息技术的实践教学和物联网重点实训室的开发	物流信息技术	50 人
5	ERP 实训室	沙盘、ERP 系统	承担物流企业运营管理的综合实训、ERP 实训	物流企业运营管理、企业经营理财务分析	50 人
6	GPS/GIS 运输车辆定位、车辆调度与线路优化实训室	电视墙、监控系统、GPS/GIS 系统	承担综合运输作业管理课程的实践教学、实训中心监控	综合运输作业管理	50 人

2. 校外实训条件

在校外实训基地的建设中，积极寻求与国内外、区域内大型知名物流企业开展深层次、紧密型合作，建立与自己的规模相适应的、稳定的校外实训基地，充分满足本专业所有学生综合实践能力及半年以上顶岗实习的需要，发挥企业在人才培养中的作用，由企业提供场地、办公设备、项目和技术指导人员，企业技术人员与教师共同组织和带领学生完成企业各项生产经营活动，使学生真正进入企业生产经营实践，形成校企共建、共管的格局。

校外实训基地有健全的规章制度及基于职业标准的员工日常行为规范，使学生在实训期间养成遵纪守法的习惯，使其能真正领悟到团队合作精神，同时培养学生解决实际问题的能力。

二、专业人才培养实施规范

(一)课程教学标准

1. 公共基础课程教学标准(表 1-8)

公共基础课程教学标准　　表 1-8

课程 1	思想道德修养与法律基础(“两课”基础)		
学期	第 1 学期	参考学时	64 学时
学习目标	1. 以马列主义、毛泽东思想和中国特色社会主义理论为指导，以人生观、价值观、道德观教育为主线，综合运用相关学科知识，提升自身思想素养； 2. 依据大学生成长的基本规律，教育引导大学生自主学习、学会与人交往、培养健康心理、树立正确恋爱观，适应由中学向大学的转折； 3. 增强道德的是非判断、自我约束和引导示范能力，营造学校与社会的良好道德环境； 4. 能激发对人生目的、人生态度和人生价值的思考，并把思想道德教育和法制教育紧紧地结合在一起，策划成功的人生方案		

续上表

<table>
<tr><td>课程 1</td><td colspan="3">思想道德修养与法律基础（“两课”基础）</td></tr>
<tr><td>学期</td><td>第 1 学期</td><td>参考学时</td><td>64 学时</td></tr>
<tr><td>学习内容</td><td colspan="3">1. 大学的适应（学习、人际交往、心理健康）；
2. 大学生的道德素养（公民基本道德素养、大学生的基本道德素养、职业道德素养）；
3. 大学生的人生观（人生目的、人生态度、人生价值、人生理想与大学生成才）；
4. 认知法律制度，自觉遵守法律（我国的宪法，实体法律制度，程序法律制度）</td></tr>
<tr><td>课程 2</td><td colspan="3">毛泽东思想和中国特色社会主义理论体系概论（“两课”概论）</td></tr>
<tr><td>学期</td><td>第 2 学期</td><td>参考学时</td><td>76 学时</td></tr>
<tr><td>学习目标</td><td colspan="3">1. 以马列主义、毛泽东思想、邓小平理论和“三个代表”重要思想为指导，贯彻落实科学发展观；
2. 以马克思主义中国化理论为教育主线，综合运用相关学科知识，指导大学生运用马克思主义世界观和方法论去认识和分析问题，提升大学生的政治理论水平和判断是非的能力；
3. 帮助大学生认知国史、国情，深刻领会历史和人民是怎样选择了中国共产党，选择了社会主义道路；
4. 增强用真理的力量、逻辑的力量，科学地认识和分析复杂的社会现象的能力</td></tr>
<tr><td>学习内容</td><td colspan="3">1. 马克思主义中国化进程中的三大理论成果和十六大以来的最新理论成果及其精髓；
2. 毛泽东思想体系中两个特殊内容（新民主主义革命和中国社会主义改造理论和经验）；
3. 建设中国特色社会主义（中国特色社会主义三个基本问题、中国特色社会主义的总体布局、祖国完全统一和外交政策、建设中国特色社会主义的依靠力量和领导力量）</td></tr>
<tr><td>课程 3</td><td colspan="3">体育</td></tr>
<tr><td>学期</td><td>第 1、2 学期</td><td>参考学时</td><td>70 学时</td></tr>
<tr><td>学习目标</td><td colspan="3">1. 通过合理的体育教学和科学的体育锻炼过程，使学生达到身心健康、不断提高体能的目的；
2. 使健康的身体成为知识、道德强有力的载体，并使学生认识到健康的身体是知识、道德的基础，人才成功的支柱；
3. 通过体育课培养学生积极参与体育锻炼的良好习惯和终身体育锻炼思想；
4. 加强素质教育，发展学生个性，磨炼学生意志，增强社会适应能力</td></tr>
<tr><td>学习内容</td><td colspan="3">1. 学习体育运动基本理论知识，包括运动原则、科学锻炼身体的方法、运动损伤的处理、运动卫生常识等；
2. 使学生熟练掌握 1 ~ 2 项运动基本技术、基本战术和基本裁判知识；
3. 使学生掌握身体素质的基本练习方法，包括力量素质、速度素质、柔韧素质、耐力素质、灵敏素质</td></tr>
<tr><td>课程 4</td><td colspan="3">计算机应用基础</td></tr>
<tr><td>学期</td><td>第 1 学期</td><td>参考学时</td><td>96 学时</td></tr>
<tr><td>学习目标</td><td colspan="3">1. 了解计算机组成及各部分的作用，为选配计算机打下基础；
2. 培养学生熟练使用计算机，能进行简单故障分析处理的能力；
3. 引导学生正确使用网络，让学生充分体验计算机网络在日常生活、工作等领域所起的重要作用；
4. 能够熟练使用 Office 2010 办公软件进行排版、计算及演示文稿制作等操作</td></tr>
<tr><td>学习内容</td><td colspan="3">1. 了解计算机软硬件基础知识，掌握计算机的系统组成；
2. 熟练掌握 Windows 7 操作系统的使用及配置；
3. 了解计算机网络的基础知识，掌握计算机网络（重点是互联网）的使用，让网络更好地服务于生活；
4. 掌握 Office 2010 办公软件中 Word、Excel 和 PowerPoint 的使用，能够进行文字排版、数据计算统计及演示文稿制作</td></tr>
</table>

续上表

<table>
<tr><td>课程 5</td><td colspan="3">高等数学</td></tr>
<tr><td>学期</td><td>第 1 学期</td><td>参考学时</td><td>64 学时</td></tr>
<tr><td>学习目标</td><td colspan="3">1. 能够利用函数的相关知识解决工程中遇到的与函数相关的简单问题;
2. 能够利用微积分的相关知识和理论,解决专业课程中与之相关的问题;
3. 利用微积分相关理论知识,解决专业课中的一元函数和多元函数的近似计算问题;
4. 培养学生的抽象思维能力、逻辑推理能力和综合运用数学知识分析问题、解决问题的能力</td></tr>
<tr><td>学习内容</td><td colspan="3">1. 学习函数的相关概念和极限的基本计算;
2. 学习导数的相关概念、基本计算和相关性质,并利用相关知识求解简单的优化模型;
3. 学习函数的微分,并利用微分进行近似计算;
4. 学习不定积分的相关概念,熟练掌握基本公式以及换元积分法和分部积分法;
5. 学习定积分的相关概念和计算,并利用微元法解决与定积分相关的几何和物理方面的应用;
6. 学习微分方程相关概念和计算,能够解可分离变量的微分方程、一阶线性微分方程、二阶常系数线性微分方程;
7. 学习向量和向量空间的相关概念以及向量的数量积和向量积,会求简单的空间平面方程和空间直线方程;
8. 学习多元函数的极限、偏导数、全微分等相关概念和计算;
9. 学习积分的相关概念和计算</td></tr>
<tr><td>课程 6</td><td colspan="3">大学英语</td></tr>
<tr><td>学期</td><td>第 1、2 学期</td><td>参考学时</td><td>140 学时</td></tr>
<tr><td>学习目标</td><td colspan="3">1. 具有就日常话题和与未来职业相关的话题进行简单交谈的能力;
2. 具有填写和模拟套写常见的简短英语应用文的能力;
3. 具有基本读懂一般题材及与未来职业相关的浅易英文资料的能力;
4. 具有借助词典将与职业相关的一般性业务材料译成汉语的能力</td></tr>
<tr><td>学习内容</td><td colspan="3">1. 巩固和规范英语基础知识,掌握涉及日常生活中的衣食住行、通信、游览、购物、求职等话题的英语交流技能;
2. 通过听、说、读、写、译等方面的学习和基本训练,使学生掌握相关话题的英语语言知识;
3. 培养锻炼在实际工作岗位应用英语的能力及继续学习能力</td></tr>
<tr><td>课程 7</td><td colspan="3">大学语文</td></tr>
<tr><td>学期</td><td>第 1 学期</td><td>参考学时</td><td>64 学时</td></tr>
<tr><td>学习目标</td><td colspan="3">1. 融思、想、识、趣,听、说、读、写为一体,教学相长,寓教于乐;
2. 在较深层面上切入当代大学生的精神和情感世界,进而拓宽其视野、启蒙其心智、引导其人格;
3. 贴近语言、文字、叙事和修辞本身,从而增强学员的阅读、表达和写作能力及人文素养,并给学生带来心灵上的滋润和生存上的审美享受</td></tr>
<tr><td>学习内容</td><td colspan="3">1. 阅读与欣赏模块,主要包括中国现代文学、中国古代文学、外国文学,就文体而言主要包括诗、词、曲、赋、戏剧、小说、散文等;
2. 语言模块,主要包括现代汉语语法知识及其应用;
3. 语言训练交际模块</td></tr>
</table>

续上表

课程 8	应用文写作		
学期	第 5 学期	参考学时	28 学时
学习目标	1. 理解与礼仪应用、事业单位、行政公文、产品营销、个人求职、新闻宣传等实际情境密切相关的常用应用文种类； 2. 了解应用文写作的材料收集方法和写作规律； 3. 掌握各类应用文文体写作的基本格式、写作要求和方法技巧，能熟练地写好与自己所学专业密切相关的常用应用文； 4. 能撰写个人简历、自荐信、求职信和应聘书等职业文书； 5. 能设计调查问卷、撰写市场调查报告，能设计产品策划书、广告词等		
学习内容	1. 礼仪应用文写作训练； 2. 企事业应用文写作训练； 3. 行政类应用文写作训练； 4. 产品营销类应用文写作训练； 5. 个人求职类应用文写作训练； 6. 新闻宣传类应用文写作训练		
课程 9	就业指导		
学期	第 5 学期	参考学时	14 学时
学习目标	1. 了解自己的专业，知道自己的专业所对应的职业类别和工作岗位； 2. 能够客观地分析自己，找准符合个人实际的就业目标，会做职业生涯规划设计； 3. 了解国家就业政策和学院就业管理规定； 4. 能通过各种途径收集自己所需要的企业信息，及时获取就业信息； 5. 能够制作彰显个人特点的简历； 6. 掌握面试的技巧和方法，了解如何提升个人素质和综合能力		
学习内容	1. 专业介绍、职业生涯规划理论； 2. 就业政策、相关法律法规、如何获取就业信息； 3. 提升就业能力的方法和途径、面试的方法和技巧； 4. 与人沟通交流的技巧，迅速融入企业文化的途径		

2. 专业基础学习领域教学标准（表 1-9）

专业基础学习领域教学标准 表 1-9

学习领域 1	礼仪		
学期	第 1 学期	参考学时	32 学时
职业能力要求	1. 能了解个人形象基本塑造礼仪； 2. 能进行个人形象塑造； 3. 能了解日常交往基本礼仪内容； 4. 能完成不同场合的日常交往； 5. 能了解日常公务礼仪内容； 6. 能完成不同场合的日常公务交往； 7. 能了解外事礼仪内容； 8. 能掌握国内外礼仪习俗差异		

续上表

学习领域 1	礼仪		
学期	第 1 学期	参考学时	32 学时
学习目标	1. 熟悉仪容、仪表、仪态等方面的基本礼仪规范，提升个人外在形象与素养； 2. 掌握礼仪的基本理论、沟通技巧、个人礼仪等； 3. 提升社交能力、语言表达能力、应变能力等； 4. 培养学生的耐心、细致、严谨的工作态度，使学生成为受企业欢迎的人		
学习内容	1. 个人形象礼仪； 2. 日常交往礼仪； 3. 常用公务礼仪； 4. 酬宾礼仪； 5. 职业礼仪； 6. 国际礼宾礼仪		
学习领域 2	统计基础与实务		
学期	第 2 学期	参考学时	57 学时
职业能力要求	1. 了解统计在经济活动中的作用； 2. 理解统计指标与指数的关系和意义； 3. 熟练掌握抽样推断的原理和方法； 4. 掌握相关分析与回归分析的原理； 5. 掌握统计预测的一般方法		
学习目标	1. 培养学生市场调查能力，收集、阅读和利用资料的能力； 2. 具有对企业的经济数据进行分析的能力； 3. 熟练地利用数据的结论进行简单的预测； 4. 培养学生积极主动在企业管理中运用统计知识，分析企业经济活动		
学习内容	1. 统计学总论； 2. 统计设计； 3. 统计调查； 4. 统计整理； 5. 统计综合指标； 6. 抽样推断； 7. 相关与回归分析； 8. 统计指数； 9. 时间数列分析； 10. 统计预测； 11. 统计分析报告的撰写		
学习领域 3	基础会计		
学期	第 2 学期	参考学时	76 学时
职业能力要求	1. 能熟练把握点钞、真假币识别、票据辨别、原始单据审核等会计基本技能，能具备出纳员、收银员岗位的基本能力； 2. 能正确应用会计的基本规范，能说出会计的基本术语； 3. 能正确判断经济业务性质和内容，能准确按照会计的专门方法做会计基本业务处理； 4. 能根据案例资料建账、记账、算账、更改错账，能具备中小企业记账员岗位的基本能力		

续上表

学习领域 3	基础会计		
学期	第 2 学期	参考学时	76 学时
学习目标	1. 通过本专业基础课的学习,学生能够了解会计的相关专业知识、会计工作组织与会计法规; 2. 掌握会计账户的设置,会计科目的使用,会计凭证的填制,会计账簿的登记,财产清查的方法与处理,复式记账方法及主要经济业务的账务处理		
学习内容	1. 认识会计,了解会计工作组织与会计法规; 2. 掌握会计科目和账户的设置方法; 3. 掌握复制记账方法; 4. 掌握主要经济业务的核算方法; 5. 掌握会计凭证的填制方法; 6. 掌握会计账簿的登记方法; 7. 掌握财产清查的方法; 8. 掌握简单的报表编制		
学习领域 4	物流学		
学期	第 2 学期	参考学时	76 学时
职业能力要求	1. 能运用物流基本理论分析经济活动现象; 2. 能应用物流基本原理分析简单的物流案例; 3. 能从当前物流现象中提出存在的一般性问题及解决问题的思路; 4. 具备物流管理岗位的职业思维能力要求		
学习目标	1. 熟悉物流术语; 2. 能正确理解物流术语的含义; 3. 掌握物流的基本环节; 4. 了解企业物流的流程与要点; 5. 熟悉物流七个环节的合理化要点; 6. 了解物流标准化与物流管理基本理论; 7. 能应用物流基本原理分析简单的物流案例; 8. 培养学生与人合作的团队能力; 9. 培养学生的可持续发展的能力; 10. 注重遵章守纪、积极思考、耐心、细致、勇于实践、竞争意识等职业素质的养成		
学习内容	1. 物流重要性的认知; 2. 物流系统与物流流程分析; 3. 物流功能要素的剖析; 4. "供应物流—生产物流—销售物流—逆向物流"企业物流要点解读; 5. 物流标准化与物流管理; 6. 物流与电子商务的发展		
学习领域 5	经济法		
学期	第 2 学期	参考学时	57 学时
职业能力要求	1. 培养学生可持续发展的能力; 2. 具备一定的分析和运用经济法律解决实际问题的能力; 3. 注重遵章守纪、积极思考、耐心、细致、勇于实践、竞争意识等职业素质的养成		

续上表

学习领域5	经济法		
学期	第2学期	参考学时	57学时
学习目标	1. 能熟悉并理解经济法律的各项规定； 2. 能识别、确认各种经济组织的有关经济法律业务的基本情况； 3. 能对基本的经济法律案例进行分析； 4. 理解并应用企业破产的申请、受理、破产宣告与清算、重整与和解； 5. 能够熟悉订立合同所有细节，以及违反合同法规定的责任； 6. 能够理解并应用担保的类型、担保的具体步骤； 7. 了解工业产权法、反不正当竞争法、产品质量法、广告法等； 8. 理解并应用狭义证券发行、交易、收购具体规定，并对相关证券机构有所了解		
学习内容	1. 理解经济法的概念与特征；经济法的原则、地位和作用； 2. 掌握企业法律制度（全民所有制工业企业法、集体所有制企业法、私营企业法和企业破产法）； 3. 掌握公司法律制度、合同法律制度； 4. 了解反不正当竞争法律制度； 5. 掌握知识产权法律制度（商标法、专利法）等； 6. 掌握会计审计法律制度以及经济仲裁与经济审判		
学习领域6	物流专业英语		
学期	第3学期	参考学时	72学时
职业能力要求	1. 能够识别基本的物流专业英语词汇； 2. 能够阅读英文物流专业资料； 3. 能够正确填写和录入国际物流单证； 4. 能够进行日常物流业务文书编写		
学习目标	1. 了解国际物流发展的趋势； 2. 理解英语常见句式； 3. 掌握常用物流专业英语词汇； 4. 掌握国际物流单证的填写方法； 5. 具备自主收集学习英文物流专业知识的能力		
学习内容	1. 物流管理专业词汇中英文对照； 2. 物流的概念及物流各功能要素的英文介绍； 3. 物流包装技术及包装材料等英文素材学习； 4. 物流仓储及货物保管养护技术等英文素材学习； 5. 仓库库存及库存控制技术等英文素材学习； 6. 物流运输及运输方式选择等英文素材学习； 7. 物流成本及成本核算等英文素材学习		
学习领域7	企业管理基本知识		
学期	第3学期	参考学时	72学时
职业能力要求	1. 通过管理学知识的学习，真正学会并能够思考管理学理论与实践问题； 2. 初步具备辩证思维和数理逻辑思维能力，学会运用全面发展的观点观察与分析问题； 3. 具有一定的运用经济学知识解释经济现象和处理经济问题的能力		

续上表

<table>
<tr><td>学习领域7</td><td colspan="3">企业管理基本知识</td></tr>
<tr><td>学期</td><td>第3学期</td><td>参考学时</td><td>72学时</td></tr>
<tr><td>学习目标</td><td colspan="3">1. 认识和理解管理的重要性和普遍性，了解古今中外管理思想的发展，理解古典管理理论和行为科学的内容；
2. 理解并掌握管理的基本原理与方法，掌握管理的计划、组织、领导、控制、创新等职能的基本内涵、要求及科学有效实现的方法；
3. 掌握现代经济管理分析方法，具备经济分析与预测能力</td></tr>
<tr><td>学习内容</td><td colspan="3">1. 认识供求、价格、弹性间的关系；
2. 消费者行为分析；
3. 生产者行为分析；
4. 企业成本与收益分析；
5. 认识市场结构；
6. 管理的基本认知；
7. 预测与决策分析；
8. 学习管理的职能；
9. 对经济学、管理学案例进行综合分析</td></tr>
<tr><td>学习领域8</td><td colspan="3">管理基础能力训练</td></tr>
<tr><td>学期</td><td>第3学期</td><td>参考学时</td><td>36学时</td></tr>
<tr><td>职业能力要求</td><td colspan="3">1. 掌握接受管理的能力并养成接受管理的习惯；
2. 提升社交活动能力，在管理工作中顺利地开展社交活动；
3. 具备对社会资源的有效识别及利用的能力，学会对社会资源的有效管理；
4. 形成参与团队战略和核心能力构建的能力</td></tr>
<tr><td>学习目标</td><td colspan="3">1. 养成好习惯，从改变习惯着手改变自己；
2. 学会有效地进行时间管理；
3. 具有内部有效沟通能力及完善激励体系能力；
4. 在担当管理者时能正确行使领导权利，具有执行能力；
5. 提高谈判素质，具备独立谈判的基本能力；
6. 把握团队文化营造的相关条件，具备参与团队文化营造的工作能力</td></tr>
<tr><td>学习内容</td><td colspan="3">1. 管理者角色、地位及其影响，依据自身特点，定位好恰当的角色；
2. 时间的有限性及合理管理时间的重要性；
3. 重视从习惯养成角度要求自己，学会培养习惯的方法；
4. 团队的概念及形成，认识团队力量，做好团队目标管理工作，在团队活动中能够运用目标管理的方法；
5. 确立领导者与执行者的角色定位，明确领导与执行的内在关系；
6. 了解内部沟通及激励体系，从管理者角度掌握内部沟通技巧；
7. 形成建立学习型团队的基本思路，掌握建立学习型团队的基本方法；
8. 了解团队建设的基本知识</td></tr>
</table>

3. 专业核心学习领域教学标准（表 1-10）

专业核心学习领域教学标准　　表 1-10

<table>
<tr><td>学习领域 1</td><td colspan="3">物流信息系统维护与应用</td></tr>
<tr><td>学期</td><td>第 3 学期</td><td>参考学时</td><td>108 学时</td></tr>
<tr><td>职业能力要求</td><td colspan="3">1. 具有信息的收集、分类、处理、发布的能力；
2. 具有熟练维护物流信息系统的能力；
3. 具有熟练应用业务型物流信息系统的能力；
4. 具有熟练掌握各种物流信息技术应用的能力；
5. 具有较强的语言与文字表达、合作协调和应急能力</td></tr>
<tr><td>学习目标</td><td colspan="3">1. 了解物流信息管理的基本理论；
2. 具有计算机基础、数据库和网络技术等方面的基本知识；
3. 掌握条码技术、射频技术等自动识别技术知识；
4. 掌握动态跟踪技术的知识；
5. 了解物流信息开发的过程；
6. 了解物联网在物流中的应用；
7. 使学生能进行物流信息系统维护与应用的操作；
8. 培养学生分析问题和解决问题的能力；
9. 提升职业技能，能够从事信息系统管理、数据库管理、物流电子商务、货物自动识别和车辆跟踪等岗位工作</td></tr>
<tr><td>学习内容</td><td colspan="3">1. 物流信息技术基础；
2. 物流信息识别与采集；
3. 物流动态跟踪与控制；
4. 物流业务信息系统管理；
5. 物流客户信息管理；
6. 物联网技术在物流中的应用</td></tr>
<tr><td>学习领域 2</td><td colspan="3">综合运输作业管理</td></tr>
<tr><td>学期</td><td>第 3 学期</td><td>参考学时</td><td>108 学时</td></tr>
<tr><td>职业能力要求</td><td colspan="3">1. 能够熟悉企业运输管理相关岗位的工作内容和基本要求；
2. 掌握道路货物运输、铁路货物运输、航空货物运输、水路货物运输和多式联运等运输业务组织与管理的相关知识点与技能点；
3. 能根据实际情况比较几种可能的货运方案的优劣并加以选择，即具有一定的综合运用所学知识分析和解决问题的能力</td></tr>
<tr><td>学习目标</td><td colspan="3">1. 能参与开展各种运输货物的接货、揽货洽谈、签订货物运输合同；
2. 会办理货物运输托运业务；
3. 能完成货物运输的货物接收和交付等作业；
4. 能够填制货物运输的相关单据；
5. 能对货物运输管理进行风险防范；
6. 能根据标准流程进行货运站相关作业的处理；
7. 能掌握科学合理组织多式联运业务的要点；
8. 会查询各种运输工具的运行信息，能进行货物运输的监控和安全管理</td></tr>
<tr><td>学习内容</td><td colspan="3">1. 道路货物运输作业管理；
2. 铁路货物运输作业管理；
3. 航空货物运输作业管理；
4. 水路货物运输作业管理；
5. 多式联运货物运输作业管理</td></tr>
</table>

续上表

<table>
<tr><td>学习领域 3</td><td colspan="3">储配方案优化设计与实施</td></tr>
<tr><td>学期</td><td>第 4 学期</td><td>参考学时</td><td>128 学时</td></tr>
<tr><td>职业能力要求</td><td colspan="3">1. 具备仓储合同谈判、签订、草拟能力;
2. 具有使用常见仓储设施设备的能力;
3. 根据不同货物仓储要求,进行仓库温、湿度的控制,确保货物完好;
4. 能根据不同货物需求,确定合适仓库库存量;
5. 初步具备配送中心内部规划、布局能力;
6. 能根据不同配送任务,进行车辆调度,具备配送线路规划的能力;
7. 熟练掌握货物出入库作业流程,能熟练组织业务流程;
8. 具备仓库消防管理能力</td></tr>
<tr><td>学习目标</td><td colspan="3">1. 掌握仓储合同及仓单业务;
2. 掌握仓库内部结构及内部规划方法;
3. 掌握仓库出入库作业流程及每个环节作业要领;
4. 掌握仓库库存控制方法;
5. 掌握城市配送方法及配送线路规划;
6. 掌握配送车辆调度相关内容</td></tr>
<tr><td>学习内容</td><td colspan="3">1. 仓储及仓储管理的概念、功能及其在物流中的地位;
2. 常见仓储设施设备使用及选择;
3. 仓储货物养护;
4. 仓储作业过程中各种订单的处理;
5. 仓库库存控制方法;
6. 仓库配送方法、种类,配送线路规划;
7. 配送车辆调度</td></tr>
<tr><td>学习领域 4</td><td colspan="3">国际货运代理实务</td></tr>
<tr><td>学期</td><td>第 4 学期</td><td>参考学时</td><td>128 学时</td></tr>
<tr><td>职业能力要求</td><td colspan="3">1. 具备对国际货运代理相关知识的系统理解能力和综合运用能力;
2. 具备国际货运代理各项业务的熟练操作能力,并能实现在国际物流的大背景下灵活掌握综合的国际货运代理业务的能力;
3. 能熟练地掌握和运用专业外语,具有较好的语言表达和沟通能力;
4. 具备自主学习、分析问题和解决问题的能力</td></tr>
<tr><td>学习目标</td><td colspan="3">1. 了解国际货运代理人的职责范围和服务对象,明确国际货运代理公司内部岗位的职责分工;
2. 了解海运、陆运、空运及多式联运等各种运输方式的基本特点及实务运作;
3. 熟悉海陆空货运代理等重要单证的制作要领;
4. 了解国际物流的运作流程及货物的仓储与养护;
5. 熟知世界贸易主要航线、港口所处的位置、转运以及内陆集散地;
6. 了解不同地区的港口习惯和海关程序;
7. 熟悉有关国际货运及货运代理的国际公约、惯例和法律法规;
8. 掌握货物及运输工具报关、报检、报验、保险、运费交付、结算等基本流程及相关单证的缮制方法;
9. 能按货运代理流程,处理揽货、订舱、托运、仓储、包装等货代业务;
10. 能熟练掌握货物监管、监卸、分拨、中转、集装箱拼箱、拆箱等货代服务技能;
11. 熟练掌握国际多式联运、集运等货运组织方式方法;
12. 能熟练掌握货运代理咨询技能及其他国际货运代理业务</td></tr>
</table>

续上表

<table>
<tr><td>学习领域 4</td><td colspan="3">国际货运代理实务</td></tr>
<tr><td>学期</td><td>第 4 学期</td><td>参考学时</td><td>128 学时</td></tr>
<tr><td>学习内容</td><td colspan="3">1. 国际海运出口货运代理;
2. 国际海运进口货运代理;
3. 国际航空出口货运代理;
4. 国际航空进口货运代理;
5. 国际多式联运货运代理;
6. 国际货运代理岗位认知</td></tr>
<tr><td>学习领域 5</td><td colspan="3">物流企业运营管理实务</td></tr>
<tr><td>学期</td><td>第 5 学期</td><td>参考学时</td><td>112 学时</td></tr>
<tr><td>职业能力要求</td><td colspan="3">1. 物流企业主要业务运作管理基本特点、作业内容的认知、熟悉;
2. 具备物流市场调研分析能力、市场细分能力;
3. 具有依据企业特点、基本情况选择目标市场的能力;
4. 具有客户开发能力;
5. 具有物流业务投标书的编写能力;
6. 具有物流业务流程重组优化能力;
7. 具有日常业务运作监管能力;
8. 具有物流业务成本核算能力;
9. 能根据企业管理情况,具有设计业务绩效考核指标系统的能力;
10. 具有一定的物流企业发展规划能力</td></tr>
<tr><td>学习目标</td><td colspan="3">1. 能明确物流企业的组织结构;
2. 能明确物流企业经营管理的特点;
3. 掌握物流服务营销基础知识;
4. 能进行客户分类、选择正确的方法进行客户开发;
5. 能读懂分析招标文件,会依照招标文件撰写投标书;
6. 能根据客户信息,很好地维护客户;
7. 能熟悉物流服务业务流程、日常业务,能利用各种时效标准保证物流服务的时效性,提高客户满意度;
8. 能进行货损管理、破损修复、货差管理等安全管理;
9. 能进行 6S 现场管理;
10. 能说出并总结物流企业新营业网点选址要求;
11. 能明确设立新网点的资源和程序;
12. 掌握物流企业保险的种类及特点,能够按程序做好货损货差理赔工作;
13. 了解物流企业的成本构成、成本核算的方法,并且能够对物流企业成本进行核算;
14. 了解物流企业业务收入核算过程及方法,并且能够对物流企业业务收入进行核算;
15. 掌握物流企业税务种类、税务申报流程,并且能够完成物流企业的税务申报工作;
16. 掌握物流企业绩效考核的指标体系设置及绩效考核方法;
17. 了解绩效考核的概念、特点、意义及其与绩效管理的区别;
18. 掌握物流企业实施绩效考核的方法及考核过程中存在的问题</td></tr>
<tr><td>学习内容</td><td colspan="3">1. 物流企业的设立;
2. 物流市场营销;
3 物流业务运营管理;
4. 物流服务操作标准化;
5 物流营业网点开发与管理;
6. 物流企业财务管理;
7. 物流企业管理创新</td></tr>
</table>

4. 专业拓展学习领域课程教学标准(表 1-11)

专业拓展学习领域课程教学标准 表 1-11

<table>
<tr><td>学习领域 1</td><td colspan="3">企业经营理财分析</td></tr>
<tr><td>学期</td><td>第 4 学期</td><td>参考学时</td><td>64 学时</td></tr>
<tr><td>职业能力要求</td><td colspan="3">1. 能进行企业的筹资、资本结构优化管理工作;
2. 能进行企业项目投资活动管理工作;
3. 能进行证券投资管理工作;
4. 能胜任企业收益分配管理工作;
5. 能进行企业的经营风险、财务风险控制工作;
6. 能胜任企业的财务分析工作,能对企业的可持续发展提供相应的管理建议;
7. 能根据理财环境的变化,协助企业决策层进行理财决策;
8. 具有良好的职业道德和敬业精神</td></tr>
<tr><td>学习目标</td><td colspan="3">1. 能了解公司理财的内容,理解理财环境和目标对企业理财决策的影响;
2. 能熟悉公司理财所涉及的核心概念和理论;
3. 能理解公司理财的资金时间价值原理、风险衡量原理;
4. 能掌握公司筹资、投资、资金营运和收益分配的决策;
5. 能掌握财务预算、财务控制和报表分析等分析方法</td></tr>
<tr><td>学习内容</td><td colspan="3">1. 认识公司理财;
2. 树立理财观念;
3. 企业筹资管理;
4. 项目投资管理</td></tr>
<tr><td>学习领域 2</td><td colspan="3">公共关系学</td></tr>
<tr><td>学期</td><td>第 4 学期</td><td>参考学时</td><td>32 学时</td></tr>
<tr><td>职业能力要求</td><td colspan="3">1. 会熟练组建一个公共关系部门,会挑选相应部门成员并进行合理分工,会基本制作岗位说明书;
2. 能对不同公众进行合理分类;
3. 能根据主题进行调查问卷设计,能撰写公共关系调研报告;
4. 能熟练地撰写策划报告书;
5. 会初步制作简单的公共关系广告;
6. 会熟练写出符合新闻报道的宣传稿;
7. 会进行一般的危机管理并制订预案;
8. 会利用 CIS 导入程序对组织进行 CIS 导入;
9. 会初步举办庆典活动、赞助活动、召开记者招待会等专题公关活动</td></tr>
<tr><td>学习目标</td><td colspan="3">1. 能运用合理的公关理念和方法;
2. 能利用公关基本原理解决问题;
3. 能利用分析、综合、全局、系统、创新思维,分析和解决公共关系问题;
4. 能用文字完成公共关系相关文案写作</td></tr>
<tr><td>学习内容</td><td colspan="3">1. 正确认知课程性质、任务及研究对象,全面了解公共关系课程体系、结构,整体认知公共关系;
2. 能够理解、辨析公关中的一些易混淆的概念,培养基本公关素质;
3. 掌握基本的礼仪规范和程序,能够在言行中注重礼仪规范的训练与养成;
4. 提高公关文书写作、演讲、谈判、策划、危机管理、CI 战略和社会交际等能力;
5. 熟悉影响公共关系方案选择的各种因素;
6. 熟悉处理公共关系的各种手段;
7. 熟悉客户沟通、服务和关系管理方面的知识;
8. 公共关系各种方案策划及组织实施;
9. 管理与控制,对公关工作进行评价;
10. 制订年度公关计划</td></tr>
</table>

续上表

学习领域3	物流项目管理		
学期	第5学期	参考学时	56学时
职业能力要求	1. 具备一定的撰写调研报告的能力; 2. 能根据农副产品物流的特点,针对不同货物的特性,设计物流运输中的相关方案; 3. 具备配送中心内部规划和作业项目管理的能力; 4. 能根据危险货物的特性,合理组织运输; 5. 具有较强的语言与文字表达、合作协调和应急能力; 6. 具备自主学习、分析问题和解决问题的综合能力		
学习目标	1. 了解项目的定义; 2. 掌握项目管理的特点及作用; 3. 熟悉物流项目管理的方式; 4. 熟悉农副产品物流的特点; 5. 掌握物流项目建设可行性研究报告的格式要求; 6. 能正确撰写农副产品物流项目可行性研究报告; 7. 掌握农副产品物流项目运输过程的注意情况; 8. 熟悉冷链物流的特点; 9. 掌握冷链物流项目运作流程的要求; 10. 了解物流配送中心的含义; 11. 能正确撰写配送中心物流项目可行性研究报告; 12. 熟悉配送中心内部运作流程管理; 13. 具备一定的配送中心物流项目运作流程管理的能力; 14. 掌握危险货物的特点; 15. 熟悉危险货物运输的相关要求; 16. 能正确处理危险货物运输过程中出现的相关情况; 17. 掌握危险货物物流运输的监管方式; 18. 掌握危险货物运输项目的日常管理; 19. 掌握汽车零部件物流的特点; 20. 能正确地优化车间零部件配送流程; 21. 具有一定的汽车零部件物流项目运作能力		
学习内容	1. 项目管理基本知识; 2. 农副产品物流项目管理; 3. 配送中心物流项目管理; 4. 危险货物物流项目管理; 5. 汽车零部件物流项目管理		
学习领域4	办公软件应用实务		
学期	第5学期	参考学时	56学时
职业能力要求	1. 学生能使用电子计算机从事文字、图形、图像等信息处理工作; 2. 有熟练的计算机操作能力,信息收集、选择和处理能力; 3. 能利用常用办公软件完成物流企业管理中的各种需要		

续上表

<table>
<tr><td>学习领域 4</td><td colspan="3">办公软件应用实务</td></tr>
<tr><td>学期</td><td>第 5 学期</td><td>参考学时</td><td>56 学时</td></tr>
<tr><td>学习目标</td><td colspan="3">1. 掌握 Word 2003/2007/2010 的主要功能、窗口组成；
2. 能进行文档编辑与基本排版；
3. 能处理表格和各类图示；
4. 能进行图文混排与高级操作等综合运用；
5. 掌握 Excel 2003 的主要功能及窗口组成；
6. 熟练掌握工作簿、工作表、单元格的基本操作；
7. 能进行准确快速的数据的录入及格式处理；
8. 能进行数据的计算、排序、筛选、汇总及数据透视表等高级操作；
9. 掌握 PowerPoint 的基本功能及窗口组成；
10. 能进行演示文稿的设计与动画效果、设计模板、动作设置等设计；
11. 会在演示文稿中插入 Excel 工作表、Excel 图表；
12. 能按照演示文稿的使用途径设计制作相应的 PPT</td></tr>
<tr><td>学习内容</td><td colspan="3">1. 常见应用文件的编排（小文件）；
2. 论文、书稿、方案制作编排（大文件）；
3. 宣传海报的制作；
4. Excel 在企业经营管理日常报表中的应用；
5. Excel 在企业经营决策分析中的应用；
6. Excel 在企业财务管理中的应用；
7. 设计制作汇报类 PPT；
8. 设计制作企业宣传类 PPT</td></tr>
<tr><td>学习领域 5</td><td colspan="3">电子商务物流</td></tr>
<tr><td>学期</td><td>第 5 学期</td><td>参考学时</td><td>56 学时</td></tr>
<tr><td>职业能力要求</td><td colspan="3">1. 熟练、系统地掌握电子商务物流管理基础知识、基本理论；
2. 掌握电子商务物流管理相关方法和技能；
3. 能理论联系实际，培养学生的分析问题、判断问题和解决问题的能力</td></tr>
<tr><td>学习目标</td><td colspan="3">1. 理解电子商务物流管理流程中的基本原理；
2. 掌握电子商务物流管理流程的操作方法；
3. 掌握电子商务物流信息技术；
4. 了解电子商务的交易模式；
5. 掌握电子环境下的物流配送流程；
6. 掌握电子商务环境下的物流模式；
7. 掌握电子商务快递物流的运作流程</td></tr>
<tr><td>学习内容</td><td colspan="3">1. 电子商务系统的基本框架与组成；
2. 电子商务的交易模式；
3. 电子支付；
4. 网络营销；
5. 电子商务与物流的关系；
6. 电子商务物流运作模式；
7. 电子商务供应链管理；
8. 电子商务物流技术；
9. 电子商务配送中心；
10. 配送路线优化；
11. 快递接单、快递收件、快递分拣业务、快递派送、快递查询与投诉业务</td></tr>
</table>

5. 独立实践环节教学标准(表1-12)

独立实践环节教学标准　　表1-12

学习领域1	综合运输作业管理实训		
学期	第3学期	参考学时	1周
职业能力要求	1. 能够编制运输企业组织运输任务的货运计划; 2. 能根据实际情况选择合理的货运方案; 3. 能就相关货运指标进行计算与分析		
学习目标	1. 熟悉货物运输托运业务的办理环节; 2. 会填制货物运输的相关单据; 3. 能就货物运输风险提出一些防范措施; 4. 能根据货运站布局调整优化作业流程		
学习内容	1. 绘制货运站布局简图; 2. 物流公司网点设置与运输专线的开设情况; 3. 运输方案的制订与优化; 4. 运输方案中相关指标的计算; 5. 运输方案的组织实施要点及注意事项		
学习领域2	储配方案优化设计与实施实训		
学期	第4学期	参考学时	1周
职业能力要求	1. 熟练使用仓储管理系统管理物流作业; 2. 通过实验更加熟悉企业内部的物流作业,找出在实验过程中遇到的问题,找到合理的解决方法; 3. 系统地领悟物流企业在现实工作中的作业流程		
学习目标	1. 具备熟练掌握使用Office办公软件处理文字、图片、排版的能力; 2. 掌握货物出入库整个流程,利用相关理论知识进行储配方案设计并进行优化,使其总成本最低; 3. 能通过对优化后的储配方案进行实际模拟操作,来检查方案的可行性,判断其是否为最优; 4. 具有一定实际操作能力,能熟练使用相关物流设施设备,如液压搬运车(地牛)、电动升降叉车、RF手持终端等		
学习内容	1. 工作准备; 2. 入库作业计划; 3. 出库作业计划; 4. 外包准备编制计划; 5. 储配方案的实施		
学习领域3	国际货运代理实训		
学期	第4学期	参考学时	2周
职业能力要求	1. 能进行国际海上货运代理作业; 2. 能进行国际航空货运代理作业; 3. 能熟练进行国际货运单证填写; 4. 能进行报关业务考核; 5. 会进行综合作业		

续上表

<table>
<tr><td>学习领域3</td><td colspan="3">国际货运代理实训</td></tr>
<tr><td>学期</td><td>第4学期</td><td>参考学时</td><td>2周</td></tr>
<tr><td>学习目标</td><td colspan="3">1. 能够应用相关知识实施对施工项目质量的控制；
2. 认知建筑工程质量标准、规范体系；
3. 熟悉质量验收的程序和组织；
4. 掌握施工项目质量控制的内容；
5. 熟悉工程建设质量管理法规；
6. 熟悉各分部工程的质量验收要求；
7. 具有防范质量通病、进行各分部分项工程质量评定和验收的能力；
8. 能够填写有关的质量验收表格</td></tr>
<tr><td>学习内容</td><td colspan="3">1. 国际海上货运代理业务实训；
2. 国际航空货运代理业务实训；
3. 国际多式联运货运代理业务实训；
4. 国际货运代理单证缮制</td></tr>
<tr><td>学习领域4</td><td colspan="3">物流企业运营管理实训</td></tr>
<tr><td>学期</td><td>第5学期</td><td>参考学时</td><td>1周</td></tr>
<tr><td>职业能力要求</td><td colspan="3">1. 分析物流市场的能力；
2. 制订战略、营销策划能力；
3. 组织生产及物流业务处理能力；
4. 财务管理能力；
5. 能参悟科学的管理规律，全面提升管理能力</td></tr>
<tr><td>学习目标</td><td colspan="3">1. 理解物流企业战略管理、物流市场营销策略、物流库存管理决策、车辆调度决策、物流企业资金预测与财务管理；
2. 认识各种物流企业决策与投资的后果；
3. 认识物流企业变现计划与部门成本控制的重要性；
4. 揭示物流企业市场开发、内部运作、物流配送之间的关系；
5. 理解物流企业任何一个部门的行动对整个公司全局的影响；
6. 加强各部门之间的沟通技能，理解并学会培养团队协作精神；
7. 学习物流企业运营管理，配合市场需求从全局进行规划及策划；
8. 准确把握最佳赢利机会，降低物流企业营运成本；
9. 掌握物流企业财务管理知识（包括对财务报表的了解与分析，调动资金、控制成本及效益，节约资金使用成本）；
10. 更好地服务于内外部客户，进一步理解决策的影响力</td></tr>
<tr><td>学习内容</td><td colspan="3">1. 学习的过程采用分组的方式，分配组内成员不同的物流公司岗位，并在给定的物流竞争环境中深入体验物流企业的经营过程；
2. 小组成员要在模拟经营的过程中，在客户、市场、资源及利润等方面进行一番真正的较量</td></tr>
<tr><td>学习领域5</td><td colspan="3">物流企业岗位轮训实习</td></tr>
<tr><td>学期</td><td>第5学期</td><td>参考学时</td><td>4周</td></tr>
<tr><td>职业能力要求</td><td colspan="3">1. 具备每个岗位的基本认知能力；
2. 具备总结分析能力；
3. 具备较好的动手能力、学习能力；
4. 具有基本的团队合作及服务能力</td></tr>
</table>

续上表

学习领域5	物流企业岗位轮训实习		
学期	第5学期	参考学时	4周
学习目标	1. 能在企业指导老师的指导下进行各个岗位的实习； 2. 能及时总结每个岗位的工作流程； 3. 能遵循岗位职责完成每个轮训岗位的工作； 4. 初步完成由学生向企业员工的角色转变		
学习内容	学生在校企合作物流企业中的仓管、跟单、运输调度、客服等岗位进行为期4周的岗位轮训		
学习领域6	毕业顶岗实习		
学期	第6学期	学时	570学时
职业能力要求	1. 通过毕业顶岗实习使学生加深对专业理论知识的理解，培养和提高学生实际操作和分析问题、解决问题的能力； 2. 使学生综合运用所学理论知识与管理实践紧密结合，为毕业后从事物流管理及基础操作等工作打下良好的基础		
学习目标	1. 通过实习使学生加深对专业理论知识的理解； 2. 培养和提高学生实际操作和分析问题、解决问题的能力； 3. 使学生综合运用所学理论知识与物流管理实践紧密结合； 4. 为毕业后从事仓储管理、运输调度等工作打下良好的基础		
学习内容	1. 在实习过程中认知物流或相关企业的工作流程和各岗位的职责任务，提高岗位的适应能力，学会以各种方式学习，综合素质要有明显进步； 2. 将物流管理专业知识和相关政策法规结合，运用到相应的实践岗位，提高观察问题、发现问题、分析问题、解决问题的能力，提高专业水平； 3. 在规范有序的实际工作中养成努力钻研、吃苦耐劳的精神		

（二）教学组织

推行“任务驱动、虚实结合”的情境化教学模式。根据典型工作任务设计虚拟工作任务，以完成虚拟工作任务为主线开展任务驱动式教学。“虚”即采取数字虚拟技术模拟真实的工作环境、工作任务，“实”是将虚拟工作任务置于真实的生产性实训环境中实施，实现校内教学与企业生产相结合。重视学生在校学习与实际工作的一致性，采取工学交替、任务驱动、项目导向的一体化教学模式，运用任务驱动法、项目导向法、情境教学法、案例分析法、现场教学法、课堂讨论法等教学方法进行教学，立足于加强学生实际操作能力的培养。实施“教、学、做”一体化教学，提高学生的学习兴趣，有效培养学生的职业能力；教师可着重进行引导并实施监督和评价。实践课程要加强引导、示范，创设工作情境，让学生亲自动手，提高学生岗位适应能力和分析、处理问题的能力。

在教学过程中，要充分借鉴多媒体、教学资源库、网络资源等教学资源辅助教学，帮助学生理解所学知识。重视本专业领域新技术、新工艺、新设备的发展趋势。要充分利用校外实训基地，校企合作，工学结合，积极引导学生提升职业素养，提高职业道德，紧密结合职业技能证书的考核，加强取证项目的训练。

（三）考核评价

吸纳用人单位专家参与教学质量评价，建立以能力为核心、以过程为重点的学习绩效考核评价体系。针对不同类型的课程采用不同的考核方法。对公共基础课程，建议采取理论考核的方法；对于专业学习领域，建议采取过程考核与综合考核相结合的方式；对于实践学习领域，尽量采用实操考核、过程考核的方法。具体原则如下：

1. 公共基础学习领域

总评成绩 = 平时成绩（考勤、提问、作业等）×40% + 期终考核 ×60%。

2. 专业学习领域

采取过程考核与综合考核相结合的评价方式，同时根据学生取得相应工种的职业资格证书的情况，综合评价学生成绩。其中过程考核包括学习态度、课程作业等，占课程总成绩的40%；综合考核包括期末考试、实践考核等，占课程总成绩的60%。如学生取得相应工种的职业资格证书，则该门课程考核合格。

3. 实践学习领域

以工作态度、实际操作和实习报告等情况综合评定学生成绩，其中工作态度、实际操作等占80%（在企业完成的项目由企业指导教师评定），实习报告占20%。

三、专业人才培养实施流程

根据企业的经营规律和学校的教学规律，与合作企业共同制定人才培养方案和教学计划，采取“三段递进、工学交替”的教学组织模式，具体实施方案见图1-1。

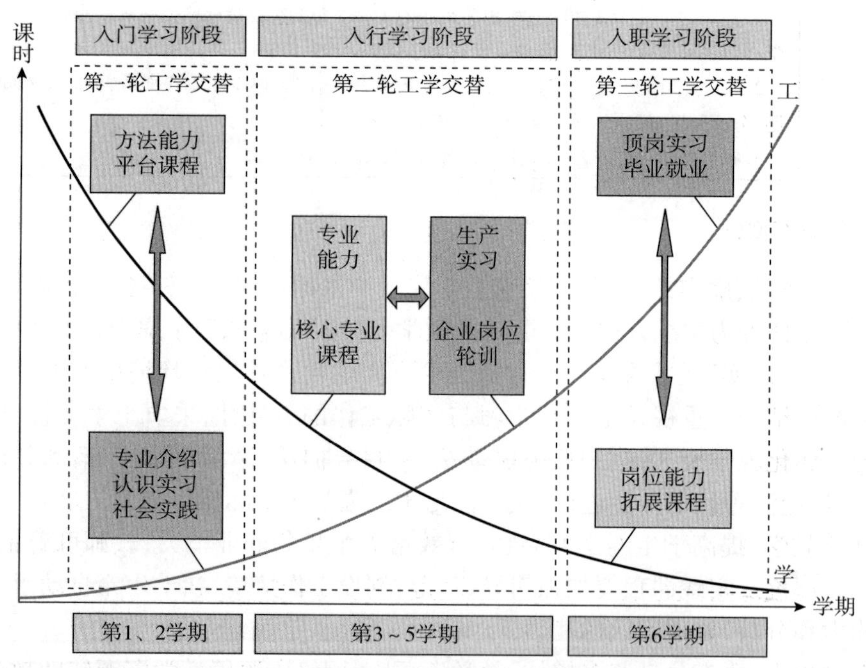

图1-1 “三段递进、工学交替”教学组织模式示意图

实施过程如下。

第一阶段（第1、2学期）：入门学习阶段——基础能力培养。

通过校内开设计算机基础、大学语文、礼仪等33周基本素质课程和物流学等专业基础课程的学习，再安排1周的校外物流企业参观实践活动和2周（第一学期寒假）的社会实践调研活动，学生可进行社会调查、物流企业生产劳动、志愿服务、公益活动等，培养学生职业道德和职业素质，使学生对所学专业有一个总体认知，具备一定的职业素养。在掌握专业基本理论的同时初步具备分析问题、解决问题的基本能力。

第二阶段（第3～5学期）：入行学习阶段——岗位专业能力培养。

通过在校内采取理实一体化虚拟仿真案例教学方式，安排48周的物流信息系统维护与应用、储配方案优化设计与实施、综合运输作业管理等课程的学习，并进行8周的"仓储与配送作业优化方案设计与实施"、"运输路线规划"、"国际货运代理业务"等校内生产性实训，同时在合作企业安排4周的案例验证、技能实践的企业轮岗实习。重点培养学生掌握物流仓储、配送、运输、信息管理、物流营销等岗位的业务操作技能，培养学生分析、解决常见技术及管理问题的能力，了解企业制度及安全操作规程。

第三阶段（第6学期）：入职学习阶段——岗位综合能力培养。

依托江西交远物流有限公司、江西长运大通物流有限公司等校外实训基地，安排学生进行"准员工"式19周顶岗实习。通过顶岗实习，使学生能够独立承担为企业进行流程分析与方案优化、设计和实施物流设备配置方案等工作，同时提升学生适应社会、胜任岗位的综合能力。

为了有效提高工学交替的实效，实行较为灵活的教学组织形式，充分利用寒暑假开展专业实践和社会实践，根据合作企业的生产要求灵活安排轮岗实训。通过制定并完善《学生假期社会实践管理制度》《订单班学生参加合作企业岗位轮训顶岗实习管理办法》等制度，以保证工学交替的有效实施。

四、专业人才培养实施保障

（一）专业人才培养实施的组织保障

在学院合作发展理事会的指导下，由系牵头，组建由学院专业带头人、骨干教师、知名校友、学生代表以及物流企业专家共同参与的"管理工程系校企合作工作委员会"，下设办公室、专业建设工作部和社会服务部。校企合作制定了《管理工程系校企合作工作委员会规程》，每年定期组织召开专业建设研讨会，制订年度工作计划，进行专业人才需求调研、专业人才培养方案修订研讨、课程开发、课程建设和实训基地建设等。

（二）专业人才培养实施的制度保障

1. 校企合作、工学结合运行机制

为了使专业建设和技术服务工作能健康、有序地开展，并就学生安全、学生待遇等突出问题，根据学院统一制定的相关文件，结合专业实际制定了管理工程系《校企合作工作委员会工作细则》《校企合作工作委员会例会制度》《专业建设工作部管理细则》《社会服务部管理细则》《校外实习实训基地建设校企共建共管细则》《教师培训与企业锻炼实施细则》《企业兼职教师聘用、管理与考核管理细则》《教学组织方案调整细则》等工学结合相关制度。

2. 专业教学运行管理机制

为了保障理论与实践教学的顺利实施与运行，学院制定了统一的教学管理制度，包括：关于教学日常管理的《教学管理基本规程》《课程建设指导意见》《关于教学建设的若干规定》等；关于实践教学管理的《实践教学工作条例》等；关于学生成绩考核的《学生学业成绩考核管理规定》;关于学生管理的《学生管理规定》《学生考试违纪和作弊认定处理办法》等。

建立了完善的校内实训室和校外实训基地的管理制度,如《校内实训基地管理制度》《校外实训基地运行管理制度》《实训室工作人员管理制度》《实训室及设备管理制度》《仪器操作规程》等,保证校内外实训条件的优势资源在教学过程中的充分发挥。

3. 顶岗实习制度

"顶岗实习"作为工学结合人才培养模式的重要组成部分,相对于校内教学组织而言,更需规范和管理。为此,制定了《顶岗实习管理办法》和一系列学生顶岗实习的作业文件,包括《学生顶岗实习协议书》《顶岗实习接收函》《学生自主联系顶岗实习申请表》《顶岗实习考核表》《顶岗实习辅导员联系学生情况登记表》《顶岗实习手册》等,以这些文件内容指导顶岗实习全过程,使顶岗实习教学环节有计划、有组织、有考核、有落实。

4. 其他配套制度

此外,学院还制定了全员定期定聘计划、人才培养计划,出台了江西交通职业技术学院《人才引进管理办法》《兼职教师管理制度》《重点教学项目奖励办法》和《科技成果奖励办法》等文件,激励教师参与专业建设和教研、科研等工作。

(三)专业教学运行过程质量保障

1. 教学质量监控与评价主体

在学院分管教学工作副院长的领导下,在教务处、教学督导室的指导下,管理工程系、教研室、校企合作工作委员会、学生信息员构成教学质量监控与评价的四大主体,其中,教务处和管理工程系是教学质量监控与评价主体,督导室是教学过程日常巡视监控与评价主体,校企合作工作委员会是专业人才培养目标与规格监控主体,学生教学信息员是教学效果反馈主体。

2. 教学质量标准体系

校企合作积极探索职业岗位要求与专业人才培养方案有机结合的途径与方式,充分发挥由行业专家参与的校企合作工作委员会专业建设工作部的作用,制定了人才培养方案,建立了实践教学环节的质量标准体系。一是建立了教师教学标准;二是在专业调研的基础上,校企合作共同制定了专业课程标准。

3. 教学质量监控与评价体系

针对本专业学生学习的目标、内容、要求等,形成了一套科学、规范的教学运行管理细则,形成了教学全过程运行监控体系。特别是加强了学生顶岗实习期间的教学质量监控,强化顶岗实习过程管理。

校企共同实施教学质量评价体系。从督导考评、系部考核、学生评教及同行评价等四个方面对教学进行综合评价。分别制定了规范的质量评价标准、考核办法和考核工作方案,然后分项实施考核。学院督导采取随机听课方式,对教学情况进行考评;专业所在系部每学期对教师的教学态度、教学能力、教学效果进行全面考核;学院教务处组织学生对教师的教学情况进行测评,利用统计结果对教师的教学情况进行评价;同行对指导学生实习的教师和教学过程进行评价。以上四项考核均按百分制定出具体分数,然后按照一定比例加权得出每位教师的总成绩,促进了教师教学能力和教学质量的稳步提高。

(执笔人:孙浩静)

第三部分　附　件

附件 1:物流管理专业人才培养调研报告

一、调研目的

通过调研,掌握国家物流产业发展的基本情况和江西省物流产业发展的现状及行业人才需求的状况,掌握江西省物流管理人才的需求缺口;重点掌握第三方物流企业的工作流程、岗位设置和能力标准;企业对不同岗位的员工在知识、素质以及能力结构方面的要求;企业主要物流设施设备、物流技术的应用、信息化管理的现状和存在问题等,明确专业教学改革的思路和措施,为人才培养方案制定提供依据。

二、调研时间

2012 年 7 月至 2013 年 3 月。

三、调研对象

1. 学生历年就业单位及毕业生

本次调研的企业单位有广州新邦物流、江西集装箱码头有限公司、上海德邦物流、顺丰速运、上海申丝物流、崴航国际等 6 家长期稳定合作的企业,见表 1。

调研的企业单位　　表 1

企业名称	企业所属行业	调查或访谈的对象	调查方法
新邦物流	物流	人力资源部负责人	问卷调查法、访问法
德邦物流	物流	人力资源部负责人	
顺丰速运	物流	人力资源部负责人	
上海申丝	物流	人力资源部负责人	
崴航国际	物流	人力资源部负责人	
江西集装箱码头有限公司	物流	人力资源部负责人	

2. 各大招聘网站(表 2)

各 大 招 聘 网 站　　表 2

网站中文名	网　址	调查方法
智联招聘	http://www. zhaopin. com	分类统计法
前程无忧	http://www. 51job. com/	
赶集招聘	http://www. ganji. com	
应届生求职网	http://www. yingjiesheng. com	
猎聘网	http://www. lietou. com	

续上表

网站中文名	网　址	调查方法
58 同城招聘	http://www.lietou.com	分类统计法
中华英才网	http://www.chinahr.com	

3. 高职院校就业网站(表 3)

高职院校就业网站　　表 3

网站中文名	网　址	调查方法
广东交通职业技术学院	http://gdcp.university - hr.cn/	分类统计法
天津交通职业学院	http://60.30.242.230/job/	
云南交通职业技术学院	http://www.yncs.edu.cn/jy/	
江西外语外贸职业学院	http://jy.jxcfs.com/NodePage.aspx? NodeID = 24	
江西旅游商贸职业学院	http://jyc.jxlsxy.com/	

四、调研方法

本次调研的主要方法有问卷调查法、访问法、分类统计法。

1. 问卷调查法

根据调研目的、专业建设必须掌握的主要内容设计调查问卷,见表 4 ~ 表 7。

物流管理专业毕业生质量跟踪调查函(企业用表)　　表 4

尊敬的领导:

感谢贵单位多年来对我院物流管理专业人才培养和毕业生就业工作的大力支持与帮助,为了进一步深化我院物流管理专业教育教学的改革,提高该专业教学质量,更好地为社会培养、输送更多的技术技能型人才,我院组织对 2010 年以来的毕业生进行质量跟踪调查工作。诚望贵单位协助填写《江西交通职业技术学院物流管理专业毕业生质量跟踪调查表》,并提出宝贵意见,我们对您的支持深表感谢!

联系人:黄浩

联系地址:江西省南昌市经济技术开发区江西交通职业技术学院(邮编:330013)

联系电话:0791 - 3808695

联系电话:0791 - 3808695

物流管理专业毕业生质量跟踪调查表(企业用表)　　表 5

一、本专业毕业生工作基本情况(此表不够可另附页)

姓名	性别	专业	毕业时间	工作岗位	职务	在贵单位工作时间

二、单 位 评 价

1. 从您对本专业毕业生的日常工作表现及工作技能的综合情况来看,贵单位认为本专业毕业生的整体质量水平在同类专科院校毕业生中趋于什么样的水平:(　　)

①高　②较高　③一般　④低

2. 贵单位对本专业毕业生的工作整体满意度是:(　　)

①很满意　②满意　③一般　④不满意

续上表

<table>
<tr><td colspan="10">3. 贵单位对本专业毕业生在工作中针对下列表现或能力或做人等方面的评价是:</td></tr>
<tr><td colspan="2">基本数据</td><td colspan="8">2010 年以来到贵单位就业的本专业学生人数:____人
至今仍在贵单位工作的本专业毕业生人数:____人</td></tr>
<tr><td colspan="2">对本专业毕业生整体评价</td><td colspan="8"></td></tr>
<tr><td rowspan="8">毕业生质量评价</td><td>项目</td><td>优秀</td><td>良好</td><td>一般</td><td>差</td><td>项目</td><td>优秀</td><td>良好</td><td>一般</td><td>差</td></tr>
<tr><td>思想政治表现</td><td></td><td></td><td></td><td></td><td>专业知识</td><td></td><td></td><td></td><td></td></tr>
<tr><td>工作态度</td><td></td><td></td><td></td><td></td><td>工作能力</td><td></td><td></td><td></td><td></td></tr>
<tr><td>适应能力</td><td></td><td></td><td></td><td></td><td>学习能力</td><td></td><td></td><td></td><td></td></tr>
<tr><td>协作能力</td><td></td><td></td><td></td><td></td><td>创新能力</td><td></td><td></td><td></td><td></td></tr>
<tr><td>身体素质</td><td></td><td></td><td></td><td></td><td>工作业绩</td><td></td><td></td><td></td><td></td></tr>
<tr><td>心理素质</td><td></td><td></td><td></td><td></td><td>工作稳定性</td><td></td><td></td><td></td><td></td></tr>
<tr><td>竞争意识</td><td></td><td></td><td></td><td></td><td></td><td></td><td></td><td></td><td></td></tr>
<tr><td colspan="2">对本专业人才培养及毕业生就业工作的意见和建议</td><td colspan="9"></td></tr>
<tr><td colspan="11">注:若内容较多,请另附页。</td></tr>
</table>

物流管理专业人才培养方案调查问卷(毕业生用表) 表 6

亲爱的同学:

您好!

为了更好地了解同学们的职业规划与自我能力培养方向,使我们能将自己的学生培养成更加优秀的专业人才,我们设计了本调查问卷。因为我们相信:您所提供的信息将对学生学习方向与发展方向的决策具有重要参考价值,所以请您按照实际情况和真实想法填写问卷,您所提供的数据将仅用于本课题研究。最后感谢您的合作与支持!

管理工程系

请根据您的实际情况对以下选择题作答。(涉及主观的题目请自行填写)

1. 您的性别:(　　)　A. 男　B. 女

2. 您认为大学期间所学的课程能让自己找到合适的工作吗?(　　)

   A. 能　B. 基本上能　C. 不能　D. 不清楚

3. 在您实习期间,您觉得在多大程度上运用了课堂上学习的东西?(　　)

   A. 基本没有　B. 偶尔　C. 较经常　D. 很大程度

4. 企业注重大学生哪些方面的能力?(　　)

   A. 严谨周密的思维方式　B. 团结协作和奉献精神

   C. 信息技术的学习和应用能力　D. 组织和协调能力

   E. 异常事故和应急作业的处理能力　F. 创新意识

   G. 交流与沟通能力　H. 职业道德　I. 其他(请填写)

5. 您认为在大学期间,应着重加强哪些方面的学习,以备面对毕业后的发展?(可多选)(　　)

   A. 英语综合能力　B. 人际交流　C. 专业知识　D. 组织管理能力　E. 计算机技能

   F. 写作能力　G. 时间管理　H. 分析和解决问题的能力　I. 创新意识　J. 其他(请填写)

6. 请您对下列专业课程的实用性进行评价(在适当的地方打√)

续上表

课程名称	很实用	一般	不实用	课程名称	很实用	一般	不实用
礼仪				物流信息系统维护与应用			
统计基础与实务				综合运输作业管理			
基础会计				储配方案优化设计与实施			
物流学				国际货运代理实务			
经济法				物流企业运营管理实务			
物流专业英语				管理基础能力训练			
企业管理基本知识				公共关系学			
企业经营理财分析				物流项目管理			

7. 写下您认为对我们有用的书籍或著作。

8. 您认为什么证书对我们以后工作有帮助？

毕业生跟踪调查表（学生用表）

表7

亲爱的同学：

您好！

为了进一步深化我院物流管理专业教育教学的改革，提高该专业教学质量，更好地为社会培养、输送更多的技术技能型人才，我院通过问卷调查及走访等方式对毕业生进行跟踪调查工作。您对母校的宝贵意见将成为学院教学改革的重要依据，希望您在百忙中抽出时间填写本《毕业生跟踪调查表》，并于　　年　月　日前反馈给学院管理工程系。谢谢合作！

联系人：黄浩

联系地址：江西省南昌市经济技术开发区江西交通职业技术学院（邮编：330013）

联系电话：0791－83808695

基本信息	姓名		性别		年龄		毕业时间	
	原所在系及专业				工作单位及职务			
	联系电话				E－mail		QQ	

调　查　项	选择项（在选择项的“□”内画“√”即可）
（1）工作单位性质	国有企业□ 三资企业□ 私营企业□ 国家机关□ 事业单位□ 文化教育单位□ 灵活就业□ 待就业□ 其他□
（2）月薪水平	1000元以下□　1000～1500元□　1501～2000元□　2001～3000元□　3000元以上□
（3）您对就业指导服务工作的满意度	满意□ 基本满意□ 不满意□ 极不满意□
（4）您能否胜任本职工作	胜任□ 基本胜任□ 不能胜任□
（5）工作单位对您	十分重用□ 比较重用□ 不重用□ 漠不关心□
（6）毕业后您更换单位次数	从没有□ 一次□ 二次□ 三次□ 四次及以上□
（7）您对学校教学	满意□ 基本满意□ 不满意□ 极不满意□
（8）您现在最需加强哪些知识	计算机知识□ 专业知识□ 外语知识□ 公关礼仪□ 企业管理□ 法律知识□ 文案写作知识□ 金融理财知识□ 其他□

续上表

调　查　项	选择项(在选择项的"□"内画"√"即可)
(9)您认为学校在哪些方面对您工作影响最大	教师教学□ 教师为人□ 实训设施□ 课外活动□ 就业指导□ 思想教育□ 职业资格培训□ 社会实践□ 其他□
(10)您对学校辅导员(班主任)工作最满意的2项是	学识水平□ 工作能力□ 工作方法□ 工作实效□ 职业道德□ 敬业精神□ 人格魅力□ 创新意识□
(11)专业对口情况	对口□ 基本对口□ 不对口□
(12)与企业签约情况	签约□ 签订劳动合同□ 没有签约□

通过现场发放、发送电子邮件或邮寄问卷的方式对合作企业及应往届毕业生进行问卷调查。根据问卷调查情况统计,问卷回收率在91%以上。

2. 企业专业访问法

调研人员通过走访大量合作企业的管理人员、学生企业指导教师、近3年毕业生,广泛听取、收集各方意见。

3. 分类统计法

调研人员大量访问各个招聘网站和就业网站的物流管理相关岗位的招聘信息,对每条招聘信息的"岗位要求"、"素质要求"进行分类统计。

五、调研内容

由于我院物流管理专业毕业生历年来一次性就业的区域范围主要分布在江西本省、长三角、珠三角区域,因此,本次调研的区域范围也定于此。

(一)行业现状及区域背景

1. 行业现状

"十一五"时期特别是国务院印发《物流业调整和振兴规划》以来,我国物流业保持较快增长速度,服务能力显著提升,基础设施条件和政策环境明显改善,现代产业体系初步形成,物流业已成为国民经济的重要组成部分。

产业规模快速增长。全国社会物流总额2013年达到197.8万亿元,比2005年增长3.1倍,按可比价格计算,年均增长11.5%。物流业增加值2013年达到3.9万亿元,比2005年增长2.2倍,年均增长11.1%,物流业增加值占国内生产总值的比重由2005年的6.6%提高到2013年的6.8%,占服务业增加值的比重达到14.8%。物流业吸纳就业人数快速增加,从业人员从2005年的1780万人增长到2013年的2890万人,年均增长6.2%。

服务能力显著提升。物流企业资产重组和资源整合步伐进一步加快,形成了一批所有制多元化、服务网络化和管理现代化的物流企业。传统运输业、仓储业加速向现代物流业转型,制造业物流、商贸物流、电子商务物流和国际物流等领域专业化、社会化服务能力显著增强,服务水平不断提升,现代物流服务体系初步建立。

技术装备条件明显改善。信息技术广泛应用,大多数物流企业建立了管理信息系统,物流信息平台建设快速推进。物联网、云计算等现代信息技术开始应用,装卸搬运、分拣包装、加工配送等专用物流装备和智能标签、跟踪追溯、路径优化等技术迅速推广。

基础设施网络日趋完善。截至 2013 年年底,全国铁路营业里程 10.3 万 km,其中高速铁路 1.1 万 km;全国公路总里程达到 435.6 万 km,其中高速公路 10.45 万 km;内河航道通航里程 12.59 万 km,其中三级及以上高等级航道 1.02 万 km;全国港口拥有万吨级及以上泊位 2001 个,其中沿海港口 1607 个、内河港口 394 个;全国民用运输机场 193 个。2012 年全国营业性库房面积约 13 亿 m^2,各种类型的物流园区 754 个。

发展环境不断优化。国务院印发《物流业调整和振兴规划》,并制定出台了促进物流业健康发展的政策措施。有关部门和地方政府出台了一系列专项规划和配套措施。社会物流统计制度日趋完善,标准化工作有序推进,人才培养工作进一步加强,物流科技、学术理论研究及产学研合作不断深入。

总体上看,我国物流业已步入转型升级的新阶段。但是,物流业发展总体水平还不高,发展方式比较粗放。主要表现为:一是物流成本高、效率低。2013 年全社会物流总费用与国内生产总值的比率高达 18%,高于发达国家水平 1 倍左右,也显著高于巴西、印度等发展中国家的水平。二是条块分割严重,阻碍物流业发展的体制机制障碍仍未打破。企业自营物流比重高,物流企业规模小,先进技术难以推广,物流标准难以统一,迂回运输、资源浪费的问题突出。三是基础设施相对滞后,不能满足现代物流发展的要求。现代化仓储、多式联运转运等设施仍显不足,布局合理、功能完善的物流园区体系尚未建立,高效、顺畅、便捷的综合交通运输网络尚不健全,物流基础设施之间不衔接、不配套问题比较突出。四是政策法规体系还不够完善,市场秩序不够规范。已经出台的一些政策措施有待进一步落实,一些地方针对物流企业的乱收费、乱罚款问题突出。信用体系建设滞后,物流业从业人员整体素质有待进一步提升。

2. 区域背景

江西省地处中国东南长江中下游南岸,是连接珠三角、长三角和闽三角经济区的纽带,具有天然的运输水系和发达的高速路网。根据《国务院关于支持赣南等原中央苏区振兴发展的若干意见》,“十二五”期间,江西省将大力发展现代物流业,研究完善物流企业营业税差额纳税试点办法,支持赣州、抚州创建现代物流技术应用和共同配送综合试点城市,推动赣州、吉安综合物流园区及广昌物流仓储配送中心等项目建设,到 2015 年,依托赣州区域性中心城市的区位优势,加快现代综合交通体系和快速通道建设,建成连接东南沿海与中西部地区的区域性综合交通枢纽和物流商贸中心。《江西省现代物流业发展“十二五”规划》明确指出,江西省物流业将建立“国道主干线、水运主通道、港站主枢纽”交通支持保障体系,逐步建成贯穿东南西北中的客货运输大通道和快捷、高效、安全、方便并具有竞争力的现代物流综合服务网络体系。按照《江西省“十二五”公路水路交通运输发展规划纲要》的精神,江西省将实施交通物流园区建设重点工程,建设南昌新港综合交通物流园、九江城西港交通物流园区、井冈山经济技术开发区物流园、南昌保税物流中心二期、南昌东新港交通物流园区、九江湖口港口物流园区等项目。综合交通枢纽、物流商贸中心、现代物流综合服务网络体系的建设以及交通物流园区建设重点工程的实施离不开专业技术人才支撑和保障。

(二)物流行业人才需求概况

近年来,以新型流通方式为代表的连锁经营、物流配送、电子商务等发展迅速,各大企业对物流人才的需求也急剧上升。中国物流与采购联合会 2011 年发布的统计调查报告显示,

2006 年以来,国内物流业务需求正在以每年超过 20% 的速度增长,加上国外物流企业的进入,物流业的发展扩大了物流人才的市场需求。物流是一个应用性很强的综合性学科,具有劳动密集型和技术密集型相结合的特点。物流过程每个功能环节中都有大量的操作活动,在物流从业人员中,75% ~85% 的人员在从事操作岗位的工作,由于交通限制、客户需求、服务质量要求等原因,物流操作往往需要全天候 24 小时作业,这种作业特点使得物流操作人员的需求成倍增加。物流专业人才曾被列为我国 12 类紧缺人才之一,物流专业人才特别是物流高级管理人才的需求仍严重短缺。

(三)物流行业人才职业岗位调研分析

1. 培养人才的面向定位

调查小组对收回的企业调查问卷进行整理,针对物流企业对毕业生人员素质要求、岗位需求情况、对基层管理人员各项职业核心能力的重视程度、对中层管理人员各项职业核心能力的重视程度进行了系统分析,见图 1 ~ 图 4。

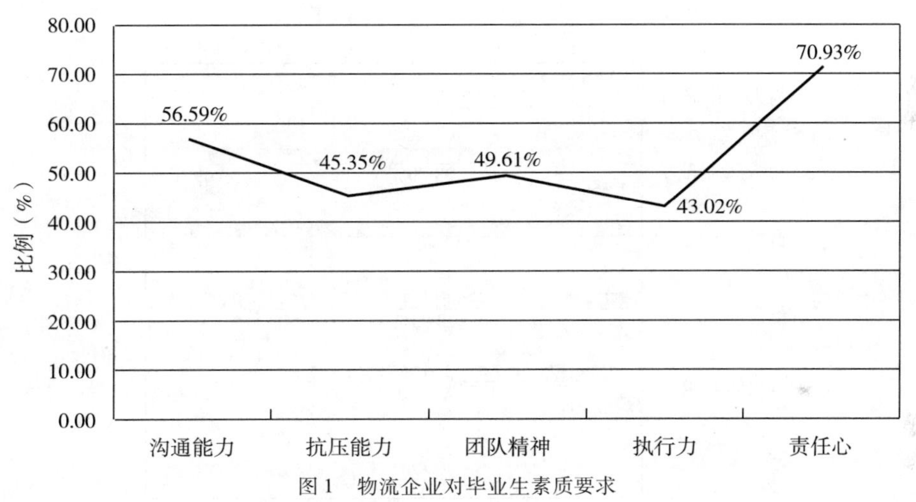

图 1　物流企业对毕业生素质要求

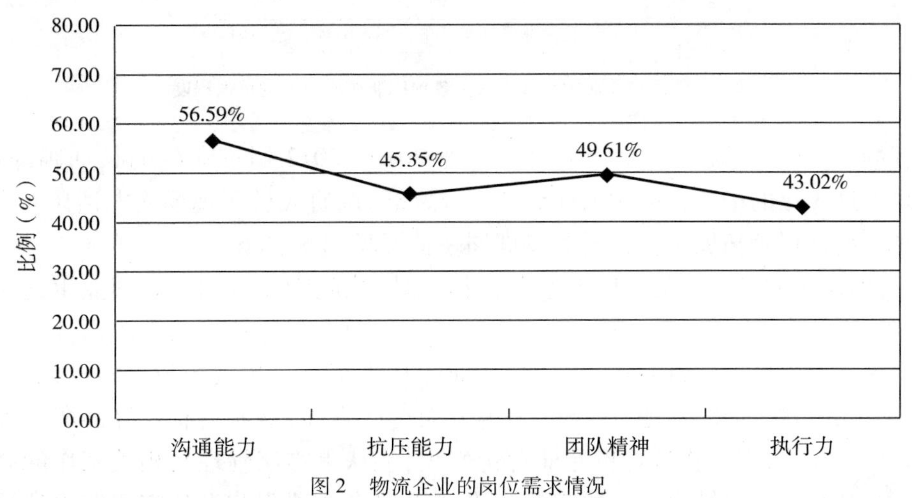

图 2　物流企业的岗位需求情况

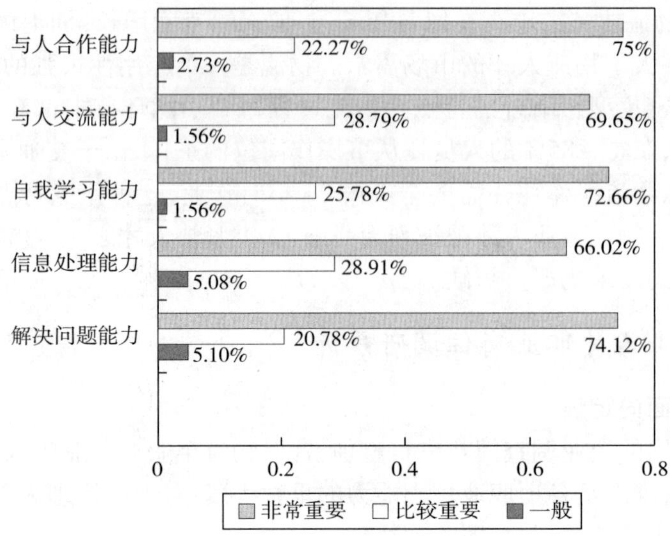

图 3　物流企业对基层管理人员各项职业核心能力的重视程度

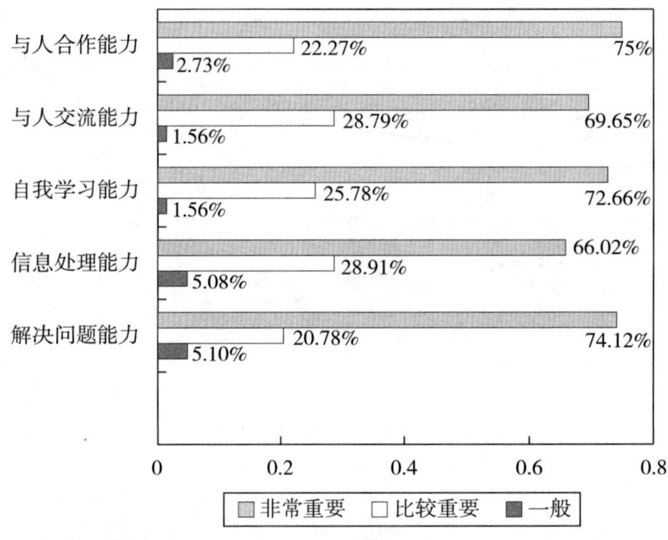

图 4　物流企业对中层管理人员各项职业核心能力的重视程度

本次调研是基于学院对本院物流管理专业 2010—2012 届毕业生的长期跟踪调查，因此，在统计了这 3 年的毕业生初次入职岗位情况之后，调研人员还现场或电话访问了 300 名往届毕业生，统计得到拓展岗位情况和发展岗位情况见图 5、图 6。

通过对学院历届毕业生的访问调查及数据统计，我院物流管理应届毕业生绝大部分从事物流客服、仓管、运输调度等入职岗位；往届毕业生中大部分都是从入职岗位晋升到物流经理、仓库主管等发展岗位，还有一小部分毕业生从事了相关拓展岗位。根据调查结果，确定该专业的培养目标，即培养德、智、体、美等方面全面发展，培养具有良好的职业道德和相应的沟通、协调能力，掌握物流管理专业理论知识，能从事物流管理及相关工作的高素质技术技能人才。同时，调查结果也为物流管理专业设置专业课程和设计实践能力的培养提供了第一手的基础材料。

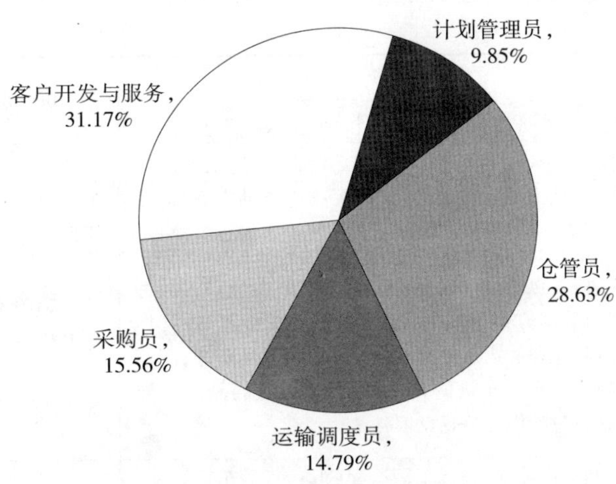

图5 物流管理专业2010—2012年应届毕业生入职岗位情况

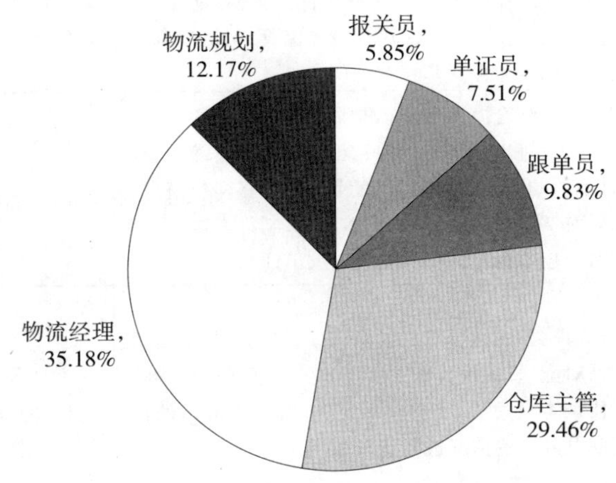

图6 物流管理专业往届毕业生拓展岗位情况

2. 物流管理专业人才岗位职业能力调研分析

通过对部分院校就业网站和招聘网站的调查统计分析，以及对受调研企业进行专业访谈，归纳整理得出入职岗位、拓展岗位及发展岗位的职业能力，详见表8。

物流管理专业人才岗位职业能力调研分析表 表8

岗位类型	典型职业岗位	实际工作任务	知识要求	技能要求
入职岗位	物流市场开发员	物流市场营销、项目客户开发（发掘客户，与客户建立沟通渠道，针对客户需求进行方案设计和成本核算，与客户进行沟通谈判，签订物流服务合同）	熟练掌握物流专业知识、成本核算知识、合同管理知识及物流案例分析能力	市场调研，拟订物流合同，与供应商谈判，物料管理与控制
	物流计划员	编制采购计划（分析内部需求和公司库存资源情况，控制库存，编制采购计划）	库存管理知识，物流企业运作知识	熟练掌握物流软件分析市场，编制采购计划，进行信息处理

续上表

岗位类型	典型职业岗位	实际工作任务	知识要求	技能要求
入职岗位	采购员	采购物资（明确需求，收集客户资料，进行供应市场分析，组织询价和报价工作，寻找和选择供应商，进行供应商关系管理和采购合同管理，对价格进行维护）	经济法，市场营销知识、财务成本知识	熟悉法律，思维敏捷，供应商分析
	仓管员	保管、盘点、发货（商品接运前的准备，针对商品的特性进行装卸方案的规划设计，进货入库作业，保管作业，发货作业和盘点作业。接受并执行配送指令；制订配送计划；进行车辆的日常调度；货物或商品的集配载；执行过程中的信息反馈）	具有仓储管理基本知识、商品知识，对物流仓储设备有认知	合理规划仓储，使用物流软件进行相关信息处理，能进行商品检验，能够合理使用设备
	运输计划与调度员	编制运输计划，进行车辆调配（取送货的车辆调配、指挥；与供货方目的站的协调；运输计划的制订与装载的安排；相关单据的填写、交接和归档；运输、配送、车辆台账的更新；生产工具使用记录和保管；司机的调配管理；车辆的维修保养和燃油管理）	运输管理知识、运输组织知识、配送知识	熟悉货物特性，熟悉区域地理，能处理突发情况，制订运输计划，安排车辆
拓展岗位	报关员	编制单证、配合海关查验（准备相关报关单证；进出口商品归类；进出口税费计算；配合海关查验；海关相关软件系统的操作；文件档案的管理；收集客户信息；发掘和维护客户；线路选择；成本分析；制订方案；系统录入；对单核单；签发运输单证；电放单证）	报关流程知识、商品编码知识、国际贸易知识、国际货运代理知识	能正确识别货物种类，进行沟通，收集并制作单证，进行海关软件操作
	跟单员	协调客户关系（接受客户需求订单；订单实施的组织和监督；对配送、运输过程中出现的异常情况进行跟踪处理；协调客户关系，进行投诉处理；与相关部门的沟通；对问题处理的情况进行记录和反馈）	客户分类、商务礼仪、配送知识	基本客户管理、物流相关知识、了解商务礼仪、头脑清晰、有效的沟通、快速处理问题
	单证员	发掘和维护客户（收集客户信息；发掘和维护客户；线路选择；成本分析；制订方案；系统录入；对单核单；签发运输单证；电放单证）	货运代理知识、商品知识、单证英语	熟练运用英语，了解商务礼仪，分析市场，监控市场，处理各类单证，相关软件操作能力
发展岗位	物流经理	管理供应商团队，开发新的供应商，控制采购成本；监控仓库管理，控制库存成本；监控生产计划，协调工厂订单与产能；管理并激励本部门人员，加强团队合作精神，做好本职工作；制定本部门各种管理流程、管理规定，规范物流服务管理；改善及维护项目的物流运作系统，实现物流成本的最优化；执行公司物流政策，并管理物流资源及供应商，对供应商风险进行评估；管理公司物流团队，负责落实、监督、检查本部门工作的执行情况；控制送货和仓储成本以符合公司目标；管理物流供应商以使货物送达目标客户手中，并不断提升客户的服务水平；保证日常操作顺畅有效；提供实时管理和作业报告，保持计算机系统和手工操作系统数据精确；保持实际存货精确；安置、组织并调动整个团队充分执行目标要求的任务；确保区域层面上的最优组合	物流管理综合知识	足够的管理经验

续上表

岗位类型	典型职业岗位	实际工作任务	知识要求	技能要求
发展岗位	物流规划	负责物流战略规划及行业研究分析，探索物流管理模式创新；负责物流信息平台的规划、实施；负责物流网络规划及物流中心建设、技术升级；负责物流流程规划和知识体系建设；负责物流配送中心网络优化项目及配送中心内部优化项目的实施；负责配送中心工时和编制研究结果输出；负责各作业环节SOP的编制和修订；运输线路和价格信息的收集和研究及配送速度提升方案的输出；研究销售终端的地域分布及配送策略；生产包装、运输包装、存储包装标准的制定和实施；配送频次与销售量的关系研究	熟悉配送中心内部的规划；熟悉工业工程方法	有项目管理能力；熟悉AUTO CAD或其他绘图软件；PPT制作能力；数据分析能力；培训能力
	仓库主管	负责仓库整体日常工作的安排；仓库的工作筹划与进度控制，合理调配人力资源，对仓库现场各个工作的监控；与公司其他部门的沟通与协调；参与公司宏观管理和策略制定；现场管理的督导、6S推行情况、目视化管理执行情况；审订和修改仓库的工作操作流程和管理制度；对下属员工进行业务技能培训和考核，提高员工素质和工作效率；与业务部门及生产部门沟通确认例外事情；与相关部门确定工作接口和业务交接标准；接受并完成上级交代的其他工作任务；签发仓库各级文件和单据		

根据入职岗位、拓展岗位、发展岗位的职业能力表进行行动领域和学习领域分析，得到5个具体的学习领域为：物流企业运营管理、储配方案优化设计与实施、综合运输作业管理、国际货运代理实务、物流信息系统维护与应用。行动领域与学习领域分析详见表9。

行动领域与学习领域分析表

表9

工作岗位	典型工作任务	行动领域	学习领域
物流市场开发人员	市场调研；需求分析；市场定位；营销推广；营销组织	市场调研	物流企业运营管理
		拟订物流合同	
		与供应商谈判	
		物料管理与控制	
仓储管理员	入库作业；在库管理；出库作业；盘点作业；退货作业	货物出入库管理	储配方案优化设计与实施
		盘点	物流信息系统维护与应用
		商品维护与保养	
跟单员	订单处理；货物拣选；出库配装；货物输配；退货处理	配送流程设计	储配方案优化设计
		物流成本管理	物流企业运营管理

续上表

工作岗位	典型工作任务	行动领域	学习领域
运输计划与调度员	运输信息收集； 运输工具选择； 制订运输方案； 运输调度； 车辆过程跟踪	运输流程优化	综合运输作业管理
		物流信息管理	
单证员 货贷员 报关员	保税仓储作业； 拼箱、拆箱、堆放作业； 报检、报关； 投保； 出口退税	保税仓储作业管理	国际货运代理实务
		单证缮制与审核	
		拼箱、拆箱、堆放	
		报检、报关、保险	
客户服务	业务咨询； 业务报价； 服务投诉； 客诉处理； 理赔	客户信息管理	物流信息系统维护与应用
		客户维护	
		发运货物	

六、调研结论

(一)人才培养目标

调研结果表明:主要培养面向生产、流通和服务领域企业中的运输调度、仓储配送、物资采购、货代报关、单证信息、营销服务、物料控制、流通加工、成本控制等物流岗位,从事物流业务受理、物流信息处理、物流现场组织、市场开拓、客户关系维护等具体操作和基层管理相关工作,培养具有好品德、好技能、好形象,具有良好的创新精神和职业迁移能力的高素质技术技能人才。

(二)人才培养模式

物流管理专业面向职业岗位群的职责与任务是确定高职专业人才的培养目标、培养模式和开展教学活动的主要依据。但是,目前缺乏物流管理专业相关职业岗位的职责与任务的行业标准。为此,我们从这次调研入手,来确定物流管理专业的人才培养模式。

随着物流产业结构性调整,物流管理专业必须适应行业发展,以就业为导向及时调整培养模式,对本专业人才的培养模式不能再按照传统,而应该与时俱进,结合市场需求改革与创新。

通过以上调研分析,建立以校企合作为平台,通过以建设项目来引领人才培养过程。形成建设过程与教学过程紧密结合,知识、技能、素质紧密结合,做、学、教紧密结合,学校与企业紧密结合的人才培养模式。

(三)课程体系重构

调研人员通过对已有物流管理专业课程体系进行分析研究,发现了很多问题,并根据对企业的调研，找到了课程体系应突出的教学重点。

1. 现有物流管理课程体系的缺陷

1）课程内容设置不够合理

调研人员认真研究了原有物流管理专业课程体系，依据调研企业对用工人员素质要求，将原有专业课程进行"重组"。这里"重组"的含义就是打破原有课程体系，根据人才岗位职业能力需求重新设置课程名称、章节内容框架，重构新的课程体系。

2）教学内容与实际需求脱离

根据对顶岗实习期间的应届毕业生及实习单位的走访结果，暴露出一个问题，就是我们的教学内容，我们的教材在某种程度上与社会需求还有距离。所以，调研小组提出了一个非常明确的主张，就是要"坚定不移地以就业为导向"，成立由企业专家和校内专家为主要成员的物流管理专业校企合作委员会。在物流管理专业校企合作委员会的指导下，对课程体系的重构、教学内容等方面进行大刀阔斧的改革和创新。

2. 课程体系重构

根据多个被调研企业的反馈，69%以上的企业认为储配设计及优化能力非常重要，28%的企业认为比较重要，两者总计达97%。58%以上的企业认为运输作业能力非常重要，35%的企业认为比较重要，两者总计达93%。57%以上的企业认为信息维护及处理的能力非常重要，38%的企业认为比较重要，两者总计达95%。49%以上的企业认为货运代理知识能力非常重要，35%的企业认为比较重要，两者总计达84%。51%以上的企业认为企业运营和管理的知识非常重要，26%的企业认为比较重要。

结合入职岗位、拓展岗位、发展岗位的职业能力分析及工作岗位—行动领域—学习领域的转化结果，调研小组在物流管理专业的核心课程的设置上有了明确的认识，明确核心课程5门，分别为物流企业运营管理实务、储配方案优化设计与实施、综合运输作业管理、国际货运代理实务、物流信息系统维护与应用。

（四）专业人才培养规格

本专业培养学生掌握现代物流管理理论知识和储配方案设计优化与实施、综合运输作业管理、国际货运代理、物流企业运营管理、物流信息系统维护与应用等物流作业管理实用技术，并具有职业生涯发展基础和良好职业道德的高素质技术技能人才。毕业生就业主要面向第三方物流企业、物流园区、物流配送中心、商贸企业，从事仓储、运输、物流企业运营、国际货运、物流信息采集及客户服务等管理工作。

本专业的能力、素质、知识的结构见图7。

1. 实践动手能力

1）学生实践动手能力培养方式分析

对于如何加强物流管理专业学生实践能力，有65.5%的受访者认为是毕业实践，55.2%的人认为是课程实践，48.3%的人认为是认知实习，37.9%的人认为是模拟软件。因此，学校在培养学生时应注意毕业实践、课程实践、软件模拟等训练，以提高学生的实践能力，见图8。

此外，经过调查发现，许多院校物流管理专业都有着各自不同的特色和优势，比如港口物流、国际物流、企业物流条件较好等，总体看来，我国的相关院校的物流管理专业的特色和优势正在日渐明朗。

在受访者中,多数人对我院的物流管理专业人才培养工作提出了建议,主要表现在加强实践环节,不断提高学生的实践能力等几个方面。因此我院的物流管理专业在培训专业人才时应更加注重实践,将理论与实践相结合。

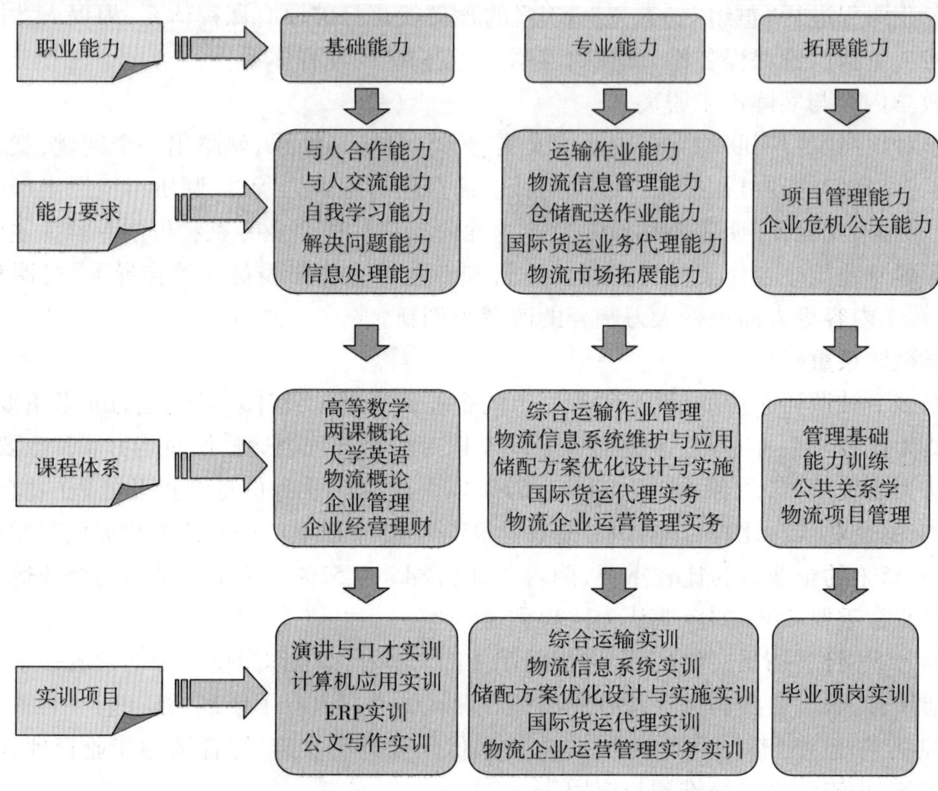

图7　物流管理专业能力、素质、知识的结构示意图

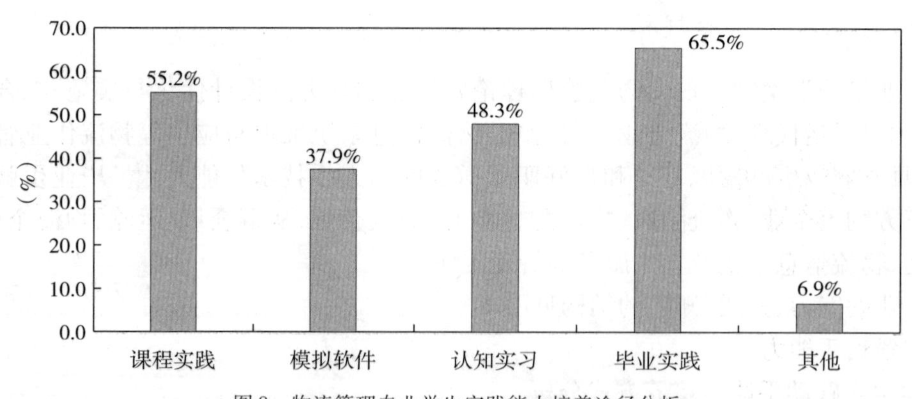

图8　物流管理专业学生实践能力培养途径分析

2)注重理论与实践相结合,培养创新型物流管理人才

由于物流管理专业综合管理协调能力要求比较高,而在调查中恰恰发现物流管理专业毕业生综合管理协调能力相对薄弱,因而,教学活动必须注重学生管理基础能力的锻炼,并灵活运用多种教学手段。在教学中,淡化目前所采用的传统的以教师讲授为主的教学方式,探索多种手段,聘请企业管理人员进行综合案例教学,利用案例分析、模拟训练、多媒体等现

代教学技术组织教学；通过市场调查、方案制订、方案实施、校内外实训基地实践等各种丰富多样的实践性教学环节，培养学生分析问题、解决问题的能力；建立“校中厂”和“厂中校”，强化学生实际动手操作能力和实践技能的培养，满足我国物流行业需求的创新型高素质技术技能人才的需要。

3）加强校企合作，强化实践环节

建立和完善校企合作的长效机制，实行“产教一体”培养模式。学生不仅参加校内实践，还要参加企业一线生产实践。学校有目的、有计划地安排学生参加企业一线生产。不仅有暑期实践，还要到企业顶岗实习，以生产一线为课堂，在实践中教，在实践中学，切实提高学生的实际操作能力和岗位技能。

2. 自我学习与持续发展能力培养

学生在校期间除了应具备初次就业的入职岗位技能知识，还应该具备职业发展晋升后相关岗位的技能知识，所以在开设课程，制定课程标准方面应充分考虑到学生的可持续发展能力，在教学内容中增加相关内容，在职业技能证书的选考方面有所侧重。

3. 职业道德教育

本次调查发现，不少已就业的毕业生，缺乏“吃苦耐劳”和“爱岗敬业”的精神，工作责任心不强，因此，在校期间加强学生职业道德教育势在必行。职业道德是从事一定职业的人在特定的工作和劳动中所应遵循的特定的行为规范，它是职业素养的重要组成部分。为倡导物流业从业人员良好的职业精神和职业道德，规范其职业行为，必须加强爱岗敬业、忠于职守，遵章守法、服从指令，勤学苦练、钻研业务，诚实礼貌、周到服务，及时准确、规范操作，团结协作、讲求效率等方面的职业道德准则教育。

七、问题与思考

1. 物流专业培养目标与专业方向

综合以上调查结果，我们认为我校物流管理专业的定位为物流企业经营管理是正确的。本专业主要面向第三方物流企业，培养在一线从事仓储、配送、运输等工作，熟悉物流主要业务流程，掌握操作技能，并能胜任物流企业各项基础管理工作，具有职业生涯发展基础的高素质技术技能专门人才。

2. 物流专业课程设置与改革的建议

经过调研项目组对典型物流企业的工作过程和工作任务等具有了初步的了解，为根据工作过程搭建课程体系，以岗位职能力要求为中心搭建课程内容。从目前我校物流管理专业的课程设置看分为专业基础课和专业课程，目前的课程体系、课程结构尚没有做到体现工作过程和任务导向，就单门课程看，传统的知识型结构尚比较明显，这是制定专业人才培养方案过程中应重点解决的问题。

3. 物流专业师资与实训条件配置建议

根据骨干院校专业建设的要求，尤其是通过本次调研，我们感到校内专任教师按照双师素质、双教能力培养的必要性和迫切性，这是本专业师资队伍建设的重心。在双师素质的培养过程中，首要的是强化教师的企业经历，对此我们以后要采取措施，安排专业骨干教师到不同类型的物流企业进行实践锻炼。

（课程标准制订人：孙浩静）

附件2:《礼仪》课程标准

一、课程定位(表1)

课程定位表 表1

课程名称及编号	礼仪(213005)
课设学期及学时	第1学期(32学时)
课程类型	专业基础学习领域
先导课程	—
平行课程	大学语文
后续课程	公共关系学、管理基础能力训练

二、课程性质

礼仪课程属于物流管理专业的专业基础课,具有较强的实用性、可操作性。本课程通过理论讲解、实际操作训练以及模拟场景训练,培养学生懂礼、知礼、行礼的意识,使学生掌握个人形象塑造的基本要领、社交礼节、会议礼仪以及涉外礼仪的规范与基本要求,熟悉与我国交往密切的主要国家的礼俗,力求在社交活动中灵活运用,以此树立个人良好形象,赢得他人对自身工作的信赖、支持与帮助。

三、课程设计思路

本课程采用课堂讲授与学生实践相结合的教学方式,在课堂教学中,突出重点、难点,力求通过形象化的教学使学生对所学内容加深理解。使学生在全面了解现代社交礼仪的基本概念、特征、原则的基础上,掌握仪容仪表仪态礼仪、礼貌语言的运用、日常交际礼仪、餐饮礼仪及主要接待服务礼仪的基本知识。让学生在系统学习有关礼仪知识的基础上,加强实践训练,在学生实践训练活动中,充分发挥他们的参与积极性,全面提高其实际应变能力及应用商务礼仪知识的能力。

在教学中,改变过去以教师为中心的教学模式,注重学生自主学习和应用能力的培养,教学方法要灵活多样,充分调动学生学习的积极性,激发学生的学习动机,最大限度地让学生参与学习的全过程。

四、课程目标

(一)知识目标

通过本课程的学习,要求学生掌握礼仪的基本理论,如沟通技巧、个人礼仪等。

(二)能力目标

(1)提高学生社交能力、语言表达能力、沟通能力、协调能力、应变能力,培养学生的团队合作精神;

(2)培养学生耐心、细致、严谨的工作态度,使其成为受企业欢迎的人。

(三)素质目标

(1)认识和掌握礼仪的概念,认识社会活动和人际交往中礼仪的重要性;
(2)掌握仪表礼仪、社交礼仪、求职礼仪、商务礼仪;
(3)培养学生的亲和力、沟通力、协调力、合作力、意志力、表达力。

五、课程内容与学习目标

(一)课程内容结构安排

本课程分个人形象礼仪等4个学习情境,共14个工作任务,具体见表2。

课程内容结构安排一览表 表2

序号	学习情境	工作任务	参考学时
1	个人形象礼仪	仪容礼仪	2
		仪态礼仪	4
		服饰礼仪	2
2	日常交往礼仪	见面礼仪	4
		介绍礼仪	2
		餐饮礼仪	2
		面试礼仪	2
3	常用公务礼仪	办公室礼仪	2
		接待礼仪	2
		馈赠礼仪	2
		语言交际礼仪	2
4	国际礼宾礼仪	会谈会见礼仪	4
		中外习俗差异	2
合计			32

(二)课程内容要求(表3)

课程内容要求 表3

学习情境1:个人形象礼仪	参考学时:8
学习目标: 1. 能了解个人形象基本塑造礼仪; 2. 能进行个人形象塑造; 3. 能完成不同场合个人形象的塑造	
学习内容: 1. 礼仪的起源与发展; 2. 礼仪的含义与特征; 3. 商务礼仪的功能和作用; 4. 仪容礼仪; 5. 仪态礼仪; 6. 服饰概述; 7. 着装的礼仪规范; 8. 着装的技巧; 9. 佩饰的礼仪	

续上表

<table>
<tr><td colspan="2">学习情境1:个人形象礼仪</td><td>参考学时:8</td></tr>
<tr><td>教学资源:
多媒体课件、图片、视频等</td><td colspan="2">对学生基础要求:
1. 具备个人形象塑造基本常识;
2. 具备个人形象审美能力</td></tr>
<tr><td colspan="2">学习情境2:日常交往礼仪</td><td>参考学时:10</td></tr>
<tr><td colspan="3">学习目标:
1. 能了解日常交往基本礼仪内容;
2. 能完成不同场合的日常交往</td></tr>
<tr><td colspan="3">学习内容:
1. 自我介绍;
2. 为他人介绍;
3. 集体介绍;
4. 打招呼与握手;
5. 称谓礼仪;
6. 面试礼仪;
7. 宴请礼仪;
8. 中西餐礼仪着装的技巧;
9. 喝咖啡礼仪、佩饰的礼仪;
10. 喝茶礼仪;
11. 饮酒礼仪</td></tr>
<tr><td>教学资源:
多媒体课件、图片、视频、FLASH 动画等</td><td colspan="2">对学生基础要求:
1. 学生应具备社交修养;
2. 具备与人交往的素质</td></tr>
<tr><td colspan="2">学习情境3:常用公务礼仪</td><td>参考学时:8</td></tr>
<tr><td colspan="3">学习目标:
1. 能了解日常公务礼仪内容;
2. 能完成不同场合的日常公务交往</td></tr>
<tr><td colspan="3">学习内容:
1. 办公室礼仪;
2. 电话礼仪;
3. 礼品馈赠礼仪;
4. 接待与拜访礼仪;
5. 基本原则;
6. 交谈技巧;
7. 沟通技巧;
8. 谈判的语言艺术</td></tr>
<tr><td>教学资源:
多媒体课件、图片、视频、FLASH 动画等</td><td colspan="2">对学生基础要求:
1. 学生应具备社交修养;
2. 具备与人交往的素质</td></tr>
<tr><td colspan="2">学习情境4:国际礼宾礼仪</td><td>参考学时:6</td></tr>
<tr><td colspan="3">学习目标:
1. 能了解外事礼仪内容;
2. 能掌握国内外礼仪习俗差异</td></tr>
</table>

续上表

<table>
<tr><td>学习情境4:国际礼宾礼仪</td><td>参考学时:6</td></tr>
<tr><td colspan="2">学习内容:
1. 常见的礼宾次序礼仪;
2. 会谈、会见的礼仪;
3. 各种仪式礼仪;
4. 各国礼仪文化;
5. 宗教礼仪常识</td></tr>
<tr><td>教学资源:
多媒体课件、图片、视频、FLASH 动画等</td><td>对学生基础要求:
1. 了解外事迎送、会见与会谈的礼仪;
2. 掌握不同国家的礼貌礼节及忌讳;
3. 掌握三大宗教的主要礼节和忌讳,具备与人交往的素质</td></tr>
</table>

六、课程实施建议

(一)教材及参考资源建议

1. 教材

孙彗竹. 礼仪规范教程[M]. 天津:南开大学出版社,2010.

2. 参考书

[1]金正昆. 商务礼仪教程 [M]. 北京:中国人民大学出版社,2009.

[2]吕维霞. 现代商务礼仪[M]. 北京:对外经济贸易大学出版社,2006.

3. 课程网站

http://elearn. jxjtxy. com/eol/homepage/course/layout/page/index. jsp? courseId =10429.

(二)师资条件建议

(1)具有学生礼仪知识的检测能力;

(2)具有礼仪相关理论知识,符合教师要求,有教师资格证;

(3)具有理实一体化教学能力。

(三)实验实训条件建议(表4)

实验实训条件建议 表4

实训室名称	主要设备名称	主要实训项目
形体房	形体训练设备	1. 个人形象礼仪; 2. 日常交往礼仪; 3. 公务交往礼仪; 4. 国际交往礼仪

(四)教学方法建议

针对具体的教学内容和教学过程,总体采用任务驱动教学法。在具体教学过程中,运用项目教学法、案例法、小组协作学习法等多种方法组织教学，让学生人人参与，积极互动，培养学生交际能力。

（五）教学评价建议

本课程采用多元性的评价，从学习态度、课程作业、实践环节三方面，全面综合评价学生能力，见表5。

课程考核表

表5

考核项目		考核方式	比例	
			分项	总体
过程考核	学习态度	根据课堂教学参与情况、课堂回答问题、出勤情况，由教师综合评定学生的学习态度得分	30%	100%
	实践环节	根据学生实践情况，以学生自评、他人评价和教师评价相结合的方式评定成绩	40%	
	课程作业	根据学生完成课后作业、成果报告的情况由教师来评定成绩	30%	

（课程标准制订人：敖丽芳）

附件3：《统计基础与实务》课程标准

一、课程定位（表1）

课程定位表

表1

课程名称及编号	统计基础与实务（311022）
课设学期及学时	第2学期（57学时）
课程类型	专业基础学习领域
先导课程	高等数学
平行课程	基础会计
后续课程	企业管理基本知识、企业经营理财分析

二、课程性质

统计基础与实务是经济管理类专业的基础课程，也是一门必修课程，在相关专业的人才培养方案中都占有比较重要的地位。通过本课程的教学，使学生理解并应用统计学的基本知识；熟悉一些常用的重要理论和方法；能运用所学知识，完成对统计资料的收集、整理和分析工作，提高学生对社会经济问题的数量分析能力。

统计学基础与实务是职业基本能力课程，培养学生获得统计职业资格上岗证，适应统计岗位工作，操作技能达到本专业上岗标准。

三、课程设计思路

本课程是以行业专家对经济管理类专业所涵盖的岗位群进行任务与职业能力分析为基

础,根据高等职业院校经管类学生的认知特点,结合教学内容与特点设计的。课程具体包括:总论、统计调查、统计整理、统计综合指标、抽样推断、相关与回归、统计指数、时间数列分析、统计预测等内容。课程设置从统计总论入手,以统计工作的四个阶段,即统计设计、统计调查、统计整理、统计分析为主线,最后撰写分析报告。课程根据上述过程和内容安排设定教学内容,注重对学生职业岗位的培养,突出对学生职业能力的训练,理论知识的选取紧紧围绕工作任务的需要来进行,同时又充分考虑高等职业教育对理论知识学习的需要,并融合了相关职业资格证书对知识、技能和态度的要求。

在工作任务引领下,以教师讲授、多媒体演示、案例分析、分组讨论、学生实训、学生实践、上网查阅资料等形式展开教学。在加强课堂教学中基本理论和方法学习的同时,应加强教学的实践和实习环节,对于相对数、平均数、标准差、方差、抽样误差、区间估计、相关系数、回归直线方程、假设检验等实用性内容应加强实训,使学生熟练掌握计算方法。要求学生做学结合、边学边做,以培养学生具备统计业务操作岗位的职业能力,提高学生分析和解决统计问题的实际操作能力,适应该岗位实际运用需要,并为学习掌握其他相关专业主干课程做好铺垫。

四、课程目标

(一)知识目标

(1)学生应该通过本课程的学习与训练活动,了解并运用统计学基础的相关知识,掌握处理统计基本业务的能力。

(2)通过实训和实践操作,让学生切实体会到统计工作的过程。让学生首先学会统计设计、收集资料、整理资料、计算分析资料,最后撰写分析报告,从而使学生对统计工作的整个流程有一个全真认识,使学生掌握统计分析方法,提高解决经济生活中实际问题的能力。

(二)能力目标

(1)能执行《中华人民共和国统计法》的规定;

(2)能举实例说明总体、总体单位、标志、指标、指标体系、变异、变量;

(3)能够区分总体与总体单位、标志与指标、品质标志与数量标志、变异与变量;

(4)能进行简单、小型统计调查方案的设计;

(5)能进行简单、小型的统计调查;

(6)能够进行调查问卷设计;

(7)能应用划记法、过录法进行统计汇总;

(8)能进行审核资料;

(9)能根据所给资料编制变量数列;

(10)能编制统计表;

(11)能绘制直方图、折线图。

(三)素质目标

(1)具备一定的沟通能力和组织调查能力;

(2)具备一定的分析和运用统计学理论解决实际问题的能力;

(3)培养学生勤学好问、诚实、严谨、细心的学习态度；
(4)逐步树立运用统计参与管理的观念和意识。

五、课程内容与学习目标

(一)课程内容结构安排

由教学目标所确定的职业能力、职业素质素养，确定7个教学情境，20个工作任务，作为本课程的教学内容，见表2。

课程内容结构安排一览表　　表2

序号	学习情境	工作任务	参考学时
1	统计设计	统计问卷设计的一般要点	4
		统计问卷设计的基本程序	4
		统计问卷设计实训	3
2	统计调查	统计调查的相关概念	2
		统计调查的方法	2
3	统计整理	统计整理的相关概念	2
		统计整理的方法	2
		编辑分布数列	4
4	综合统计指标分析	统计指标的介绍	6
		统计指标的案例分析	2
		统计指标的讨论	2
		统计指标实训	2
5	统计抽样推断	抽样推断的相关概念	4
		抽样推断的方法	6
6	相关与回归分析	相关的含义和相关知识	2
		简单线性回归	2
		多元线性回归	2
7	统计预测	定性预测	2
		德尔菲法、主观概率法	2
		抛物线方程预测	2
合计			57

(二)课程内容要求(表3)

课 程 内 容 要 求　　表3

学习情境1:统计设计	参考学时:11
学习目标： 1. 掌握统计调查问卷设计的一般要点； 2. 掌握统计调查方案设计的程序； 3. 能进行简单、小型统计调查方案的设计； 4. 能够进行调查问卷设计	

续上表

<table>
<tr><td>学习情境 1:统计设计</td><td>参考学时:11</td></tr>
<tr><td colspan="2">学习内容:
1. 统计调查问卷设计的一般要点;
2. 统计调查方案设计的程序</td></tr>
<tr><td>教学资源:
1. 讲义、教案、多媒体课件、图片、FLASH 动画等;
2. 企业资源:企业统计案例</td><td>对学生基础要求:
1. 已经具备 Word 排版技能;
2. 具有一定的企业管理基本知识</td></tr>
<tr><td>学习情境 2:统计调查</td><td>参考学时:4</td></tr>
<tr><td colspan="2">学习目标:
1. 了解统计数据来源的两个方面;
2. 了解普查的组织工作及注意事项;
3. 理解统计调查的分类;
4. 理解统计研究的具体方法;
5. 掌握统计调查的概念;
6. 掌握各种统计调查方法的概念、特点和适用条件</td></tr>
<tr><td colspan="2">学习内容:
1. 统计调查的基本概念;
2. 统计调查的相关概念;
3. 统计调查的方法</td></tr>
<tr><td>教学资源:
1. 讲义、教案、多媒体课件、图片、FLASH 动画等;
2. 企业资源:企业统计案例</td><td>对学生基础要求:
1. 能利用 Excel 进行统计数据录入,熟练应用 Excel;
2. 具有一定的企业管理基本知识</td></tr>
<tr><td>学习情境 3:统计整理</td><td>参考学时:8</td></tr>
<tr><td colspan="2">学习目标:
1. 了解统计整理的概念;
2. 了解统计汇总的概念;
3. 了解手工汇总的折叠法、卡片法;
4. 了解统计数据的审核内容;
5. 理解组距、组数、组限、频数、频率的含义;
6. 掌握统计整理的程序;
7. 掌握统计分组的意义和作用;
8. 掌握品质分布数列和变量数列的概念;
9. 掌握统计汇总的划记法、过录法;
10. 掌握统计表的结构</td></tr>
<tr><td colspan="2">学习内容:
1. 统计整理的基本概念;
2. 统计整理的方法</td></tr>
<tr><td>教学资源:
1. 讲义、教案、多媒体课件、图片、FLASH 动画等;
2. 企业资源:企业统计案例</td><td>对学生基础要求:
1. 已经具备 Word 排版技能;
2. 能利用 Excel 进行统计数据录入,熟练应用 Excel;
3. 具有一定的企业管理基本知识</td></tr>
</table>

续上表

<table>
<tr><td colspan="2">学习情境4:综合统计指标分析</td><td>参考学时:12</td></tr>
<tr><td colspan="3">学习目标:
1. 了解总量指标的计量单位;
2. 了解是非标志的平均数和标准差;
3. 理解计算和应用相对指标的原则;
4. 理解算术平均数的主要数学性质;
5. 掌握总量指标的概念;
6. 掌握时期总量、时点总量的概念及区别;
7. 掌握总体单位总量、总体标志总量的概念及区别;
8. 掌握各相对指标的概念、计算方法;
9. 掌握平均指标的概念;
10. 掌握各平均指标的计算方法;
11. 掌握标志变异指标的概念;
12. 掌握全距、平均差、标准差、标准差系数的计算方法</td></tr>
<tr><td colspan="3">学习内容:
1. 统计指标的介绍;
2. 统计指标的案例分析;
3. 统计指标的讨论;
4. 统计指标实训</td></tr>
<tr><td>教学资源:
1. 讲义、教案、多媒体课件、图片、FLASH 动画等;
2. 企业资源:企业统计案例</td><td colspan="2">对学生基础要求:
1. 已经具备 Word 排版技能;
2. 具有一定的企业管理基本知识</td></tr>
<tr><td colspan="2">学习情境5:统计抽样推断</td><td>参考学时:10</td></tr>
<tr><td colspan="3">学习目标:
1. 了解抽样推断的作用;
2. 了解重复简单随机抽样的特点;
3. 了解不重复简单随机抽样的特点;
4. 理解有关抽样技术的概念;
5. 理解假设检验的概念、意义和程序;
6. 掌握抽样推断的含义;
7. 掌握抽样推断的几个基本概念;
8. 掌握重复简单随机抽样方法;
9. 掌握不重复简单随机抽样方法;
10. 掌握点估计方法、区间估计方法</td></tr>
<tr><td colspan="3">学习内容:
1. 抽样推断的相关概念;
2. 抽样推断的方法</td></tr>
<tr><td>教学资源:
1. 讲义、教案、多媒体课件、图片、FLASH 动画等;
2. 企业资源:企业统计案例</td><td colspan="2">对学生基础要求:
具有一定的企业管理基本知识</td></tr>
</table>

续上表

<table>
<tr><td colspan="2">学习情境6:相关与回归分析</td><td>参考学时:6</td></tr>
<tr><td colspan="3">学习目标:
1. 了解曲线回归分析的方法;
2. 理解用最小二乘法确定一元线性回归方程参数 a、b 的推导过程;
3. 掌握相关的意义和种类;
4. 掌握相关表和相关图;
5. 掌握积差法相关系数;
6. 掌握简单线性回归分析方法;
7. 掌握多元线性回归分析方法;
8. 掌握估计标准误差的分析</td></tr>
<tr><td colspan="3">学习内容:
1. 相关的含义和相关知识;
2. 简单线性回归;
3. 多元线性回归</td></tr>
<tr><td>教学资源:
1. 讲义、教案、多媒体课件、图片、FLASH 动画等;
2. 企业资源:企业统计案例</td><td colspan="2">对学生基础要求:
1. 已经具备高等数学的基本知识;
2. 具有一定的企业管理基本知识</td></tr>
<tr><td colspan="2">学习情境7:统计预测</td><td>参考学时:6</td></tr>
<tr><td colspan="3">学习目标:
1. 了解预测的原则;
2. 了解定性预测的因素列举法、指标分析法;
3. 掌握德尔菲法、主观概率法;
4. 掌握配合直线趋势方程进行外推预测的方法;
5. 掌握配合抛物线方程进行预测的方法</td></tr>
<tr><td colspan="3">学习内容:
1. 定性预测;
2. 德尔菲法、主观概率法;
3. 抛物线方程进行预测</td></tr>
<tr><td>教学资源:
1. 讲义、教案、多媒体课件、图片、FLASH 动画等;
2. 企业资源:企业统计案例</td><td colspan="2">对学生基础要求:
1. 已经具备函数的基本知识;
2. 具有一定的企业管理基本知识</td></tr>
</table>

六、课程实施建议

(一)教材及参考资源建议

1. 教材

卞毓宁. 统计学概论[M]. 3 版. 北京:高等教育出版社,2012.

2. 参考书

[1]黄良文. 统计学原理[M]. 4 版. 北京:中国广播电视大学出版社, 2014.
[2]娄庆松. 统计基础知识[M]. 2 版. 北京:高等教育出版社, 2014.
[3]李强. 统计基础知识与统计实务[M]. 北京:中国统计出版社, 2013.

[4]卞毓宁.统计学概论习题集[M].2版.北京:高等教育出版社,2013.
[5]娄庆松.统计基础知识习题集[M].2版.北京:高等教育出版社,2013.

(二)师资条件建议

具有高校教师资格证、具有统计工作经历、精通统计学的基本理论与专业知识、具有较强的教科研能力。

(三)教学方法建议

针对具体的教学内容和教学过程,总体采用任务驱动教学法。在具体教学过程中,运用讲授法、案例引导法、角色扮演法、小组协作学习法等多种方法组织教学,以学生为中心"做中学、学中做",让学生人人参与,培养学生团队协作能力和实践动手能力。

(四)教学评价建议

本课程采用过程考核、综合考核等多元性评价,其中过程考核包括学习态度、课程作业等,占课程总成绩的40%;综合考核包括期末考试等,占课程总成绩的60%,全面综合评价学生能力,见表4。

课 程 考 核 表 表4

考核项目		考核方式	比例	
			分项	总体
过程考核	学习态度	根据课堂教学参与情况、课堂回答问题、出勤情况,由教师综合评定学生的学习态度得分	50%	40%
	课程作业	根据学生完成课后作业、任务工单的情况由教师来评定成绩	50%	
综合考核		结合期末考试、实践考核等综合评定成绩	100%	60%
合计				100%

(课程标准制订人:孙浩静)

附件4:《基础会计》课程标准

一、课程定位(表1)

课 程 定 位 表 表1

课程名称及编号	基础会计(311008)
课设学期及学时	第2学期(76学时)
课程类型	专业基础学习领域
先导课程	计算机应用基础、高等数学
平行课程	统计基础与实务
后续课程	企业管理基本知识

二、课程性质

基础会计是物流管理专业学生对会计职业认知的必修课程，也是初级会计岗位职业能力的“成型”课程。它主要讲述会计核算对象的确认、借贷记账法、会计核算基本方法、会计凭证、账簿等与会计岗位实际操作密切联系的内容。通过本课程的学习，让学生树立会计职业感，认识会计凭证、会计账簿，熟悉企业会计核算流程，能用所学的知识进行简单的账务处理，并对相关专业职业判断能力和职业发展能力的形成等都起一定的作用。由于这是一门实务操作性很强的课程，在教学过程中应“教、学、做”同时进行，以达到预期效果。

三、设计思路

课程目标：通过本课程的学习，了解会计法规，明确会计基本假定、会计核算对象，掌握会计核算基本方法；结合企业发生的经济业务，运用借贷复式记账法对其进行核算和监督；掌握会计凭证填制与审核、账簿设置与登记、财产清查方法，保证企业财产物资的安全与完整，为今后从事会计工作打下坚实的基础。

总体设计思路：按照工作系统化课程的设计思路，打破以知识传授为主要特征的传统学科课程模式，以职业任务和行动过程为导向的工作过程系统化学习课程模式，让学生在完成具体工作任务的过程中掌握会计的基本知识和会计核算的基本技能，增强课程内容与职业岗位能力要求的相关性，培养学生具有敬业精神、团队合作沟通精神和良好的职业道德修养。在教学过程中，通过校企合作、校内实训基地建设等多种途径，采取理实一体化教学方式，充分开发学习资源，为学生提供丰富的实践机会，提高学生的职业能力。

四、课程目标

（一）知识目标

（1）了解会计职业，明确会计职业要求，熟悉会计法，掌握会计工作规范；

（2）掌握真假币的识别方法、数字的书写、点钞的技巧；

（3）掌握会计职能、对象、会计核算的前提条件、会计信息质量要求等会计基本理论；

（4）理解并掌握会计核算的理论基础（会计要素与会计等式）、记账基础（会计科目与账户）和记账方法（借贷记账法）；

（5）熟练运用借贷记账法完成企业的会计处理；

（6）能独立完成填制和审核凭证→设置和登记账簿→结账、对账→编制与报送会计报表。

（二）能力目标

（1）能熟练地点钞、辨别真假币；

（2）能说出会计的基本术语；

（3）理解借贷记账法的记账原理；

（4）具有运用借贷记账法的能力；

（5）具有辨别原始凭证真伪的能力；

（6）具有编制记账凭证的能力；

（7）具有登记账簿的能力；

(8)具有编制会计报表的能力。

(三)素质目标

(1)具有较强的语言表达、沟通和协调能力;
(2)具有团队合作和协助精神;
(3)具有良好的心理素质、礼仪修养、诚信品格和社会责任感;
(4)具有严谨的工作作风;
(5)具备诚实守信的职业品质、责任意识,不做假账;
(6)具有良好的会计人员职业道德。

五、课程内容与学习目标

(一)课程内容结构安排

本课程包括 7 个学习情境,27 个工作任务,具体见表 2。

课程内容结构安排一览表

表 2

序号	学 习 情 境	工 作 任 务	课时安排
1	会计岗位认识	会计岗位的设置及职责	4
		书写数字	
		真假币的识别、点钞技巧	
		法律、法规和会计职业道德	
2	会计科目与账户	会计六要素	14
		会计等式	
		设置会计科目	
		账户的内容与基本结构	
3	借贷记账法的应用	借贷记账法	22
		筹集资金的核算	
		供应过程的核算	
		销售过程的核算	
		财务成果的核算	
4	编制与审核会计凭证	原始凭证的填制与审核	10
		记账凭证的编制方法	
		记账凭证的传递、整理、装订与保管	
5	设置与登记会计账簿	账簿的设置	8
		账簿的启用和登记	
		对账、错账、结账	
6	编报会计报表	编制资产负债表	10
		编制利润表	
		了解现金流量表	
		会计报表的报送	

续上表

序号	学习情境	工作任务	课时安排
7	会计基本技能的综合运用	账户的分类	8
		记账凭证账务处理程序	
		科目汇总表账务处理程序	
		汇总记账凭证账务处理程序	
合计			76

(二)课程内容要求(表3)

课程内容要求 表3

<table>
<tr><td colspan="2">学习情境1:会计岗位认识</td><td>参考学时:4</td></tr>
<tr><td colspan="3">学习目标:
1. 掌握点钞的方法、真假币的识别、数字的书写等;
2. 了解物流企业中会计相关岗位的分类及职责;
3. 熟悉会计职业道德规范要求;
4. 掌握会计基本核算方法</td></tr>
<tr><td colspan="3">学习内容:
1. 会计的定义,会计的职能、目标、对象 ;
2. 点钞的基本方法、识别真假币方法、正确书写数字等;
3. 会计人员的职业道德要求和职业技能要求;
4. 会计机构的组织体系及其工作职责;
5. 会计核算的基本前提和会计核算的一般原则</td></tr>
<tr><td>教学资源:
1. 讲义、教案、多媒体课件、图片等;
2. 实训指导书、任务工单等;
3. 会计职业岗位有关规定文件等;
4. 点钞券、真假币等</td><td colspan="2">对学生基础要求:
1. 知道会计职业;
2. 知道会计从业;
3. 具有一定逻辑分析能力</td></tr>
<tr><td colspan="2">学习情境2:会计科目与账户</td><td>参考学时:14</td></tr>
<tr><td colspan="3">学习目标:
1. 能够根据物流企业的资金运动确认会计要素;
2. 掌握会计等式的基本原理;
3. 能够设置会计科目和账户;
4. 会登记“T”形账户</td></tr>
<tr><td colspan="3">学习内容:
1. 会计六要素的内容;
2. 会计等式对经济业务的影响;
3. 会计科目的设置;
4. 账户的内容;
5. 账户的结构;
6. “T”形账户的登记</td></tr>
</table>

续上表

<table>
<tr><td>学习情境2:会计科目与账户</td><td>参考学时:14</td></tr>
<tr><td>教学资源:
1. 讲义、教案、多媒体课件、图片等;
2. 实训任务书、任务工单等;
3. 会计科目表</td><td>对学生基础要求:
1. 有一定理解能力;
2. 有一定团体合作、相互沟通能力;
3. 知道物流企业一般发生哪些经济业务</td></tr>
<tr><td>学习情境3:借贷记账法的应用</td><td>参考学时:22</td></tr>
<tr><td colspan="2">学习目标:
1. 掌握借贷记账法的原理及记账规则;
2. 完成资金筹集业务、供应过程、销售过程的核算</td></tr>
<tr><td colspan="2">学习内容:
1. 借贷记账法的原理;
2. 借贷记账法的记账规则;
3. 资金筹集业务的核算;
4. 供应过程的核算;
5. 销售过程的核算</td></tr>
<tr><td>教学资源:
1. 讲义、教案、多媒体课件、图片等;
2. 实训任务书、任务工单等;
3. 物流企业资金运动图示</td><td>对学生基础要求:
1. 对物流业有一定的认识;
2. 知道物流企业的会计科目;
3. 理解会计等式;
4. 具有一定分析能力</td></tr>
<tr><td>学习情境4:编制与审核会计凭证</td><td>参考学时:10</td></tr>
<tr><td colspan="2">学习目标:
1. 能分清原始凭证类别;
2. 会审核原始凭证;
3. 能够编制记账凭证;
4. 保管记账凭证</td></tr>
<tr><td colspan="2">学习内容:
1. 原始凭证的种类;
2. 原始凭证的填写要求和内容;
3. 记账凭证的种类、内容、填制要求;
4. 会计凭证的保管和传递</td></tr>
<tr><td>教学资源:
1. 讲义、教案、多媒体课件、图片等;
2. 实训指导书、任务工单等;
3. 不同类别的原始凭证、记账凭证</td><td>对学生基础要求:
1. 掌握借贷记账法;
2. 知道有关发票、账单的工作事宜;
3. 知道物流企业一般会有哪些单据产生</td></tr>
<tr><td>学习情境5:设置与登记会计账簿</td><td>参考学时:8</td></tr>
<tr><td colspan="2">学习目标:
1. 会根据不同账户设置账簿;
2. 能够登记不同格式的账簿;
3. 会对账、结账;
4. 能够对错账进行正确的更正</td></tr>
</table>

续上表

<table>
<tr><td colspan="2">学习情境 5:设置与登记会计账簿</td><td>参考学时:8</td></tr>
<tr><td colspan="3">学习内容:
1. 账簿的格式;
2. 登记不同的账簿的方法;
3. 对账的方法;
4. 结账的方法;
5. 错账的更正方法</td></tr>
<tr><td>教学资源:
1. 讲义、教案、多媒体课件、图片等;
2. 实训指导书、任务工单等;
3. 不同格式的账簿等</td><td colspan="2">对学生基础要求:
1. 分清原始凭证和记账凭证;
2. 能够对经济业务进行核算;
3. 有一定的动手能力</td></tr>
<tr><td colspan="2">学习情境 6:编报会计报表</td><td>参考学时:10</td></tr>
<tr><td colspan="3">学习目标:
1. 能编制资产负债表;
2. 会编制利润表</td></tr>
<tr><td colspan="3">学习内容:
1. 会计报表的种类;
2. 资产负债表的原理、结构及编制;
3. 利润表的原理、结构及编制;
4. 现金流量表的原理</td></tr>
<tr><td>教学资源:
1. 讲义、教案、多媒体课件、图片等;
2. 实训指导书、任务工单等;
3. 资产负债表、利润表、现金流量表等</td><td colspan="2">对学生基础要求:
1. 要求学生具有较强的动手能力;
2. 会对账、结账;
3. 能够编制试算平衡表</td></tr>
<tr><td colspan="2">学习情境 7:会计基本技能的综合运用</td><td>参考学时:8</td></tr>
<tr><td colspan="3">学习目标:
1. 熟悉记账凭证账务处理程序;
2. 熟悉科目汇总表账务处理程序;
3. 熟悉汇总记账凭证账务处理程序</td></tr>
<tr><td colspan="3">学习内容:
1. 账户的分类(按用途和结构分类);
2. 记账凭证账务处理程序;
3. 科目汇总表账务处理程序;
4. 汇总记账凭证账务处理程序</td></tr>
<tr><td>教学资源:
1. 讲义、教案、多媒体课件、图片等;
2. 实训指导书、任务工单等</td><td colspan="2">对学生基础要求:
1. 要求学生具有一定动手能力;
2. 知道账务处理流程;
3. 能够登记“T”字形账</td></tr>
</table>

六、课程实施建议

(一)教材及参考资源建议

1. 教材

程淮中. 基础会计[M]. 北京:高等教育出版社,2013.

2. 参考书

[1]中华人民共和国财政部. 企业会计准则[M]. 北京:经济科学出版社,2006.

[2]小企业会计准则编审委员会. 小企业会计准则讲解(2014 年版)[M]. 上海:立信会计出版社,2014.

[3]平准. 物流企业会计实务一点通(图解版)[M]. 北京:中国纺织出版社,2013.

(二)师资条件建议

(1)专任教师:具有高校教师资格证;本科以上学历;具有一定会计经历或在实训室指导过学生专业实践;具有较强的教科研能力。

(2)兼职教师:具有会计工作经历;具有中级以上专业技术职务或在职业技能竞赛中获得奖励;具有较强的教学组织能力。

(三)教学方法建议

在教学过程中,运用任务引导法、案例法、角色扮演法等多种方法组织教学,如完成企业一个完整的会计核算流程,由学生分别扮演不同的角色,如出纳员、制证员、记账员、财务科长等。分角色进行轮岗实训,一方面有利于学生在工作中进行换位思考,让学生从不同角度得到技能的全面训练,另一方面使学生人人参与,培养学生团队协作能力和实践动手能力,进而培养学生会计职业综合能力。

(四)教学评价建议

考核方案为过程性考核(考勤 + 训练项目考核)50% +综合项目考核(实务考试)20% +理论知识考核 30%。

1. 过程性考核(50%)

1)平时考勤(20%)

课堂表现(10%)+考勤(10%),具体分值见表 4:

平 时 考 勤 表 4

项　目	评 分 标 准
考勤	旷课一次扣 3 分,无故迟到或早退扣 1 分,直到全部扣完
课堂表现	1. 上课认真或能主动回答问题及参与讨论,得 2 分 2. 能主动回答问题或参与讨论,得 1 分 3. 上课不认真且吵闹者,每次扣 2 分 4. 上课玩手机、MP3、MP4 等电子产品,听音乐等,一律扣 2 分

2)训练项目考核(80%)(表5)

训练项目考核　　表5

项目名称	考核点及项目分值	建议考核方式	评价标准			项目成绩比例(%)
			优	良	及格	
1. 借贷记账法的应用	科目运用:40 借贷平衡:30 "T"形账户:30	实操	>90	≥80,<90	≥60	30
2. 编制会计凭证	审核原始凭证:30 使用记账凭证:20 编制记账凭证:50	实操	>90	≥80,<90	≥60	30
3. 登记账簿	账簿使用:20 登记账簿:40 对账、结账:40	实操	>90	≥80,<90	≥60	40
合计						100

注:以上各项依照上交的作品给分数。若没按照内容要求完成,适当扣分,直到该项分扣完为止;若发现抄袭,该项成绩直接扣为零分。

2. 综合实务考核(20%)

综合项目名称:会计综合实训,见表6。

综合实务考核　　表6

考核项目名称	考核点	建议考核方式	评价标准			项目成绩比例
			优	良	及格	
会计综合实训	记账凭证:40 登记账簿:30 会计报表:30	理论+实操	>90	≥80,<90	≥60	100
合计						100

3. 理论知识考核(30%)

理论知识考核,主要是学期末的期末考试,采用闭卷方式,满分为100分。

(课程标准制订人:邱海菊)

附件5:《物流学》课程标准

一、课程定位(表1)

课程定位表　　表1

课程名称及编号	物流学(312023)
课设学期及学时	第2学期(76学时)
课程类型	专业基础学习领域
先导课程	—
平行课程	基础会计、统计基础与实务、经济法
后续课程	物流信息系统维护与应用、综合运输作业管理、储配方案优化设计与实施、国际货运代理实务、物流企业运营管理实务

二、课程性质

本课程是高等职业院校物流管理专业的一门专业基础课程，是从事物流管理工作的必修课程。该课程旨在培养学生具备在物流管理岗位任职的基本知识、能力与素质等。本课程立足于企业的基本职业岗位对物流管理知识与应用能力的需要，针对高职物流管理类专业人才的特点，培养学生对与职业工作密切相关的物流观点的思考、思维能力，使其成为物流领域的技术应用型人才。

本课程以物流术语为基础，构建认识“神秘”的物流、分析物流系统、物流功能要素剖析、企业物流、物流管理、现代物流6个部分的内容。课程内容充分考虑了国家职业资格“助理物流师”、“经济师”（公路运输）的部分要求。

三、课程设计思路

本课程总体设计思路是，打破以知识传授为主要特征的传统学科课程模式，转变为以物流功能七要素为中心组织课程的教学，并让学生在完成具体情境的过程中学会完成相应的工作任务，构建相关理论知识，发展职业能力。课程内容突出对学生职业能力的训练，理论知识的选取紧紧围绕工作任务完成的需要来进行，同时又充分考虑了高等职业教育对理论知识学习的需要，并融合了相关职业资格证书对知识、技能及态度的要求。情境设计以典型的物流功能要素来进行。教学过程中，通过校企合作、校内实训基地建设等多种途径，采取实训中心练习操作等形式，充分开发学习资源，给学生提供丰富的实践机会。教学效果评价采取过程评价与结果评价相结合的方式，通过理论与实践相结合，重点评价学生的职业基础能力。

四、课程目标

（一）知识目标

（1）熟悉物流术语；
（2）能正确理解物流术语的含义；
（3）掌握物流的基本环节；
（4）了解企业物流的流程与要点；
（5）熟悉物流七个环节的合理化要点；
（6）了解物流标准化与物流管理基本理论；
（7）了解物流与电子商务的发展。

（二）能力目标

（1）能运用物流基本理论分析经济活动现象；
（2）能应用物流基本原理分析简单的物流案例；
（3）能从当前物流现象中提出存在的一般性问题及解决问题的思路；
（4）具备物流管理岗位的职业思维能力，达到国家职业资格“助理物流师”的相关能力要求。

（三）素质目标

(1)培养学生继续学习、可持续发展的能力；
(2)培养学生的团队协作能力；
(3)具有收集和处理信息资源的能力；
(4)具有获取新知识、新技术的能力；
(5)具有综合运用所学知识分析和解决问题的能力；
(6)注重培养学生积极思考、耐心、细致、勇于实践，并具有良好的职业道德和敬业精神。

五、课程内容与学习目标

（一）课程内容结构安排

本课程包括"神秘"物流的认知等6个学习情境，分析当前物流"热"的原因等21个工作任务，具体见表2。

课程内容结构安排一览表 表2

序号	学习情境	工作任务	参考学时
1	"神秘"物流的认知	分析当前物流"热"的原因	2
		物流与商流	8
		物流管理的基本职业能力	2
2	物流系统分析	物流系统模式	4
		案例分析	2
3	物流功能要素剖析	运输	4
		仓储	4
		包装与搬运装卸	4
		流通加工	2
		配送与配送中心	6
		信息处理	2
4	企业物流	采购与供应物流	4
		生产物流	6
		销售物流	2
		逆向物流	4
5	物流标准化与物流管理	物流服务管理与物流质量管理	4
		物流成本管理	2
		物流标准管理与物流风险管理	4
6	现代物流	电子商务与物流	2
		第三方物流	4
		城市物流、环保物流	4
合计			76

(二)课程内容要求(表3)

课程内容要求 表3

<table>
<tr><td>学习情境1:“神秘”物流的认知</td><td>参考学时:12</td></tr>
<tr><td colspan="2">学习目标:
1. 收集整理我国及发达国家的物流领域发展情况;
2. 能对发生的经济现象进行物流、商流、资金流、信息流的分析;
3. 熟知物流基本职业能力</td></tr>
<tr><td colspan="2">学习内容:
1. 分析物流“热”的现象与原因;
2. 物流的定义与作用,物流发展及分类;
3. 商流与物流,“第三利润源”;
4. 物流管理的基本职业能力</td></tr>
<tr><td>教学资源:
1. 讲义、教案、多媒体课件、系统仿真软件、图片、模型、FLASH 动画等;
2. 实训指导书、任务工单等;
3. 物流案例、物流术语等</td><td>对学生基础要求:
1. 了解我国及发达国家的物流领域发展情况;
2. 能借助于中国交通报、交通运输部及相关网站收集总体的相关数据,并能分析找差距;
3. 熟知物流基本职业能力</td></tr>
<tr><td>学习情境2:物流系统分析</td><td>参考学时:6</td></tr>
<tr><td colspan="2">学习目标:
1. 具有系统观念;
2. 能对系统输入、输出与转换要素分析;
3. 能用系统理念分析案例</td></tr>
<tr><td colspan="2">学习内容:
1. 物流系统模式;
2. 物流系统模式分析与评价;
3. UPS 等案例分析</td></tr>
<tr><td>教学资源:
1. 讲义、教案、多媒体课件、系统仿真软件、图片、模型、FLASH 动画等;
2. 任务工单等;
3. 物流案例、物流术语等</td><td>对学生基础要求:
1. 了解系统的定义及系统观念;
2. 能借助于中国交通报、交通运输部及相关网站收集相关资料,并能分析找差距;
3. 熟知物流基本职业能力,有意识培养学生</td></tr>
<tr><td>学习情境3:物流功能要素剖析</td><td>参考学时:22</td></tr>
<tr><td colspan="2">学习目标:
1. 对国家物流术语的了解;
2. 能对七个物流要素定义进行分析理解;
3. 知道各要素间的背反与合理化的途径</td></tr>
<tr><td colspan="2">学习内容:
1. 运输的定义、作用、合理化要点;
2. 仓储的定义、作用、合理化要点;
3. 认识物流设施、设备及操作(实训中心);
4. 包装、搬运装卸定义、合理化要点;
5. 流通加工的定义、作用、合理化要点;
6. 配送与配送中心的定义及功能要素;
7. 物流信息与管理</td></tr>
</table>

续上表

<table>
<tr><td>学习情境3:物流功能要素剖析</td><td>参考学时:22</td></tr>
<tr><td>教学资源:
1. 讲义、教案、多媒体课件、系统仿真软件、图片、模型、FLASH动画等;
2. 实训指导书、任务工单等;
3. 企业典型案例、企业物流环节操作视频材料、物流术语等</td><td>对学生基础要求:
1. 各要素的定义及其他国家的发展现状;
2. 能借助于中国交通报、交通运输部及相关网站收集相关资料,并能分析找差距;
3. 熟知物流基本职业能力,有意识培养学生</td></tr>
<tr><td>学习情境4:企业物流</td><td>参考学时:16</td></tr>
<tr><td colspan="2">学习目标:
1. 能分析供—产—销—回收、废弃物流的特点;
2. 能理解JIT在采购及生产中的应用要点;
3. 能分析典型企业中企业物流的特色及优化情况</td></tr>
<tr><td colspan="2">学习内容:
1. 采购与供应物流;
2. 生产物流;
3. 销售物流;
4. 逆向物流;
5. 海尔等生产企业物流分析,沃尔玛等零售企业物流分析</td></tr>
<tr><td>教学资源:
1. 讲义、教案、多媒体课件、系统仿真软件、图片、模型、FLASH动画等;
2. 实训指导书、任务工单等;
3. 企业运作典型案例、物流术语等</td><td>对学生基础要求:
1. 供—产—销—回收、废弃物流特点;
2. 能借助于中国交通报、交通运输部及相关网站收集相关资料,并能分析找差距;
3. 熟知物流基本职业能力,有意识培养学生</td></tr>
<tr><td>学习情境5:物流标准化与物流管理</td><td>参考学时:10</td></tr>
<tr><td colspan="2">学习目标:
1. 能从不同的角度了解、分析物流管理;
2. 了解物流设施设备与操作标准化;
3. 有意识培养学生团队协作能力</td></tr>
<tr><td colspan="2">学习内容:
1. 物流服务管理;
2. 物流质量管理;
3. 物流成本管理;
4. 物流标准管理;
5. 物流风险管理</td></tr>
<tr><td>教学资源:
1. 讲义、教案、多媒体课件、系统仿真软件、图片、模型、FLASH动画等;
2. 任务工单等;
3. 物流典型案例、企业服务理念与业务绩效考核指标案例、物流术语等</td><td>对学生基础要求:
1. 了解我国及发达国家的物流领域管理的理念与管理方法;
2. 能借助于中国交通报、交通运输部及相关网站收集相关资料,并能分析找差距;
3. 熟知物流基本职业能力,有意识培养学生</td></tr>
</table>

续上表

<table>
<tr><td>学习情境6:现代物流</td><td>参考学时:10</td></tr>
<tr><td colspan="2">学习目标:
1. 了解我国及发达国家物流模式的异同;
2. 能借助于相关网站收集第三方物流相关资料,并能分析找差距;
3. 了解物流领域当前面临的重点与难点问题以及发展的新动向</td></tr>
<tr><td colspan="2">学习内容:
1. 电子商务与物流的关系分析;
2. 物流模式;
3. 第三方物流;
4. 城市物流;
5. 环保物流</td></tr>
<tr><td>教学资源:
1. 讲义、教案、多媒体课件、系统仿真软件、图片、模型、FLASH 动画等;
2. 实训指导书、任务工单等;
3. 物流案例、物流术语等</td><td>对学生基础要求:
1. 了解我国及发达国家的物流模式的异同;
2. 能借助于中国交通报、交通运输部及相关网站收集相关资料,并能分析找差距;
3. 熟知物流基本职业能力,有意识培养学生</td></tr>
</table>

六、课程实施建议

(一)教材及参考资源建议

1. 教材

马俊生,潘昊明. 物流基础[M]. 北京:中国传媒大学出版社,2011.

2. 参考资料

1)参考书

[1]曾剑,王景锋. 物流管理基础[M]. 北京:机械工业出版,2011.

[2]黄中鼎,周旻. 现代物流管理[M]. 北京:人民交通出版社,2007.

2)参考网站

教学资源库、中国交通报(电子版)、锦程物流网、万联网等。

3. 行业标准

中华人民共和国国家标准. GB/T 18354—2006. 物流术语[S]. 北京:中国标准出版社,2007.

4. 课程网站

http://elearn.jxjtxy.com/eol/homepage/course/course_index.jsp? courseId = 10901.

(二)师资条件建议

(1)专任教师:具有高校教师资格证;具有物流管理岗位工作经历;精通物流相关的基本

理论与专业知识;具有较强的教科研能力。

(2)兼职教师:具有5年以上物流管理及相关岗位工作经历,有丰富的实际工作经验;具有中级以上专业技术职务或在职业技能竞赛中获得过奖励;具有较强的教学组织能力。

(三)实验实训条件建议(表4)

课程实训项目一览表 表4

实训室名称	主要设备名称	主要实训项目
物流设施与设备观摩与操作实训室	货架、液压搬运车(地牛)、堆高车、叉车、打包机	1. 认识物流设备; 2. 认识物流设施
电子商务实训室	计算机等	物流区域发展调研
仓储配送方案优化设计与实施实训室	立体仓库、堆垛机、传输带等	1. 了解入库流程; 2. 了解出库流程
物流信息技术实训室	计算机、扫描仪等	了解条码技术
GPS技术应用实训室	邮政运输车辆定位跟踪系统	1. 运输车辆定位; 2. 运输车辆跟踪

(四)教学方法建议

针对具体的教学内容和教学过程,总体采用项目教学法。在具体教学过程中,运用任务引导法、案例法、小组协作学习法等多种方法组织教学,以学生为中心"做中学、学中做",让学生人人参与,培养学生团队协作能力和实践动手能力。

(五)教学评价建议

本课程采用过程考核、综合考核等多元性评价,其中过程考核包括学习态度、课程作业等,占课程总成绩的60%;综合考核包括期末考试等,占课程总成绩的40%,全面综合评价学生的基本能力,见表5。

课程考核表 表5

<table>
<tr><th colspan="2" rowspan="2">考核项目</th><th rowspan="2">考核方式</th><th colspan="2">比例</th></tr>
<tr><th>分项</th><th>总体</th></tr>
<tr><td rowspan="3">过程考核</td><td>学习态度</td><td>根据课堂教学参与情况、课堂回答问题、出勤情况,由教师综合评定学生的学习态度得分</td><td>50%</td><td rowspan="3">60%</td></tr>
<tr><td>课程作业</td><td>根据学生完成课后作业、任务工单的情况由教师评定成绩</td><td>25%</td></tr>
<tr><td>课后实训</td><td>根据学生完成课后实训任务,由实验员、教师评定成绩</td><td>25%</td></tr>
<tr><td colspan="2">综合考核</td><td>结合期末考试、实践考核等综合评定成绩</td><td>100%</td><td>40%</td></tr>
<tr><td colspan="4">合计</td><td>100%</td></tr>
</table>

(课程标准制订人:熊青)

附件6:《经济法》课程标准

一、课程定位(表1)

课 程 定 位 表　　表1

课程名称及编号	经济法(320003)
课设学期及学时	第2学期(57学时)
课程类型	专业基础学习领域
先导课程	“两课”基础
平行课程	统计基础与实务、基础会计
后续课程	企业管理基本知识

二、课程性质

本课程是物流管理专业的一门专业基础课程。通过本课程的教学,能使学生理解并应用经济法的基础知识;熟悉常用的重要经济法律、法规的基础内容;增强法制观念并初步运用自己所学的法律知识观察、分析、处理有关的实际问题。

本课程是职业基本能力课程,论述了经济法的基础理论,对比现行的一些重要的法律、法规进行了比较系统的阐述。

三、课程设计思路

本课程以就业为导向,是在行业专家对经管类专业所涵盖的岗位群进行任务与职业能力分析的基础上开设的。课程设置以市场主体法和市场管理法为主线,根据高等职业院校经管类学生的认知特点来展示教学内容。在工作任务引领下,以情景模拟、角色互换、仿真操作、分组讨论等形式展开教学,使学生真切体会到经济活动中所需的经济法律职业能力和实际动手能力。要求学生做学结合、边学边做,以培养学生胜任经济法律业务操作的职业能力,提高学生分析和解决经济法律问题的实际操作能力,适应该岗位实际运用需要,并为学习理解其他相关专业主干课程做好铺垫。

四、课程目标

(一)知识目标

(1)理解经济法的概念与特征,经济法的原则、地位和作用;

(2)掌握企业法律制度(《全民所有制工业企业法》《集体所有制企业法》《私营企业法》和《企业破产法》);

(3)掌握公司法律制度,合同法律制度;

(4)了解反不正当竞争法律制度;

(5)掌握知识产权法律制度(《商标法》《专利法》)等;

(6)掌握会计审计法律制度以及经济仲裁与经济审判。

(二)能力目标

(1)能执行经济法律的各项规定;
(2)能识别、确认各种经济组织的有关经济法律业务的基本情况;
(3)能对基本的经济法律案例进行分析;
(4)理解并应用企业破产的申请、受理、破产宣告与清算、重整与和解;
(5)能够熟悉订立合同所有细节,以及违反《合同法》规定的责任;
(6)能够理解并应用担保的类型、担保的具体步骤;
(7)了解《工业产权法》《反不正当竞争法》《产品质量法》《广告法》等;
(8)理解并应用狭义证券发行、交易、收购具体规定,并对相关证券机构有所了解。

(三)素质目标

(1)培养学生的可持续发展能力;
(2)具备一定的分析和运用经济法律解决实际问题的能力;
(3)注重遵章守纪、积极思考、耐心、细致、勇于实践、竞争意识等职业素质的养成。

五、课程内容与学习目标

(一)课程内容结构安排

本课程分经济法基础理论等6个学习情境,经济法概念和调整对象等21个工作任务,具体见表2。

课程内容结构安排一览表 表2

序号	学习情境	工作任务	参考学时
1	经济法基础理论	经济法概念和调整对象	2
		经济法特征和原则	2
		经济法律关系和责任	4
2	公司法	公司的分类	2
		公司各种人员的资格、义务和责任	2
		财务和会计以及公司债券	4
		公司变更、解散和清算	4
3	企业法	合伙企业法	2
		外商投资企业法	2
		个人独资企业法	4
4	合同法	合同的成立	2
		合同的效力	2
		合同的履行	2
		合同的变更、转让及终止	4
5	担保法	保证	2
		抵押权	2
		质权、留置权和定金	4

续上表

序号	学习情境	工作任务	参考学时
6	证券法	证券的发行	2
		证券的交易	4
		上市公司的收购	2
		证券机构	3
合计			57

(二)课程内容要求(表3)

课程内容要求 表3

<table>
<tr><td colspan="1">学习情境1:经济法基础理论</td><td>参考学时:8</td></tr>
<tr><td colspan="2">学习目标:
1. 了解经济法的概念和调整对象;
2. 理解并应用经济法特征和原则;
3. 熟悉经济法律关系和责任</td></tr>
<tr><td colspan="2">学习内容:
1. 经济法的概念和调整对象;
2. 经济法的特征和原则;
3. 经济法律关系和责任</td></tr>
<tr><td>教学资源:
1. 讲义、教案、多媒体课件、图片、模型、FLASH 动画等;
2. 案例、相关法规等</td><td>对学生基础要求:
1. 理解和熟悉经济法基本概念;
2. 具有一般分析的能力</td></tr>
<tr><td>学习情境2:公司法</td><td>参考学时:12</td></tr>
<tr><td colspan="2">学习目标:
1. 了解公司法概述;
2. 理解并应用公司分类;
3. 理解并应用公司各种人员的资格、义务和责任;
4. 熟悉公司财务和会计以及公司债券;
5. 了解公司变更、解散和清算</td></tr>
<tr><td colspan="2">学习内容:
1. 公司法概述;
2. 公司分类;
3. 公司各种人员的资格、义务和责任;
4. 公司财务和会计以及公司债券</td></tr>
<tr><td>教学资源:
1. 讲义、教案、多媒体课件、图片、模型、FLASH 动画等;
2. 案例、相关法规等</td><td>对学生基础要求:
1. 理解和熟悉公司法基本概念;
2. 具有一般分析的能力</td></tr>
</table>

续上表

<table>
<tr><td colspan="2">学习情境 3：企业法</td><td>参考学时：8</td></tr>
<tr><td colspan="3">学习目标：
1. 理解并应用合伙企业法；
2. 理解并应用外商投资企业法；
3. 了解个人独资企业法</td></tr>
<tr><td colspan="3">学习内容：
1. 合伙企业法；
2. 外商投资企业法；
3. 个人独资企业法</td></tr>
<tr><td>教学资源：
1. 讲义、教案、多媒体课件、图片、模型、FLASH 动画等；
2. 案例、相关法规等</td><td colspan="2">对学生基础要求：
1. 理解和熟悉企业法基本概念；
2. 具有一般分析的能力</td></tr>
<tr><td colspan="2">学习情境 4：合同法</td><td>参考学时：10</td></tr>
<tr><td colspan="3">学习目标：
1. 了解合同法概述；
2. 理解并应用合同的成立；
3. 理解并应用合同的效力；
4. 理解并应用合同的履行；
5. 理解并应用合同的变更、转让及终止；
6. 熟悉违约责任</td></tr>
<tr><td colspan="3">学习内容：
1. 合同法概述；
2. 合同的成立；
3. 合同的效力；
4. 合同的履行；
5. 合同的变更、转让及终止；
6. 违约责任</td></tr>
<tr><td>教学资源：
1. 讲义、教案、多媒体课件、图片、模型、FLASH 动画等；
2. 案例、相关法规等</td><td colspan="2">对学生基础要求：
1. 理解和熟悉合同法基本概念；
2. 具有一般分析的能力</td></tr>
<tr><td colspan="2">学习情境 5：担保法</td><td>参考学时：8</td></tr>
<tr><td colspan="3">学习目标：
1. 了解担保法概述；
2. 了解保证；
3. 理解并应用抵押权；
4. 理解并应用质权、留置权和定金</td></tr>
<tr><td colspan="3">学习内容：
1. 保证；
2. 抵押权；
3. 质权、留置权和定金</td></tr>
</table>

续上表

<table>
<tr><td>学习情境5:担保法</td><td>参考学时:8</td></tr>
<tr><td>教学资源:
1. 讲义、教案、多媒体课件、图片、模型、FLASH 动画等;
2. 案例、相关法规等</td><td>对学生基础要求:
1. 理解和熟悉担保法基本概念;
2. 具有一般分析的能力</td></tr>
<tr><td>学习情境6:证券法</td><td>参考学时:11</td></tr>
<tr><td colspan="2">学习目标:
1. 了解证券法概述;
2. 理解并应用证券的发行;
3. 理解并应用证券的交易;
4. 理解并应用上市公司的收购;
5. 了解相关的证券机构</td></tr>
<tr><td colspan="2">学习内容:
1. 证券法概述;
2. 证券的发行;
3. 证券的交易;
4. 上市公司的收购;
5. 证券机构</td></tr>
<tr><td>教学资源:
1. 讲义、教案、多媒体课件、图片、模型、FLASH 动画等;
2. 案例、相关法规等</td><td>对学生基础要求:
1. 理解和熟悉证券法基本概念;
2. 具有一般分析的能力</td></tr>
</table>

六、课程实施建议

(一)教材及参考资源建议

1. 教材

秦甫,王国均.经济法[M].武汉:武汉大学出版社,2012.

2. 参考书

[1]刘文华.经济法[M].北京:中国人民大学出版社,2013.

[2]姜吾梅.经济法[M].北京:机械工业出版社,2009.

(二)师资条件建议

(1)专任教师:具有高校教师资格证;精通经济法相关基本理论与专业知识;具有较强的教科研能力。

(2)兼职教师:具有5年以上相关岗位工作经历,有丰富的实际工作经验;具有中级以上专业技术职务或在职业技能竞赛中获得奖励;具有较强的教学组织能力。

（三）实验实训条件建议（表4）

实验实训条件 表4

实训室名称	主要设备名称	主要实训项目
经济管理实训室	高配置电脑60台，服务器1台，投影仪1部	1.合同订立； 2.证券投资实训

（四）教学方法建议

针对具体的教学内容和教学过程，总体采用项目教学法。在具体教学过程中，运用任务引导法、案例法、小组协作学习法等多种方法组织教学，以学生为中心，让学生人人参与，培养学生团队协作能力和实践动手能力。

（五）教学评价建议

本课程采用过程考核、综合考核等多元性评价，其中过程考核包括学习态度、课程作业等，占课程总成绩的40%；综合考核包括期末考试等，占课程总成绩的60%，全面综合评价学生能力，见表5。

课程考核表 表5

考核项目		考核方式	比例	
			分项	总体
过程考核	学习态度	根据课堂教学参与情况、课堂回答问题、出勤情况，由教师综合评定学生的学习态度得分	50%	40%
	课程作业	根据学生完成课后作业、任务工单的情况由教师来评定成绩	50%	
综合考核		结合期末考试、实践考核等综合评定成绩	100%	60%
合计				100%

附件7：《物流专业英语》课程标准

一、课程定位（表1）

课程定位表 表1

课程名称及编号	物流专业英语（313023）
课设学期及学时	第3学期（72学时）
课程类型	专业基础学习领域
先导课程	物流学
平行课程	物流信息、系统维护与应用、综合运输作业管理
后续课程	物流企业运营管理实务、储配方案优化设计与实施

二、课程性质

物流专业英语是物流管理专业的必修课，主要通过本课程学习，使学生掌握物流专业词汇相关英文形式，能阅读物流管理专业相关外文资料，会填写各种物流英文单证等，是一门既要掌握英文，又要掌握物流专业知识的综合性管理学科。

三、课程设计思路

以学生的职业能力培养为重点，以行业企业的实际要求为导向，适应新时代的发展要求，充分体现职业性、实践性和开放性。物流是一个大工程，需要学生对物流有全面的认识。物流专业英语是物流管理的专业课，对学生的就业有重要的影响。针对学生的特点，需要加强学生的专业基础，安排72个课时的学习，结合社会的最新现状，能够让学生对物流有更深刻的理解，同时提高学生的学习兴趣。

四、课程目标

（一）知识目标

（1）了解国际物流发展的趋势；
（2）理解英语常见句式；
（3）掌握常用物流专业英语词汇；
（4）掌握国际物流单证的填写方法。

（二）能力目标

（1）能够识别基本的物流专业英语词汇；
（2）能够阅读英文物流专业资料；
（3）能够正确填写和录入国际物流单证；
（4）能够进行日常物流业务文书。

（三）素质目标

（1）具备自主学习专业知识的能力；
（2）具备独立的调查、分析与整理资料能力；
（3）具备团队合作能力；
（4）能够正确评价自己与他人的能力。

五、课程内容与学习目标

（一）课程内容结构安排

本课程分为物流等8个学习情境，共23个工作任务，具体见表2。

课程内容结构安排一览表 表2

序号	学习情境	工作任务	参考学时
1	物流概述	物流定义和起源	2
		物流各功能要素	4
2	物流包装	物流包装材料	2
		物流包装技术	4
		绿色物流及绿色包装	4
3	物流运输	物流基础设施	4
		物流运输方式	4
		物流运输管理	4
4	仓库库存管理	仓库分类	4
		仓库设施设备	4
		库存控制	4
5	物流信息系统	物流信息概述	2
		信息工作原理	4
		物流信息系统	4
		物流信息技术	2
6	物流集装箱运输	集装箱系统	2
		集装箱概述	2
		集装箱运输	2
7	配送中心	配送中心概述	4
		配送中心业务	4
8	物流与电子商务	电子商务与物流	4
		物流合同	2
合计			72

(二)课程内容要求(表3)

课程内容要求 表3

学习情境1:物流概述	参考学时:6
学习目标: 1. 掌握物流基本概念; 2. 掌握物流构成及各功能要素; 3. 能识别基本物流专业词汇; 4. 能阅读物流专业相关英文材料	
学习内容: 1. To learn about the production and changes of logistics,enterprise; 2. To grasp the functions and effect of logistics; 3. To understand the fundamental component of logistics; 4. To understand the mode of operation of logistics	

续上表

<table>
<tr><td colspan="2">学习情境1:物流概述</td><td>参考学时:6</td></tr>
<tr><td>教学资源:
1. 讲义、教案、多媒体课件、英汉词典、系统仿真软件、图片;
2. 企业资源:各种实践案例</td><td colspan="2">对学生基础要求:
1. 掌握了基本物流学知识;
2. 具有基本英语语法常识</td></tr>
<tr><td colspan="2">学习情境2:物流包装</td><td>参考学时:10</td></tr>
<tr><td colspan="3">学习目标:
1. 了解物流包装材料及各自优缺点;
2. 掌握物流包装技术;
3. 了解物流包装未来发展趋势</td></tr>
<tr><td colspan="3">学习内容:
1. To understand the packaging materials;
2. To learn about the packaging technologies;
3. To learn about the advantages and disadvantage of present packaging</td></tr>
<tr><td>教学资源:
1. 讲义、教案、多媒体课件、英汉词典、系统仿真软件、图片、模型、FLASH 动画、规程等;
2. 企业资源:各种实践案例</td><td colspan="2">对学生基础要求:
1. 了解包装的基本知识;
2. 具有基本英语语法常识</td></tr>
<tr><td colspan="2">学习情境3:物流运输</td><td>参考学时:12</td></tr>
<tr><td colspan="3">学习目标:
1. 认识物流运输重要性;
2. 能选择合适的物流运输方式;
3. 能制订物流运输计划,确定合适运输路线</td></tr>
<tr><td colspan="3">学习内容:
1. To learn about the definition and facility of transportation;
2. To learn about the types of transportation;
3. To grasp the characteristic of transportation</td></tr>
<tr><td>教学资源:
1. 讲义、教案、多媒体课件、英汉词典、系统仿真软件、图片、模型、FLASH 动画、规程等;
2. 企业资源:各种实践案例</td><td colspan="2">对学生基础要求:
1. 了解运输的相关理论知识;
2. 具有基本英语语法常识</td></tr>
<tr><td colspan="2">学习情境4:仓库库存管理</td><td>参考学时:12</td></tr>
<tr><td colspan="3">学习目标:
1. 了解仓库库存管理在供应链中的作用;
2. 了解提高仓库库存管理效率;
3. 掌握仓库库存控制的方法</td></tr>
<tr><td colspan="3">学习内容:
1. To learn about the classification of warehouse;
2. To grasp the methods of inventory planning and management;
3. To grasp the methods of the warehousing activities;
4. To make out the meaning of efficient warehouse management</td></tr>
</table>

续上表

<table>
<tr><td>学习情境4:仓库库存管理</td><td>参考学时:12</td></tr>
<tr><td>教学资源:
1. 讲义、教案、多媒体课件、英汉词典、系统仿真软件、图片、模型、FLASH动画、规程等;
2. 企业资源:各种实践案例</td><td>对学生基础要求:
1. 了解库存管理的相关理论知识;
2. 具有基本英语语法常识</td></tr>
<tr><td>学习情境5:物流信息系统</td><td>参考学时:12</td></tr>
<tr><td colspan="2">学习目标:
1. 充分认识物流信息系统的作用;
2. 了解物流信息系统管理构成;
3. 熟悉物流信息系统管理模式;
4. 熟悉信息技术在物流管理过程中的应用</td></tr>
<tr><td colspan="2">学习内容:
1. To learn about the logistics information;
2. To understand the details of logistics information management;
3. To grasp the mode of logistics information management;
4. To grasp the information technology</td></tr>
<tr><td>教学资源:
1. 讲义、教案、多媒体课件、英汉词典、系统仿真软件、图片、模型、FLASH动画、规程等;
2. 企业资源:各种实践案例</td><td>对学生基础要求:
1. 了解物流信息管理的相关理论知识;
2. 具有基本英语语法常识</td></tr>
<tr><td>学习情境6:物流集装箱运输</td><td>参考学时:6</td></tr>
<tr><td colspan="2">学习目标:
1. 认识集装箱运输的重要性;
2. 能选择合适集装箱运输模式;
3. 熟悉集装箱运输组织模式</td></tr>
<tr><td colspan="2">学习内容:
1. To grasp the definition of container system;
2. To grasp the different kinds of containers;
3. To grasp the definition and advantages of container logistics</td></tr>
<tr><td>教学资源:
1. 讲义、教案、多媒体课件、英汉词典、系统仿真软件、图片、模型、FLASH动画、规程等;
2. 企业资源:各种实践案例</td><td>对学生基础要求:
1. 了解集装化物流的相关理论知识;
2. 具有基本英语语法常识</td></tr>
<tr><td>学习情境7:配送中心</td><td>参考学时:8</td></tr>
<tr><td colspan="2">学习目标:
1. 掌握配送中心含义,认识配送中心在物流体系中的作用;
2. 能进行配送中心规划与设计</td></tr>
<tr><td colspan="2">学习内容:
1. To learn about the meaning of the distribution;
2. Be able to calculate the cost of distribution;
3. To learn about the ABC Catering Services Ltd</td></tr>
</table>

续上表

<table>
<tr><td>学习情境7:配送中心</td><td>参考学时:8</td></tr>
<tr><td>教学资源:
1. 讲义、教案、多媒体课件、英汉词典、系统仿真软件、图片、模型、FLASH 动画、规程等;
2. 企业资源:各种实践案例</td><td>对学生基础要求:
1. 了解配送中心的相关理论知识;
2. 具有基本英语语法常识</td></tr>
<tr><td>学习情境8:物流与电子商务</td><td>参考学时:6</td></tr>
<tr><td colspan="2">学习目标:
1. 熟悉物流与电子商务的关系;
2. 掌握电子商务如何与物流进行合作</td></tr>
<tr><td colspan="2">学习内容:
1. To learn about the concept of logistics documents;
2. To grasp the types of logistics documents;
3. To learn about the E - logistics document;
4. To learn about Financial Statements</td></tr>
<tr><td>教学资源:
1. 讲义、教案、多媒体课件、英汉词典、系统仿真软件、图片、模型、FLASH 动画、规程等;
2. 企业资源:各种实践案例</td><td>对学生基础要求:
1. 了解物流单据的相关理论知识;
2. 具有基本英语语法常识</td></tr>
</table>

六、课程实施建议

(一)教材及参考资源建议

1. 教材

顾越. 物流专业英语[M]. 上海:上海交通大学出版社,2008.

2. 参考书

[1]程世平. 物流专业英语[M]. 北京:机械工业出版社,2006.

[2]庄佩君. 物流专业英语[M]. 北京:电子工业出版社,2006.

(二)师资条件建议

(1)专任教师:具有高校教师资格证;具有物流管理岗位工作经历;精通物流管理相关的基本理论与专业知识;具有良好的英语书写、阅读、口语能力;具有较强的教科研能力。

(2)兼职教师:具有5年以上企业管理及相关岗位工作经历,有丰富的实际工作经验;具有中级以上专业技术职务或在职业技能竞赛中获得奖励;具有较强的教学组织能力。

(三)实验实训条件建议

本课程主要采用传统教学模式,在多媒体教室和语言室授课即可,无需实验实训。

(四)教学方法建议

《物流专业英语》课程遵循语言类专业的学科规律,根据物流岗位的需求调整、更新教学内容,确立了“以英语为手段,以实践为主线”的课程教学模式。授课方式包括理论讲授、案例分析、习题课、课内、校内、校外实训实习等。应用多媒体手段,以模拟法、案例法、交际法等方式,突出物流的业务流程,力图提高学生在物流业务中各环节中英语的应用能力。

(五)教学评价建议

本课程采用过程考核、综合考核等多元性评价,其中过程考核包括学习态度、课程作业等,占课程总成绩的40%;综合考核包括期末考试等,占课程总成绩的60%,全面综合评价学生能力,见表4。

课程考核表 表4

<table>
<tr><th colspan="2" rowspan="2">考核项目</th><th rowspan="2">考核方式</th><th colspan="2">比例</th></tr>
<tr><th>分项</th><th>总体</th></tr>
<tr><td rowspan="2">过程考核</td><td>学习态度</td><td>根据课堂教学参与情况、课堂回答问题、出勤情况,由教师综合评定学生的学习态度得分</td><td>50%</td><td rowspan="2">40%</td></tr>
<tr><td>课程作业</td><td>根据学生完成课后作业、任务工单的情况由教师来评定成绩</td><td>50%</td></tr>
<tr><td colspan="2">综合考核</td><td>结合期末考试、实践考核等综合评定成绩</td><td>100%</td><td>60%</td></tr>
<tr><td colspan="4">合计</td><td>100%</td></tr>
</table>

(课程标准制订人:孙浩静)

附件8:《企业管理基本知识》课程标准

一、课程定位(表1)

课程定位表 表1

课程名称及编号	企业管理基本知识(313023)
课设学期及学时	第3学期(72学时)
课程类型	专业基础学习领域
先导课程	统计基础与实务、基础会计、经济法
平行课程	管理基础能力训练
后续课程	物流企业运营管理实务、企业经营理财分析

二、课程性质

本课程是物流管理专业的必修专业基础课。企业管理基本知识是一门实践性和理论性、科学性和艺术性兼而有之的应用性学科,也是管理类各专业的一门基础课程。该课程旨在使学生树立现代管理的思想观念,掌握和运用管理学的基本原理和方法,提高自身的管理素质,培养和提高学生的理论素质和实践技能,并通过实践技能训练,提高学生的实践能力、创新能力和职业能力,为学生就业打下坚实的理论基础和职业基础。

三、课程设计思路

以就业为导向，以能力为本位，以职业技能为主线，以单元项目课程为主题，以夯实基础、适应岗位为目标，尽可能形成模块化课程体系。具体学习项目的选择和编排以学习单元为基础，基本依据是：一是按照“管理认知、预测与决策、计划与组织、领导与激励、沟通与控制、管理创新”的逻辑顺序；二是从基础知识体系构建角度，保持管理的基本技能、基本知识、基本理论之间的内在必然关系。

四、课程目标

（一）知识目标

（1）能运用经济学内容对企业经济现象进行分析；

（2）能运用经济法内容对企业各种情况进行法律分析；

（3）认识和理解管理的重要性和普遍性，了解古今中外管理思想的发展，理解古典管理理论和行为科学的内容；

（4）理解并掌握管理的基本原理与方法，掌握管理的计划、组织、领导、控制、创新等职能的基本内涵、要求及科学有效实现的方法。

（二）能力目标

（1）具备能够运用辩证思维方法、数理逻辑思维方法以及实证分析方法分析解决社会经济管理现象和具体问题；

（2）具有一定的运用经济学知识解释经济现象和处理经济问题的能力；

（3）具有一定的运用经济法知识解释法律现象和处理企业法律问题的能力；

（4）具有一定的市场预测能力和方案决策能力；

（5）具有一定的领导和控制能力。

（三）素质目标

（1）具有可持续发展的能力；

（2）具有团队协作能力；

（3）具有收集和处理信息的能力；

（4）具有获取新知识的能力；

（5）具有综合运用所学知识分析和解决问题的能力；

（6）具有良好的职业道德和敬业精神。

五、课程内容与学习目标

（一）课程内容结构安排

本课程分为经济现象分析等 3 个学习情境，认识供求、价格、弹性间的关系等 12 个工作任务，具体见表 2。

课程内容结构安排一览表　　表2

<table>
<tr><th>序号</th><th>学习情境</th><th>工作任务</th><th>参考学时</th></tr>
<tr><td rowspan="5">1</td><td rowspan="5">经济现象分析</td><td>认识供求、价格、弹性间的关系</td><td>4</td></tr>
<tr><td>消费者行为分析</td><td>6</td></tr>
<tr><td>生产者行为分析</td><td>6</td></tr>
<tr><td>企业成本与收益分析</td><td>6</td></tr>
<tr><td>认识市场结构</td><td>6</td></tr>
<tr><td rowspan="5">2</td><td rowspan="5">管理学认知</td><td>管理认知</td><td>2</td></tr>
<tr><td>预测与决策分析</td><td>10</td></tr>
<tr><td>计划与组织</td><td>8</td></tr>
<tr><td>领导与激励</td><td>10</td></tr>
<tr><td>沟通与控制</td><td>10</td></tr>
<tr><td rowspan="2">3</td><td rowspan="2">综合案例分析</td><td>经济学案例分析</td><td>2</td></tr>
<tr><td>管理学案例分析</td><td>2</td></tr>
<tr><td colspan="3">合计</td><td>72</td></tr>
</table>

(二)课程内容要求(表3)

课程内容要求　　表3

<table>
<tr><td>学习情境1:经济现象分析</td><td>参考学时:28</td></tr>
<tr><td colspan="2">学习目标:
1. 能够清晰描述经济学的基本理论和主要研究内容;
2. 能够正确理解和运用经济学专业术语和基本原理;
3. 能够运用专业知识理解社会现实生活中的具体经济现象,对简单经济学现象做出正确分析和预测;
4. 能够构建市场经济知识框架,与本专业方向链接,清楚说明经济学与所学专业知识的关系</td></tr>
<tr><td colspan="2">学习内容:
1. 掌握供给、需求理论,了解供给、需求对价格的影响以及弹性理论;
2. 了解效用、无差异曲线以及预算线的概念,掌握消费者均衡;
3. 了解短期、长期的概念,掌握短期生产理论及长期生产函数并理解最优生产要素组合;
4. 了解成本、收益的概念,掌握成本、收益的短期及长期分析;
5. 了解厂商和市场类型;
6. 掌握完全竞争市场、完全垄断市场、垄断竞争市场及寡头垄断市场的概念及特点,并分析其经济现象</td></tr>
<tr><td>教学资源:
1. 讲义、教案、多媒体课件、实训指导书、任务工单、系统仿真软件、图片、模型、FLASH动画、规程等;
2. 企业资源:各种实践案例</td><td>对学生基础要求:
1. 掌握基本的数理知识;
2. 能够根据所学理论用图表表现经济现象</td></tr>
<tr><td>学习情境2:管理学认知</td><td>参考学时:40</td></tr>
<tr><td colspan="2">学习目标:
1. 会用基本的管理知识分析简单的管理问题;
2. 能够运用决策技术与方法进行企业决策;
3. 能够运用提供的材料识别或绘制企业组织结构图;
4. 能够运用领导理论与激励理论分析和解释企业领导问题及激励机制方面的问题;
5. 能够正确掌握控制理论,知道如何进行有效控制</td></tr>
</table>

续上表

<table>
<tr><td>学习情境 2:管理学认知</td><td>参考学时:40</td></tr>
<tr><td colspan="2">学习内容:
1. 掌握管理的概念与职能,了解管理者的技能与角色并掌握管理的原理与方法;
2. 了解预测的概念、程序及方法并掌握决策的类型、技术与方法;
3. 掌握计划的程序与方法并理解组织工作原则、组织结构类型与特点;
4. 掌握领导者与管理者的区别并了解激励的基本途径与手段;
5. 掌握沟通的形式、方法、原则及要求并理解控制的性质、类型及方法</td></tr>
<tr><td>教学资源:
1. 讲义、教案、多媒体课件、实训指导书、任务工单、系统仿真软件、图片、模型、FLASH 动画、规程等;
2. 企业资源:各种实践案例</td><td>对学生基础要求:
1. 了解管理学的发展及由来;
2. 掌握管理各项职能含义;
3. 能够活学活用</td></tr>
<tr><td>学习情境 3:综合案例分析</td><td>参考学时:4</td></tr>
<tr><td colspan="2">学习目标:
1. 能够正确运用相关知识解决实际问题;
2. 能够掌握案例分析的要点</td></tr>
<tr><td colspan="2">学习内容:
1. 掌握经济学、管理学相关理论知识;
2. 了解案例分析的原则、方法及程序</td></tr>
<tr><td>教学资源:
1. 讲义、教案、多媒体课件、实训指导书、任务工单、系统仿真软件、图片、模型、FLASH 动画、规程等;
2. 企业资源:各种实践案例</td><td>对学生基础要求:
1. 了解经济学、经济法、管理学相关理论知识;
2. 掌握案例分析的原则、方法及要点</td></tr>
</table>

六、课程实施建议

(一)教材及参考资源建议

1. 教材

校本教材《企业管理基本知识》。

2. 参考书

[1]张荣胜. 企业管理基础知识[M]. 北京:高等教育出版社,2009.

[2]朱占峰. 管理学原理——管理实务与技巧[M]. 武汉:武汉理工大学出版社,2009.

[3]梁小民. 经济学是什么[M]. 北京:北京大学出版社,2001.

[4]高鸿业. 西方经济学[M]. 北京:中国人民大学出版社,2014.

[5]董曲波. 一口气读懂经济学[M]. 北京:新世界出版社,2009.

[6]黄曲波. 趣味经济学 100 问[M]. 北京:机械工业出版社,2009.

[7]吕勇. 经济法基础[M]. 北京:高等教育出版社,2012.

3. 参考网站

(1)http://www.cenet.org.cn/中国经济学教育科研网.

(2)http://www.economists.org.cn/经济学家网.

(3)http://bbs.cenet.org.cn/经济学论坛－中国经济学教育科研网.

4. 课程网站

http://elearn.jxjtxy.com/eol/homepage/course/course_index.jsp? courseId＝10999.

(二)师资条件建议

(1)专任教师:具有高校教师资格证;具有企业管理岗位工作经历;精通企业管理相关的基本理论与专业知识;具有较强的教科研能力。

(2)兼职教师:具有5年以上企业管理及相关岗位工作经历,有丰富的实际工作经验;具有中级以上专业技术职务或在职业技能竞赛中获得奖励;具有较强的教学组织能力。

(三)实验实训条件建议(表4)

实验实训条件　　表4

实训室名称	主要设备名称	主要实训项目
ERP沙盘 模拟实验室	1. 电脑; 2. 多媒体; 3. ERP沙盘	1. 模拟企业运营,针对某个方案进行决策; 2. 完成经济法实际案例分析

(四)教学方法建议

针对具体的教学内容和教学过程,总体采用项目教学法。在具体教学方法中,运用任务引导法、案例法、小组协作学习法等多种方法组织教学,以学生为中心"做中学、学中做",让学生人人参与,培养学生团队协作能力和实践动手能力。

(五)教学评价建议

本课程采用过程考核、综合考核等多元性评价,其中过程考核包括学习态度、课程作业等,占课程总成绩的40%;综合考核包括期末考试等,占课程总成绩的60%,全面综合评价学生能力,见表5。

课程考核表　　表5

考核项目		考核方式	比例	
			分项	总体
过程考核	学习态度	根据课堂教学参与情况、课堂回答问题、出勤情况,由教师综合评定学生的学习态度得分	50%	40%
	课程作业	根据学生完成课后作业、任务工单的情况由教师来评定成绩	50%	
综合考核		结合期末考试、实践考核等综合评定成绩	100%	60%
合计				100%

(课程标准制订人:杨莉)

附件9:《管理基础能力训练》

一、课程定位(表1)

课 程 定 位 表 表1

课程名称及编号	管理基础能力训练(313030)
课设学期及学时	第3学期(36学时)
课程类型	专业基础学习领域
先导课程	礼仪
平行课程	企业管理基本知识
后续课程	物流企业运营管理

二、课程性质

本课程是物流管理专业的专业拓展学习领域。其任务是通过内容的讲授和活动的训练,提升学生的自我管理能力,提高绩效管理水平,并能利用团队实现组织的目标。本课程结业后,学生应具备通用管理能力的基本水平,具备在物流企业从事中基层管理工作所需的基本能力。

三、课程设计思路

总体设计思路是,以物流企业经营管理基本特点及业务管理主要内容为线索,打破以知识传授为主要特征的传统学科教学模式,转变为以职业岗位为中心,胜任相应职业岗位能力为目标,组织课程内容。课程内容突出对学生职业能力的训练,理论知识的选取紧紧围绕工作岗位能力的需要来进行。情境设计以企业运营管理对中高层管理人员基本素质要求为依据,按职业能力形成的规律、内容进行分解构建。教学过程中,主要依托校内实训基地、多媒体技术,进行仿真模拟教学。学生管理基础能力训练采取分组进行,通过组内、组外、组与组之间讨论、交流、竞争等方式,激发学生自我训练意识,提升训练效果。教学效果评价采取过程评价与结果评价相结合的方式,通过理论与实践相结合,重点评价学生的职业能力。

四、课程目标

(一)知识目标

(1)充分理解管理者角色、地位及其影响,依据自身特点,定位好恰当的角色;

(2)理解时间的有限性及合理管理时间的重要性;

(3)重视从习惯养成角度要求自己,学会培养习惯的方法;

(4)充分了解团队的概念及形成,认识团队力量,做好团队目标管理工作,在团队活动中能够运用目标管理的方法;

(5)确立领导者与执行者的角色定位,明确领导与执行的内在关系,了解内部沟通及激励体系,从管理者角度掌握内部沟通技巧;

(6)形成建立学习型团队的基本思路,掌握建立学习型团队的基本方法;

(7)了解团队建设的基本知识。

(二)能力目标

(1)养成好习惯,从改变习惯着手改变自己;
(2)学会有效地进行时间管理;
(3)具有内部有效沟通能力及完善激励体系能力;
(4)在担当管理者时能正确行使领导权利,具有执行能力;
(5)提高谈判素质,具备独立谈判的基本能力;
(6)把握团队文化营造的相关条件,具备参与团队文化营造的工作能力。

(三)素质目标

(1)掌握接受管理的能力并养成接受管理的习惯;
(2)提升社交活动能力,在管理工作中顺利地开展社交活动;
(3)掌握对社会资源的有效识别及利用的能力,学会对社会资源的有效管理;
(4)形成参与团队战略和核心能力构建的能力。

五、课程内容与学习目标

(一)课程内容结构安排

本课程有自我管理能力的训练等4个学习情境,共14个工作任务,具体见表2。

课程内容结构一览表 表2

序号	学习情境	工作任务	参考学时
1	自我管理能力的训练	角色认知	2
		时间效率管理	2
		良好习惯养成	2
2	团队管理能力的训练	个人目标与团队目标管理	2
		领导与执行	2
		内部沟通与激励	4
3	社会关系管理能力的训练	社会资源管理	2
		谈判艺术训练	4
		社交活动	2
		接受管理	2
4	团队建设能力的训练	学习型团队构思	4
		团队组织建设	2
		团队文化营造	2
		团队战略与核心能力的构建	4
合计			36

（二）课程内容要求（表3）

课程内容与学习目标一览表 表3

<table>
<tr><td colspan="2">学习情境1:自我管理能力的训练</td><td>参考学时:6</td></tr>
<tr><td colspan="3">学习目标:
1. 充分理解管理者角色、地位及其影响,依据自身特点,定位好恰当的角色;
2. 理解时间的有限性及合理管理时间的重要性,学会有效地进行时间管理;
3. 重视从习惯养成角度要求自己,学会培养习惯的方法,养成好习惯,从改变习惯着手改变自己</td></tr>
<tr><td colspan="3">学习内容:
1. 角色认知;
2. 时间效率管理;
3. 良好习惯养成</td></tr>
<tr><td>教学资源:
1. 讲义、教案、多媒体课件、图片、模型、FLASH 动画等;
2. 自编《管理能力训练手册》;
3. 训练案例</td><td colspan="2">对学生基础要求:
1. 具备一定的人文基础知识;
2. 具备好的交流、沟通能力</td></tr>
<tr><td colspan="2">学习情境2:团队管理能力的训练</td><td>参考学时:8</td></tr>
<tr><td colspan="3">学习目标:
1. 充分了解团队的概念及形成,认识团队力量,做好团队目标管理工作,在团队活动中能够运用目标管理的方法;
2. 确立领导者与执行者的角色定位,明确领导与执行的内在关系,在担当管理者时能正确行使领导权利,具有执行能力;
3. 了解内部沟通及激励体系,从管理者角度掌握内部沟通技巧,具有内部有效沟通能力及完善激励体系能力</td></tr>
<tr><td colspan="3">学习内容:
1. 个人目标与团队目标管理;
2. 领导与执行;
3. 内部沟通与激励</td></tr>
<tr><td>教学资源:
1. 讲义、教案、多媒体课件、图片、FLASH 动画等;
2. 任务工单等;
3. 团队管理案例;
4. 团队分组活动场所等</td><td colspan="2">对学生基础要求:
1. 思维条理清晰;
2. 了解企业经营管理团队合作的重要性;
3. 熟知团队形成的基本条件</td></tr>
<tr><td colspan="2">学习情境3:社会关系管理能力的训练</td><td>参考学时:10</td></tr>
<tr><td colspan="3">学习目标:
1. 掌握对社会资源的有效识别及利用的能力,学会对社会资源的有效管理;
2. 提高谈判素质,具备独立谈判的基本能力;
3. 提升社交活动能力,在管理工作中顺利地开展社交活动;
4. 掌握接受管理的能力并养成接受管理的习惯</td></tr>
<tr><td colspan="3">学习内容:
1. 社会资源管理;
2. 谈判艺术训练;
3. 社交活动;
4. 接受管理</td></tr>
</table>

续上表

学习情境3:社会关系管理能力的训练	参考学时:10
教学资源: 1. 讲义、教案、多媒体课件、图片、FLASH 动画等; 2.《管理基础能力训练手册》; 3. 典型案例; 4. 训练活动场所	对学生基础要求: 1. 具备一定的社会生活、实践阅历; 2. 积极参与训练活动,在日常生活中有意识训练自己; 3. 知识面较广
学习情境4:团队建设能力的训练	参考学时:12
学习目标: 1. 形成建立学习型团队的基本思路,掌握建立学习型团队的基本方法; 2. 形成团队建设的基本知识; 3. 了解团队建设的基本知识; 4. 把握团队文化营造的相关条件,具备参与团队文化营造的工作能力; 5. 形成参与团队战略和核心能力构建的能力	
学习内容: 1. 学习型团队构思; 2. 团队组织建设; 3. 团队文化营造; 4. 团队战略与核心能力的构建	
教学资源: 1. 讲义、教案、多媒体课件、图片、FLASH 动画等; 2.《管理基础能力训练手册》; 3. 成功团队建设典型案例等	对学生基础要求: 1. 具备一定的社会生活、实践阅历; 2. 积极参与训练活动,在日常生活中有意识训练自己

六、课程实施建议

(一)教材及参考资源建议

1. 教材

谢敏. 管理能力训练基础教程.[M]. 上海:华东师范大学出版社,2007.

2. 参考资料

谢伟宁. 企业管理——知识与技能训练[M]. 北京:北京交通大学出版社,2009.

3. 课程网站

http://elearn. jxjtxy. com/eol/main. jsp.

(二)师资条件建议

(1)专任教师:具有高校教师资格证;具有企业管理岗位工作经历;精通企业管理相关的基本理论与专业知识;具有较强的教科研能力。

(2)兼职教师:具有5年以上企业管理及相关岗位工作经历,有丰富的实际工作经验;具有中级以上专业技术职务或在职业技能竞赛中获得奖励;具有较强的教学组织能力。

（三）实验实训条件建议（表4）

课程实训项目一览表　　表4

实训室名称	主要设备名称	主要实训项目
管理活动训练室	多媒体设备、演讲台、训练模拟沙盘等	1. 交流沟通训练； 2. 谈判训练； 3. 团队管理活动训练

（四）教学方法建议

针对具体的教学内容和教学过程，总体采用项目教学法。在具体教学方法中，运用任务引导法、案例法、小组协作学习法等多种方法组织教学，以学生为中心“做中学、学中做”，让学生人人参与，培养学生团队协作能力和实践动手能力。

（五）教学评价建议

本课程采用过程考核、综合考核等多元性评价，其中过程考核包括学习态度、课程作业等，全面综合评价学生的基本能力，见表5。

课 程 考 核 表　　表5

考核项目		考核方式	比例	
			分项	总体
过程考核	学习态度	根据课堂教学参与情况、课堂回答问题、出勤情况，由教师综合评定学生的学习态度得分	30%	75%
	个人课程作业	根据学生完成课后作业、任务工单的情况由教师评定成绩	40%	
	小组团体作业	根据学生在小组共同完成某一项作业所承担的任务情况、作业过程中的表现评定成绩	30%	
综合考核		结合期末考查、综合能力考核等综合评定成绩	100%	25%
合计				100%

（课程标准制订人：黄浩）

附件10：《物流信息系统维护与应用》课程标准

一、课程定位（表1）

课 程 定 位 表　　表1

课程名称及编号	物流信息系统维护与应用（313025）
课设学期及学时	第3学期（108学时）
课程类型	专业核心学习领域
课程功能	培养学生物流信息系统的维护与应用能力
先导课程	计算机应用基础
平行课程	综合运输作业管理实务、物流专业英语、企业管理基本知识
后续课程	企业经营理财分析、储配方案优化设计与实施、国际货运代理实务、管理基础能力训练

二、课程性质

本课程是高等职业教育物流管理专业的核心课程,教学方式为理论与实践相结合。通过理论知识的讲授、案例导入、项目实训等教学和实践环节,使学生对现代物流有完整的认识,重点掌握各种信息技术在物流领域的应用与维护,为学生从事电子商务、物流管理等行业打下良好的基础。

三、课程设计的思路

课程内容设计主要按照高职高专学校人才培养定位及我校国家骨干高职示范院校的要求进行,重点建设以岗位职业能力为导向,以工作任务为主线,以校企合作为路径,以工学交替为载体,融“课程、岗位、证书”为一体的工学结合模式。在课程建设中突出实用性、交互式、职业化、开放性、多元化等特色。

打破传统章节授课模式,根据工作岗位要求,设计典型工作任务,转化为行动领域和学习领域来设计课程,并以企业认知、基于工作过程的任务教学、校内实训、工学交替式实习4个模块组织教学。

企业认知,即在课程开始时带领学生到我校校外实训基地参观物流企业。了解物流公司的信息管理部门职能以及物流信息管理每个岗位的职业技能要求,使学生对物流信息管理的各岗位有初步的了解,以明确今后的学习目标。

基于工作过程的任务教学。以物流公司业务运作为背景,以企业工作流程为主线,将物流信息系统维护与应用设为若干情境,每个情境下设置不同的工作任务,通过教师引入指导学生完成每项工作任务,培养学生的专业技能及岗位职业能力。

校内实训。我校物流实训中心有物流信息系统、自动识别系统、GPS跟踪系统、物联网、客户关系管理系统等实践教学设施设备,学生通过实践操作熟练掌握各信息系统的维护与应用,提升操作技能。

工学交替式实习。在课程学习过程中,对物流信息系统维护与应用有一定的专业知识和操作技能后,教师带领学生到校外实训基地的物流企业进行1周的实习。由企业老师带领完成不同岗位的业务。最后,在本门及相应专业课程学习完后进行入职学习,即到企业进行顶岗实习,提升岗位综合能力。

四、课程目标

(一)知识目标

(1)了解物流信息管理的基本理论;

(2)具有计算机基础、数据库和网络技术等方面的基本知识;

(3)掌握条码技、射频技术等自动识别技术知识;

(4)掌握动态跟踪技术的知识;

(5)了解物流信息系统开发的过程;

(6)了解物联网在物流中的应用;

(二)能力目标

(1)能利用计算机及网络进行信息的收集、分类、处理、发布;
(2)具有熟练维护物流信息系统的能力;
(3)具有熟练应用业务型物流信息系统的能力;
(4)具有熟练掌握各种物流信息技术应用的能力;
(5)有较强的语言与文字表达、合作协调和应急能力。

(三)素质目标

(1)培养学生可持续发展的能力;
(2)培养学生合作的能力;
(3)具备诚实守信的职业道德;
(4)注重遵章守纪、积极思考、耐心、细致、勇于实践、竞争意识等职业素质的养成。

五、课程内容与学习目标

(一)课程内容结构安排

本课程分数据库的创建与维护等5个学习情境,共18个工作任务,具体见表2。

课程内容结构安排一览表 表2

序号	学习情境	工作任务	参考学时
1	数据库的创建与维护	设计与创建数据库	8
		创建与使用数据表	8
		设计与创建查询	10
		设计与创建窗体	10
		创建、编辑与打印报表	8
		管理数据库	10
2	物流信息识别与采集	制作和使用条码标签	4
		制作和使用射频标签	4
		条码与射频识读设备的使用与安装	4
3	物流动态跟踪系统的维护与应用	调试与使用车载终端	4
		使用动态跟踪系统实现对物流业务的管理和控制	6
4	物流业务信息系统维护与应用	设计仓储管理系统	4
		设计运输管理系统	4
		设计配送中心管理系统	4
		物流信息系统的运行管理与维护	4
5	物流客户关系管理	收集和整理物流客户信息	4
		建立和应用物流客户关系管理系统	6
		维护物流客户关系管理系统	6
合计			108

(二)课程内容要求(表3)

课程内容与学习目标一览表 表3

<table>
<tr><td>学习情境1:数据库的创建与维护</td><td>参考学时:54</td></tr>
<tr><td colspan="2">学习目标:
1. 能够对数据库进行设计,能够创建数据库;
2. 能够根据E-R图创建表、并创建表之间的关系;
3. 能够创建与设计窗体、报表;
4. 能够对数据库进行管理</td></tr>
<tr><td colspan="2">学习内容:
1. 掌握数据库的设计与创建;
2. 掌握数据表的创建与使用;
3. 掌握各种查询的设计与创建;
4. 掌握窗体的设计与创建;
5. 掌握报表的创建、编辑和打印;
6. 掌握数据库的管理的方法</td></tr>
<tr><td>教学资源:
1. 讲义、教案、多媒体课件、图片、模型、FLASH动画等;
2. 实训指导书、任务工单等;
3. 数据库案例、规范规程等</td><td>对学生基础要求:
1. 具有数据库管理与应用能力;
2. 了解数据库基础知识概念;
3. 具有一般分析能力</td></tr>
<tr><td>学习情境2:物流信息识别与采集</td><td>参考学时:12</td></tr>
<tr><td colspan="2">学习目标:
1. 能够制作和使用一维条码和二维条码;
2. 能够制作和使用射频标签;
3. 能根据企业的需求做条码和射频系统的建设方案;
4. 能够识别自动识别设备的性能指标,并会使用和安装</td></tr>
<tr><td colspan="2">学习内容:
1. 掌握一维条码、二维条码的制作和使用方法;
2. 掌握RFID射频标签的使用方法;
3. 掌握条码和射频系统的建设方案;
4. 掌握自动识别设备的使用和安装</td></tr>
<tr><td>教学资源:
1. 讲义、教案、多媒体课件、图片、模型、FLASH动画等;
2. 实训指导书、任务工单等;
3. 自动识别技术案例、规范规程等</td><td>对学生基础要求:
1. 具有自动识别技术管理与应用能力;
2. 了解自动识别基础知识概念;
3. 具有一般分析能力</td></tr>
<tr><td>学习情境3:物流动态跟踪系统的维护与应用</td><td>参考学时:10</td></tr>
<tr><td colspan="2">学习目标:
1. 能够使用车载终端;
2. 能够使用与维护动态跟踪系统</td></tr>
</table>

续上表

<table>
<tr><td colspan="2">学习情境3:物流动态跟踪系统的维护与应用</td><td>参考学时:10</td></tr>
<tr><td colspan="3">学习内容:
1. 了解车载终端的使用方法;
2. 掌握动态跟踪系统的使用和维护方法</td></tr>
<tr><td>教学资源:
1. 讲义、教案、多媒体课件、图片、模型、FLASH 动画等;
2. 实训指导书、任务工单等;
3. 物流动态跟踪系统、规范规程等</td><td colspan="2">对学生基础要求:
1. 具有物流动态跟踪系统管理与应用能力;
2. 了解动态跟踪基础知识概念;
3. 具有一般分析能力</td></tr>
<tr><td colspan="2">学习情境4:物流业务信息系统维护与应用</td><td>参考学时:16</td></tr>
<tr><td colspan="3">学习目标:
1. 能够参与物流基本业务信息系统的设计开发;
2. 能够维护和使用物流基本业务信息系统</td></tr>
<tr><td colspan="3">学习内容:
1. 了解信息系统的开发原则和开发过程;
2. 了解作为系统的需求者在整个系统开发过程中应该做什么;
3. 了解物流基本业务系统的设计、维护与使用过程</td></tr>
<tr><td>教学资源:
1. 讲义、教案、多媒体课件、图片、模型、FLASH 动画等;
2. 实训指导书、任务工单等;
3. 物流业务信息系统、规范规程等</td><td colspan="2">对学生基础要求:
1. 具有物流业务信息系统的管理与应用能力;
2. 了解软件开发基础知识概念;
3. 具有一般分析能力</td></tr>
<tr><td colspan="2">学习情境5:物流客户关系管理</td><td>参考学时:16</td></tr>
<tr><td colspan="3">学习目标:
1. 能够通过各种方式收集客户信息;
2. 能够对客户信息进行科学分析;
3. 能够使用与维护客户关系管理系统</td></tr>
<tr><td colspan="3">学习内容:
1. 掌握收集客户信息的基本方法;
2. 掌握分析客户信息的基本方法;
3. 掌握维护与使用客户关系管理系统的基本方法</td></tr>
<tr><td>教学资源:
1. 讲义、教案、多媒体课件、图片、模型、FLASH 动画等;
2. 实训指导书、任务工单等;
3. 物流客户关系管理系统、规范规程等</td><td colspan="2">对学生基础要求:
1. 具有客户关系管理系统的管理与应用能力;
2. 了解客户关系管理的基础知识概念;
3. 具有一般分析能力</td></tr>
</table>

六、课程实施建议

(一)教材及参考资源建议

1. 教材

曾周玉,吴科. 物流信息系统维护与应用[M]. 北京:人民交通出版社股份有限公司,2015.

2. 参考书

[1]王小平. 物流信息技术[M]. 北京:清华大学出版社.

[2]杨新月. 物流信息管理[M]. 北京:清华大学出版社.

[3]王小丽. 物流信息管理[M]. 北京:电子工业出版社.

3. 课程网站

http://elearn. jxjtxy. com/eol/jpk/course/layout/page/index. jsp? courseId = 1220.

(二)师资条件建议

(1)专任教师:具有高校教师资格证;具有物流信息管理岗位工作经历;精通物流信息管理的基本理论与专业知识;具有较强的教科研能力。

(2)兼职教师:具有5年以上物流信息管理及相关岗位工作经历,有丰富的实际工作经验;具有中级以上专业技术职务或在职业技能竞赛中获得奖励;具有较强的教学组织能力。

(三)实验实训条件建议(表4)

课程实训项目一览表 表4

实训室名称	主要设备名称	主要实训项目
GPS实训室	1. GPS接收机; 2. 物流动态跟踪系统	1. 认识GPS接收机; 2. 维护与使用物流动态跟踪系统
物联网实训室	1. RFID扫描设备; 2. RFID标签	1. 认识RFID扫描设备、制作RFID标签; 2. 维护与使用射频系统
物流信息实训室	1. 计算机; 2. 数据库软件系统; 3. 服务器; 4. 运输系统、配送系统、客户关系管理系统	1. 维护与使用各种物流业务信息系统; 2. 维护与使用数据库
仓储实训室	1. 仓储系统; 2. 仓储设备; 3. 条码扫描设备	1. 维护与使用仓储系统; 2. 会使用条码

(四)教学方法建议

针对具体的教学内容和教学过程,总体采用项目教学法。在具体教学方法中,运用任务引导法、案例法、小组协作学习法等多种方法组织教学,以学生为中心"做中学、学中做",让学生人人参与,培养学生团队协作能力和实践动手能力。

(五)教学评价建议

本课程采用多元性的评价,学习态度、课程作业、实践环节等过程考核占课程总成绩的40%,期末考试(可结合职业技能考证)等结果考核占课程总成绩的60%,全面综合评价学生能力。教学考核方法见表5。

课 程 考 核 表

表 5

考核项目		考核方式	比例	
			分项	总体
过程考核	学习态度	根据课堂教学参与情况、课堂回答问题、出勤情况，由教师综合评定学生的学习态度得分	30%	40%
	实践环节	根据学生实践情况，由学生自评、他人评价和教师评价相结合的方式评定成绩	40%	
	课程作业	根据学生完成课后作业、成果报告的情况由教师来评定成绩	30%	
结果考核		由教师评定笔试成绩	100%	60%
合计				100%

（课程标准制订人：曾周玉）

附件 11：《综合运输作业管理》课程标准

一、课程定位（表 1）

课 程 定 位 表

表 1

课程名称及编号	综合运输作业管理（313027）
课设学期及学时	第 3 学期（108 学时）
课程类型	专业核心学习领域
先导课程	物流学、基础会计、统计基础与实务
平行课程	企业管理基本知识、物流信息系统维护与应用
后续课程	储配方案优化设计与实施、国际货运代理实务、物流运营管理实务

二、课程性质

本课程是高等职业院校物流管理专业的一门核心课程，是从事物流管理工作的必修课程。该课程旨在培养学生在运输组织与管理岗位上任职的知识、能力与素质等。本课程立足于企业的运输岗位对运输组织管理知识与应用能力的需要，针对高职物流管理类专业人才的特点，培养学生的运输组织能力，使其成为运输岗位的技术技能型人才。

三、课程设计思路

课程总体设计思路是，打破以知识传授为主要特征的传统学科课程模式，转变为以工作任务为中心组织教学内容，并让学生在完成工作任务的过程中学会相应的操作要点，即从该项运输业务的准备或委托开始，到货物的交付结束，来构建相关理论知识，培养其职业能力。课程内容突出对学生职业能力的训练，理论知识的选取紧紧围绕工作任务完成的需要来进行，同时又充分考虑高等职业教育对理论知识学习的需要，并融合了相关职业资格证书对知识、技能和态度的要求。情境设计以典型的运输方式来进行。教学过程中,通过校企合作、校内实训基地建设等多种途径,采取工学结合等形式,充分开发学习资源,给学生提供丰富的实践机会。

在教学活动的设计上,让学生在职业情境中模拟托运人、代理人与承运人、收货人等不同角色学习业务操作、进行操作训练,并通过角色扮演、社会调查、案例分析等教学活动方式练就学生运输管理业务的操作技能。教学效果评价采取过程评价与结果评价相结合的方式,通过理论与实践相结合,重点培养学生的职业能力。

四、课程目标

(一)知识目标

(1)能参与开展各种运输货物的接货、揽货洽谈及签订货物运输合同;
(2)会办理货物运输托运业务;
(3)能完成货物运输的货物接收和交付等作业;
(4)能够填制货物运输的相关单据;
(5)能对货物运输管理进行风险防范;
(6)能根据标准流程进行货运站相关作业;
(7)能科学合理地组织多式联运业务;
(8)会查询各种运输工具的运行信息,能进行货物运输的监控和安全管理。

(二)能力目标

(1)熟悉企业运输管理相关岗位的工作内容和基本要求;
(2)掌握道路货物运输、铁路货物运输、航空货物运输、水路货物运输和多式联运等运输业务组织与管理的相关知识与技能;
(3)具备分析各种货运方式的职业工作能力,达到国家职业资格《助理物流师》的相关要求。

(三)素质目标

(1)培养学生继续学习和可持续发展的能力;
(2)培养学生的团队协作能力;
(3)具有收集和处理信息资源的能力;
(4)具有获取新知识、新技术的能力;
(5)具有综合运用所学知识分析和解决问题的能力;
(6)注重培养积极思考、耐心、细致、勇于实践,并具有良好的职业道德和敬业精神。

五、课程内容与学习目标

(一)课程内容结构安排

本课程有道路货物运输作业管理等 5 个学习情境,共 27 个工作任务,具体见表 2。

课程内容结构安排一览表

表2

序号	学习情境	工作任务	参考学时
1	道路货物运输作业管理	道路运输市场调查	4
		货物运输作业计划的编制	8
		运输业务托运与受理	6
		运输调度与方案优化	8
		运输组织	6
		运输场站管理	2
		运输安全管理	2
		货物到达交付与运输商务管理	2
2	铁路货物运输作业管理	铁路运输计划申报	4
		铁路运输业务受理	6
		铁路运输货物发运组织	6
		铁路运输到站业务处理	4
3	航空货物运输作业管理	航空运输计划申报	2
		航空运输业务受理	2
		航空运输货物发运组织	2
		航空运输到站业务处理	2
		航空货物业务代理	2
4	水路货物运输作业管理	水路运输计划申报	4
		水路运输业务受理	4
		内河货物运输发运作业组织	4
		海洋货物运输发运作业组织	4
		水运到港业务处理	2
		水运货物业务代理	2
5	多式联运货物运输作业管理	公铁联运作业管理	4
		海铁联运作业管理	6
		海铁海联运作业管理	6
		陆空联运作业管理	4
合计			108

(二)课程内容要求(表3)

课程内容与学习目标一览表

表3

学习情境1:道路货物运输作业管理	参考学时:38
学习目标: 1. 货源情况,能确认运输作业方式; 2. 判断确认可否受理; 3. 能参与洽谈及签订道路运输合同或填写托运单; 4. 会选择适合的运输作业车型; 5. 能进行运输装卸方案的选择与运输线路的优化; 6. 组织落实途中运输作业环节; 7. 能做到达环节的验收,确认货物交付及商务事故的处理	

续上表

<table>
<tr><td>学习情境1:道路货物运输作业管理</td><td>参考学时:38</td></tr>
<tr><td colspan="2">学习内容:
1. 了解现代运输企业(参观);
2. 组织开展运输市场需求预测调查;
3. 分析道路运输方式的技术经济特征;
4. 能对运输过程进行分解;
5. 掌握整车货运流程及作业组织;
6. 熟悉零担货运流程及作业组织;
7. 掌握特种货物运输组织要点;
8. 能运用道路运输效率指标进行考核;
9. 会计算运输费用与成本分析</td></tr>
<tr><td>教学资源:
1. 讲义、教案、多媒体课件、系统仿真软件、图片、模型、FLASH 动画等;
2. 实训指导书、任务实施内容与步骤等;
3. 企业典型案例、道路运输相关法规等</td><td>对学生基础要求:
1. 了解我国道路运输的发展情况;
2. 能借助于中国交通报、交通运输部及相关网站收集总体的相关数据,并能分析找差距;
3. 熟知道路运输组织流程与要点</td></tr>
<tr><td>学习情境2:铁路货物运输作业管理</td><td>参考学时:20</td></tr>
<tr><td colspan="2">学习目标:
1. 会分析客户需求及货源情况,申报铁路运输计划;
2. 根据企业资质及实际情况确认可否受理及填写运单;
3. 能进行运输装卸方案的选择;
4. 运输到达环节的验收,确认货物交付</td></tr>
<tr><td colspan="2">学习内容:
1. 铁路运输的技术经济特征分析;
2. 了解铁路网布局与货源组织;
3. 运输单证填写;
4. 货运流程及作业组织;
5. 运输费用计算与成本分析</td></tr>
<tr><td>教学资源:
1. 讲义、教案、多媒体课件、系统仿真软件、图片、模型、FLASH 动画等;
2. 实训指导书、任务实施内容与步骤等;
3. 企业典型案例、铁路运输相关法规等</td><td>对学生基础要求:
1. 了解我国铁路运输的发展情况;
2. 能借助于中国交通报、交通运输部及相关网站收集总体的相关数据,并能分析找差距;
3. 熟知铁路运输组织流程与要点</td></tr>
<tr><td>学习情境3:航空货物运输作业管理</td><td>参考学时:10</td></tr>
<tr><td colspan="2">学习目标:
1. 会分析客户需求及货源情况,申报航空运输计划;
2. 根据企业资质及实际情况确认可否受理及签订航空运输合同或填写运单;
3. 能进行运输装卸方案的选择;
4. 运输到达环节的验收,确认货物交付</td></tr>
</table>

续上表

<table>
<tr><td>学习情境 3:航空货物运输作业管理</td><td>参考学时:10</td></tr>
<tr><td colspan="2">学习内容:
1. 航空运输的技术经济特征分析;
2. 航线情况与货源组织;
3. 运输单证填写;
4. 货运流程及作业组织;
5. 货物业务代理流程;
6. 运输费用计算与成本分析</td></tr>
<tr><td>教学资源:
1. 讲义、教案、多媒体课件、系统仿真软件、图片、模型、FLASH 动画等;
2. 实训指导书、任务实施内容与步骤等;
3. 企业典型案例、航空运输相关法规等</td><td>对学生基础要求:
1. 了解我国航空运输的发展情况;
2. 能借助于中国交通报、交通运输部及相关网站收集总体的相关数据,并能分析找差距;
3. 熟知航空运输组织流程与要点</td></tr>
<tr><td>学习情境 4:水路货物运输作业管理</td><td>参考学时:20</td></tr>
<tr><td colspan="2">学习目标:
1. 会分析客户需求及货源情况,能初步确认运输方案;
2. 根据企业资质及实际情况确认可否受理;
3. 能洽谈与签订水路运输合同或填写托运单,运输费用的计算与结算;
4. 会选择适合的运输作业船型;
5. 运输到达环节的验收,确认货物交付及商务事故的处理;
6. 了解代理业务流程</td></tr>
<tr><td colspan="2">学习内容:
1. 水路运输的技术经济特征分析;
2. 航线运营情况与货源组织;
3. 货运流程及作业组织;
4. 内河运输作业组织;
5. 远洋运输作业组织;
6. 多式联运单证填写;
7. 运输运用效率指标考核及费用计算与成本分析;
8. 了解货物业务代理流程</td></tr>
<tr><td>教学资源:
1. 讲义、教案、多媒体课件、系统仿真软件、图片、模型、FLASH 动画等;
2. 实训指导书、任务实施内容与步骤等;
3. 企业典型案例、道路运输相关法规等</td><td>对学生基础要求:
1. 了解我国水路运输的发展情况;
2. 能借助于中国交通报、交通运输部及相关网站收集总体的相关数据,并能分析找差距;
3. 熟知水路运输组织流程与要点</td></tr>
<tr><td>学习情境 5:多式联运货物运输作业管理</td><td>参考学时:20</td></tr>
<tr><td colspan="2">学习目标:
1. 认知集装箱;
2. 会填写运输单证;
3. 掌握公铁联运组织要点;
4. 掌握海铁联运组织要点;
5. 掌握陆空联运组织要点;
6. 掌握陆桥运输组织要点;
7. 会计算费用并能进行成本分析</td></tr>
</table>

续上表

<table>
<tr><td>学习情境5:多式联运货物运输作业管理</td><td>参考学时:20</td></tr>
<tr><td colspan="2">学习内容:
1. 了解集装箱及集装箱运输;
2. 运输单证填写;
3. 公铁联运作业管理;
4. 海铁联运作业管理;
5. 陆空联运作业管理;
6. 陆桥运输作业管理;
7. 费用计算与成本分析</td></tr>
<tr><td>教学资源:
1. 讲义、教案、多媒体课件、系统仿真软件、图片、模型、FLASH 动画等;
2. 实训指导书、任务实施内容与步骤等;
3. 企业典型案例、道路运输相关法规等</td><td>对学生基础要求:
1. 了解我国联合运输的发展情况;
2. 能借助于中国交通报、交通运输部及相关网站收集总体的相关数据,并能分析找差距;
3. 熟知联运组织流程与要点</td></tr>
</table>

六、课程实施建议

(一)教材及参考资源建议

1. 教材

唐振武,熊青. 综合运输作业管理[M]. 北京:人民交通出版社股份有限公司,2015.

2. 参考资料

1)参考书

[1]方芳. 运输管理(一)(二). [M]. 北京:高等教育出版社,2005.

[2]姬中英. 物流运输业务管理. [M]. 北京:科学出版社,2006.

[3]陈克勤. 物流运输实务. [M]. 北京:中国物资出版社,2005.

2)参考网站:教学资源库、中国交通报(电子版)、锦程物流网、万联网等。

3. 行业标准

(1)中华人民共和国国家标准《物流术语》GB/T 18354—2006;

(2)中华人民共和国交通运输部中公布的相关行业标准与相关法规。

4. 课程网站

http://jpkc. jxjtxy. com/.

http://elearn. jxjtxy. com/eol/jpk/course/layout/page/index. jsp? courseId = 1223.

(二)师资条件建议

(1)专任教师:具有高校教师资格证;具有物流管理岗位工作经历;精通物流相关的基本理论与专业知识;具有较强的教科研能力。

(2)兼职教师:具有5年以上物流管理及相关岗位工作经历,有丰富的实际工作经验;具有中级以上专业技术职务或在职业技能竞赛中获得奖励;具有较强的教学组织能力。

(三)实验实训条件建议(表4)

课程实训项目一览表 表4

<table>
<tr><th>实训室名称</th><th>主要设施设备名称</th><th>主要实训项目</th></tr>
<tr><td rowspan="5">综合运输作业实训室</td><td>运输沙盘</td><td>运输场站布局规划</td></tr>
<tr><td>模拟运输车辆,计算机、运输软件</td><td>运输方案选择</td></tr>
<tr><td>计算机、票据打印机</td><td>单证填写</td></tr>
<tr><td>模拟运输车辆,计算机、运输软件</td><td>运力调度</td></tr>
<tr><td>模拟运输车辆,计算机、运输软件</td><td>线路优化</td></tr>
<tr><td>综合运输作业实训室、仓储配送方案优化设计与实施实训室</td><td>模拟车辆、叉车、托盘、货物</td><td>车辆货物配载</td></tr>
<tr><td>集装箱运输管理实训室</td><td>运输沙盘、集装箱</td><td>认知集装箱</td></tr>
<tr><td>GPS 技术应用实训室、物联网技术应用实训室</td><td>GPS、GIS 系统</td><td>车辆定位跟踪与运输线路轨迹</td></tr>
</table>

(四)教学方法建议

针对具体的教学内容和教学过程,总体采用项目教学法。在具体教学方法中,运用任务引导法、案例法、小组协作学习法等多种方法组织教学,以学生为中心“做中学、学中做”,让学生人人参与,培养学生团队协作能力和实践动手能力。

(五)教学评价建议

本课程采用过程考核、综合考核等多元性评价,其中过程考核包括学习态度、课程作业等,占课程总成绩的60%;综合考核包括期末考试等,占课程总成绩的40%,全面综合评价学生的基本能力,见表5。

课 程 考 核 表 表5

<table>
<tr><th colspan="2" rowspan="2">考 核 项 目</th><th rowspan="2">考 核 方 式</th><th colspan="2">比 例</th></tr>
<tr><th>分项</th><th>总体</th></tr>
<tr><td rowspan="3">过程考核</td><td>学习态度</td><td>根据课堂教学参与情况、课堂回答问题、出勤情况,由教师综合评定学生的学习态度得分</td><td>50%</td><td rowspan="3">60%</td></tr>
<tr><td>课程作业</td><td>根据学生完成课后作业、任务实施的情况由教师评定成绩</td><td>25%</td></tr>
<tr><td>课后实训</td><td>根据学生完成课后实训任务,由实验员、教师评定成绩</td><td>25%</td></tr>
<tr><td colspan="2">综合考核</td><td>结合期末考试、实践考核等综合评定成绩</td><td>100%</td><td>40%</td></tr>
<tr><td colspan="4">合计</td><td>100%</td></tr>
</table>

(课程标准制订人:熊青)

附件12:《储配方案优化设计与实施》课程标准

一、课程定位(表1)

课 程 定 位 表　　表1

课程名称及编号	储配方案优化设计与实施(313026)
课设学期及学时	第4学期(128学时)
课程类型	专业核心学习领域
先导课程	物流学、物流信息系统维护与应用、综合运输作业管理
平行课程	国际货运代理实务
后续课程	物流企业运营管理实务

二、课程性质

储配方案优化设计与实施是物流专业的主要专业课程,也是物流管理专业的必修课。本课程系统讲授了仓储功能、仓库布局、储位规划、库存决策与目标、商品保养、配送线路规划、配送中心及其运营等基本知识;详细讲授了仓储与配送管理业务环节、作业标准、信息传递与相关资源配置要求以及经营技巧等知识。通过本课程的学习,学生应具有对不同种类商品的科学管理能力,仓储作业过程的管理能力,配送中心储存、分拣区域合理规划的能力,确定合理配送线路的能力,建立最佳配送站点的能力。通过对储配方案优化设计与实施的讲授,使学生掌握仓储和配送作业的主要业务流程、基本管理技术、理论和方法,明确仓储与配送在物流系统中的本质地位与作用,做到熟练地进行仓储与配送相关岗位操作与管理。本课程适用于现代物流管理、报关与国际货运、国际航运业务管理、电子商务管理、连锁经营管理等专业。

三、设计思路

课程目标:通过本课程的学习,使学生熟悉物流企业仓储管理岗位的操作流程和操作要求,掌握仓库的规划要点、各种设施设备的使用方法、仓储合同拟定、仓储作业流程、库存控制方法、WMS系统软件操作、仓储信息技术等仓储岗位群必要专业知识和技能、仓库选址与规划;掌握根据仓库管理流程进行物品出入库以及在库管理;掌握商品养护及仓库安全管理;掌握仓储设备操作及使用;掌握仓储信息化管理以及解决仓储管理中实际问题;树立“现代物流就是服务”的意识,具备诚实、守信、善于沟通和合作的品质,达到国家职业资格《物流师》的相关要求。

其总体设计思路是,打破以知识传授为主要特征的传统学科课程模式,转变为以工作任务为中心组织教学内容,并让学生在完成具体项目的过程中学会完成相应工作任务,并构建相关理论知识,发展职业能力。课程内容突出对学生职业能力的训练,理论知识的选取紧紧围绕工作任务完成的需要来进行,同时又充分考虑高等职业教育对理论知识学习的需要,并融合了相关职业资格证书对知识、技能和态度的要求。教学过程中,通过校企合作、校内实训基地建设等多种途径,采取理实一体化教学方式,充分开发学习资源,给学生提供丰富的实践机会。教学效果评价采取过程评价与结果评价相结合的方式，通过理论与实践相结合，重点评价学生的职业能力。

四、课程目标

（一）知识目标

（1）掌握仓储合同及仓单业务；
（2）掌握仓库内部结构及内部规划方法；
（3）掌握仓库出入库作业流程及每个环节作业要领；
（4）掌握仓库库存控制方法；
（5）掌握城市配送方法及配送线路规划；
（6）掌握配送车辆调度相关内容。

（二）能力目标

（1）具备仓储合同谈判、签订、草拟能力；
（2）根据仓库管理流程进行仓储作业管理能力；
（3）商品养护及仓库安全管理能力；
（4）库存管理能力；
（5）流通加工作业管理能力；
（6）配送中心内部规划布置能力；
（7）配送运输管理组织能力；
（8）配送线路优化能力。

（三）素质目标

通过本课程的学习，逐步提高学生走向社会需要的适应能力、实际操练能力，仓库保管作业、仓储货物的分类、库存控制的方法、仓库安全和质量管理、配送线路的相关设计的能力，切实结合实际，以社会需求作为教学出发点，更好地实现学生的就业需求。

五、课程内容与学习目标

（一）课程内容结构安排

本课程分仓储合同等9个学习情境，共31个工作任务，具体见表2。

课程内容结构安排一览表

表2

序号	学习情境	工作任务	参考学时
1	仓储合同	仓储概述	12
		商务谈判	
		仓储合同	
		仓单管理	

续上表

序号	学习情境	工作任务	参考学时
2	入库作业	入库作业	18
		货物组托	
		货位优化	
		储位管理	
		入库操作实训	
3	货物保管与维护	货物保管	16
		货物盘点	
		货物堆垛	
		ABC 分类管理	
4	出库作业	订单处理	20
		货物分拣	
		货物包装	
		出库作业实训	
5	配送作业	运输车辆选择、调度	16
		货物配送路线设计	
		货物配装配载	
6	物流设施设备	常见仓储储存设备	10
		常见搬运设备及使用	
		货物装卸设备	
		货物打包设备	
7	库存管理	采购管理	12
		库存控制技术	
		物料需求计划(MRP)技术	
		企业资源计划(ERP)技术	
8	仓储配送软件	仓储管理软件	10
		配送管理软件	
		自动化仓储管理软件	
9	储配方案优化设计与实施	办公软件使用	14
		储配方案设计	
		储配方案实施	
合计			128

(二)课程内容要求(表3)

课程内容与学习目标一览表 表3

<table>
<tr><td>学习情境1:仓储合同</td><td>参考学时:12</td></tr>
<tr><td colspan="2">学习目标:
1. 了解仓储在物流中的意义及仓储功能等;
2. 能独立签订仓储合同;
3. 能判断仓储合同有效和无效;
4. 能独立进行仓储合同案例分析</td></tr>
<tr><td colspan="2">学习内容:
1. 仓储合同与保管合同的异同;
2. 为何需要仓储及仓储管理主要内容;
3. 仓储合同签订过程;
4. 仓储合同有效和无效的条件;
5. 仓储合同当事双方的权利和义务;
6. 仓储合同违约责任形式及承担违约责任的方式;
7. 了解仓储合同免责的条款;
8. 掌握仓储合同条款内容;
9. 仓单含义、性质及仓单业务</td></tr>
<tr><td>教学资源:
1. 讲义、教案、多媒体课件、图片等;
2. 实训指导书、任务工单等;
3. 仓储合同案例等</td><td>对学生基础要求:
1. 有一定的合同知识;
2. 对合同条款有一定理解和记忆能力;
3. 具有一定逻辑分析能力</td></tr>
<tr><td>学习情境2:入库作业</td><td>参考学时:18</td></tr>
<tr><td colspan="2">学习目标:
1. 熟悉货物入库作业基本流程;
2. 能根据货物单证进行入库作业操作;
3. 能根据货物尺寸进行货物托盘堆码作业;
4. 会制作和填写货物入库相关单证</td></tr>
<tr><td colspan="2">学习内容:
1. 货物入库作业流程;
2. 货物入库验收内容和基本要求;
3. 入库货物组托计算,绘制相应的组托示意图;
4. 货物组托基本要求;
5. 货位选择原则,能根据不同货物进行货位的选择;
6. 货物仓库储存策略及其优缺点</td></tr>
<tr><td>教学资源:
1. 讲义、教案、多媒体课件、图片等;
2. 实训任务书、任务工单等;
3. 液压搬运车(地牛)、一定数量货物、标准托盘等实物</td><td>对学生基础要求:
1. 有一定实践动手能力;
2. 有一定团体合作、相互沟通能力;
3. 具有一定计算能力</td></tr>
</table>

续上表

<table>
<tr><td colspan="2">学习情境3:货物保管与维护</td><td>参考学时:16</td></tr>
<tr><td colspan="3">学习目标:
1. 学习商品储存保管相关知识,掌握商品养护基本技巧,特别是温度、湿度控制;
2. 能根据仓库温湿度,计算仓库相对湿度,并采取相应的保管措施;
3. 学习仓库商品盘点相关知识,掌握货物盘点方法,根据盘点结果进行盈亏分析</td></tr>
<tr><td colspan="3">学习内容:
1. 商品储存保管相关知识,商品仓储过程质量变化的类型及其防治;
2. 仓库温度和温度测定方法;
3. 根据货物保管要求和仓库温湿度,进行货物储存管理;
3. 盘点的意义、方法及盘点过程中出现问题的处理;
4. 仓库盘点盈亏分析</td></tr>
<tr><td>教学资源:
1. 讲义、教案、多媒体课件、图片等;
2. 实训任务书、任务工单等;
3. 温度计、盘点表等实物</td><td colspan="2">对学生基础要求:
1. 具有一定生活常识;
2. 具有一定动手能力;
3. 具有一定计算能力;
4. 具有一定电脑绘图基本能力</td></tr>
<tr><td colspan="2">学习情境4:出库作业</td><td>参考学时:20</td></tr>
<tr><td colspan="3">学习目标:
1. 能进行货物出库订单处理;
2. 能根据订单或分拣单不同,进行货物分拣作业;
3. 能根据出库订单完成货物出库作业;
4. 能处理货物出库作业过程中出现的各类问题</td></tr>
<tr><td colspan="3">学习内容:
1. 出库作业过程中订单处理流程及相关知识点;
2. 出库订单有效性分析及订单优先权的确定;
3. 货物分拣方式及每种方式优缺点、适用范围;
4. 摘果式和播种式货物分拣方式之间的异同;
5. 货物包装作业;
6. 出库作业软件的操作</td></tr>
<tr><td>教学资源:
1. 讲义、教案、多媒体课件、图片等;
2. 实训指导书、任务工单等;
3. 一定数量的货物、托盘、液压搬运车(地牛)、货架、打包机等实物</td><td colspan="2">对学生基础要求:
1. 有一定动手能力;
2. 具有一定逻辑分析能力</td></tr>
<tr><td colspan="2">学习情境5:配送作业</td><td>参考学时:16</td></tr>
<tr><td colspan="3">学习目标:
1. 能针对货物不同特性采用不同包装;
2. 能根据货物种类和数量模拟装车作业;
3. 能根据出库订单完成货物出库作业;
4. 能处理货物出库作业过程中出现的各类问题</td></tr>
</table>

续上表

学习情境5:配送作业	参考学时:16
学习内容: 1. 货物包装方法及包装技术; 2. 货物装车原则、装载方法以及如何实现车辆满装满载; 3. 最短路径法、里程节约法、表上作业法等配送路线规划方法,并能熟练使用; 4. 货物出库作业流程	
教学资源: 1. 讲义、教案、多媒体课件、图片等; 2. 实训指导书、任务工单等 3. 一定数量货物、液压搬运车(地牛)、托盘、模拟配送车等	对学生基础要求: 1. 要求学生具有较强的动手能力; 2. 具有不怕辛苦不怕累的作风
学习情境6:物流设施设备	参考学时:10
学习目标: 1. 能熟练使用仓库常见的装卸搬运设备,如液压搬运车(地牛)、电动叉车等; 2. 能使用液压搬运车(地牛)拉托盘进行绕桩训练; 3. 能熟练使用电动堆高车; 4. 能认识各类不同货架,掌握其使用范围	
学习内容: 1. 液压搬运车(地牛)使用方法及使用技巧; 2. 电动堆高车的使用方法; 3. 货架的种类及使用范围	
教学资源: 1. 讲义、教案、多媒体课件、图片等; 2. 实训指导书、任务工单等; 3. 液压搬运车(地牛)、货架、电动堆高车、各类货架等	对学生基础要求: 要求学生具有较强的动手能力
学习情境7:库存管理	参考学时:12
学习目标: 1. 能了解库存的作用及弊端,理解为什么需要库存控制; 2. 熟悉订货点订货法中定期和定量订货法模型的区别与联系; 3. 掌握MRP方法如何控制库存	
学习内容: 1. ABC分类管理法的含义及计算、使用; 2. CVA关键因素法管理库存方法; 3. 定期和定量订货法含义、原理及控制参数的计算; 4. MRP含义、原理及控制库存方法	
教学资源: 1. 讲义、教案、多媒体课件、图片等; 2. 实训指导书、任务工单等	对学生基础要求: 要求学生具有一定数学能力
学习情境8:仓储配送软件	参考学时:10
学习目标: 1. 熟练使用实训中心仓储管理软件; 2. 利用仓储管理软件进行出入库作业,制作相应单据并结合RF手持的使用,完成整个仓储管理流程	

续上表

学习情境 8:仓储配送软件	参考学时:10
学习内容: 1. 仓储管理软件的使用; 2. RF 手持终端的使用; 3. 利用仓储管理软件和 RF 手持进行综合货物出入库作业	
教学资源: 1. 讲义、教案、多媒体课件、图片等; 2. 仓储管理软件、RF 手持等; 3. 一定数量货物、托盘、液压搬运车(地牛)等实物	对学生基础要求: 1. 要求学生具有一定数学能力; 2. 较强团体合作能力
学习情境 9:储配方案优化设计与实施	参考学时:14
学习目标: 1. 能进行现代物流储配方案设计与优化; 2. 根据上述储配方案进行实际操作	
学习内容: 1. 熟练使用 Word、Excel; 2. 储配方案设计所需相关物流知识; 3. 能根据所设计方案进行实际操作	
教学资源: 1. 讲义、教案、多媒体课件、图片等; 2. 仓储管理软件、RF 手持等; 3. 一定数量货物、托盘、液压搬运车(地牛)等实物	对学生基础要求: 1. 要求学生具有一定数学能力; 2. 较强团体合作能力

六、课程实施建议

(一)教材及参考资源建议

1. 教材

万义国,安礼奎. 储配方案优化设计与实施[M]. 北京:人民交通出版社股份有限公司,2015.

2. 参考书

[1]黄浩. 仓储管理实务[M]. 北京:北京理工大学出版社,2008.

[2]薛威. 仓储作业管理[M]. 北京:高等教育出版社,2012.

[3]李文玲. 仓储与配送管理[M]. 北京:机械工业出版社,2006.

(二)师资条件建议

(1)专任教师:具有高校教师资格证;本科以上文凭;具有一定仓储管理经历或在实训室指导过学生专业实践能力;具有较强的教科研能力。

(2)兼职教师:具有物流企业工作经历;具有中级以上专业技术职务或在职业技能竞赛中获得奖励;具有较强的教学组织能力。

（三）实验实训条件建议（表4）

课程实训项目一览表　　表4

<table>
<tr><td rowspan="3">1. 安全及成本教育</td><td>教学目标：熟悉仓储和仓库的概念，了解仓库的安全知识</td></tr>
<tr><td>难点重点：安全意识</td></tr>
<tr><td>1. 关注安全，关爱生命；
2. 从业人员的安全须知；
3. 几种通用作业的安全要求；
4. 工伤保险</td></tr>
<tr><td rowspan="3">2. 仓储设施设备介绍</td><td>教学目标：了解仓储设备的相关概念和分类，仓储设备的基本性能特点和使用场合</td></tr>
<tr><td>难点重点：掌握各种仓储设备的结构和运用及维护保养</td></tr>
<tr><td>1. 认识各类仓储设备
装卸搬运设备、保管设备、计量设备、养护检验设备、通风、保暖、照明设备、消防安全设备，劳动保护设备
2. 常见仓储设备的基本操作
托盘、货架、叉车、电子标签、成品区、作业区、手持终端、相关软件、分拣设备</td></tr>
<tr><td rowspan="3">3. 沙盘模拟训练</td><td>教学目标：了解物流系统的运作过程</td></tr>
<tr><td>难点重点：配送中心的内部结构和流程</td></tr>
<tr><td>1. 配送中心沙盘
工作顺序，一般表现为：进货、验收、入库、存放、拣取、包装、分类、出货、检查、装货、送货等诸多环节
2. 物流园区沙盘
内容中渗透5种运输工具，物流园区、物流中心、物流企业之间的区别，配送中心的组织结构等</td></tr>
<tr><td rowspan="3">4. 自动化仓储实训</td><td>教学目标：操作全自动货架</td></tr>
<tr><td>难点重点：操作全自动货架过程中出现的问题</td></tr>
<tr><td>1. 几行几列几排分解和训练
2. 每个人操作一次进出库
3. 流程：
①开启仓储软件；
②准备拖箱和塑料小箱组合在一起横放于出入口能被检测到的辊轮输送带上；
③在演示操作中选择货位（几行几列几排）；
④点击出入库即可。
4. 说明：常见的问题
①点击入库后拖箱在辊轮上不动；
②箱子放到货架上机器检测不到；
③不能在已有货物的货位上放置货物</td></tr>
<tr><td>5. 物流设施设备使用实训</td><td>常见物流设施设备的使用，主要是手动搬运叉车的使用，采用绕桩训练，完成后进行测试</td></tr>
<tr><td>作业</td><td>1. 液压搬运车（地牛）使用测试；
2. 叉车操作实训</td></tr>
</table>

（四）教学评价建议

考核方案为过程性考核（考勤＋训练项目考核）50%＋综合项目考核（实务考试）20%＋理论知识考核30%。

1. 过程性考核（50%）

1）平时考勤（20%）（表5）

平时考勤 表5

项　目	评分标准
考勤（10%）	旷课一次扣3分，无故迟到或早退扣1分，直到全部扣完
课堂表现（10%）	1. 上课认真或能主动回答及参与讨论，得2分
	2. 能主动回答或能参与讨论，得1分
	3. 上课不认真且吵闹者，每次扣2分
	4. 上课玩手机、MP3、MP4等电子产品，听音乐等，一律扣2分
	5. 上课睡觉、不听讲，每次扣2分

2）训练项目考核（80%）（表6）

训练项目考核 表6

项目名称	考核点及项目分值	建议考核方式	评价标准			项目成绩比例（%）
			优	良	及格	
1. 物流设施设备	RF手持使用:40 液压搬运车（地牛）使用:30 堆高车使用:30	实操	＞90	≥80，＜90	≥60	30
2. 入库作业	货物验收:10 货物组托:30 液压搬运车（地牛）等设备使用:20 储位管理:20 入库作业实训:20	实操	＞90	≥80，＜90	≥60	30
3. 出库作业	单证处理:20 拣货作业:60 货物打包:20	实操	＞90	≥80，＜90	≥60	40
合计						100

注：以上各项依照上交的作品给分数。若没按照内容要求完成，适当扣分，直到该项扣完为止；若发现抄袭，该项成绩直接扣为零分。

2. 综合实务考核（20%）（表7）

综合实务考核 表7

考核项目名称	考　核　点	建议考核方式	评价标准			项目成绩比例
			优	良	及格	
储配方案优化设计与实施	方案设计:40 方案优化:20 方案实施:40	理论＋实操	＞90	≥80，＜90	≥60	100
合计						100

3. 理论知识考核(30%)

理论知识考核,主要是学期末的期末考试,采用闭卷方式,满分为100分。

(课程标准制订人:万义国)

附件13:《国际货运代理实务》课程标准

一、课程定位(表1)

课程定位表　　表1

课程名称及编号	国际货运代理实务(313028)
开设学期及学时	第4学期(128学时)
课程类型	专业核心学习领域
先导课程	物流信息系统维护与应用、综合运输作业管理、物流专业英语
平行课程	储配方案优化设计与实施
后续课程	物流企业运营管理实务

二、课程性质

本课程是物流管理专业的核心课程,课程教学旨在培养学生具备基本的解决国际货运代理实务问题的方法和能力,充分了解本专业的特点,加强对国际货运代理行业的了解。本课程以操作技能和综合业务能力培养为根本出发点,通过理论知识的讲授、案例导入、项目实训等教学和实践环节,使学生熟练进行订舱、审单、制单、货物装配、报检、报关、结算、提单签单等货代各环节业务操作,通过对货运代理业务流程的熟悉、货运代理单证的填制,培养学生工作岗位能力和可持续发展能力。

课程结束后,要求学生在毕业之前争取通过国家统一考试,获得国际货运代理从业人员岗位证,为毕业后工作于国际货运代理企业的第一线从事报关相关工作打下坚实的基础。国际货运代理从业人员分布岗位如国际货运揽货员、国际货运操作员、国际货运单证员、国际货运客户服务人员,以及国际物流企业、国际速递公司、集装箱租赁公司、码头有限公司的主要岗位,进出口企业的货运、跟单、负责箱管和拖运的人员等。

三、课程设计思路

本课程总体设计思路是以现代物流专业相关工作任务和职业能力分析为依据确定课程目标、设计课程内容。以工作任务为线索,以岗位职业技能构建任务引领型课程。通过本课程设置的项目活动,熟练掌握国际货代的技能技巧,能从事口岸物流基层工作,完成相关岗位的工作任务,达到国家职业资格标准国际货代员、物流师、报关员、报检员、单证员的相关要求。

首先校企合作通过到国际货代企业调研访谈、咨询研讨等方式,根据国际货运代理人标准,具体分析论证国际货运代理的职业岗位,典型工作任务;然后以职业能力为本位,以国际货代工作实践过程为主线,以国际货运代理从业人员资格考证为辅导,系统地开发课程内容、设计项目任务、编写项目教材及实训指导书等。同时,在校内外实训基地开展以学生为主体、融“课程、岗位、证书”为一体的项目教学。最后,实施过程考核与结果考核相结合、校内考核与企业考核相结合、课程考核与职业考证相结合、书面考核与电子化考核相结合的多样化课程评价体系,重点评价学生的岗位职业能力。

四、课程目标

(一)知识目标

(1)了解国际货运代理人的职责范围和服务对象,明确国际货运代理公司内部岗位的职责分工;

(2)了解海运、陆运、空运及多式联运等各种运输方式的基本特点及实务运作;

(3)熟悉海陆空运代理等重要单证的制作要领;

(4)了解国际物流的运作流程及货物的仓储与养护;

(5)熟知世界贸易主要航线、港口所处的位置、转运以及内陆集散地;

(6)了解不同地区的港口习惯和海关程序;

(7)熟悉有关国际货运及货运代理的国际公约、惯例和法律法规;

(8)掌握货物及运输工具报关、报检、报验、保险、运费交付、结算等基本流程及相关单证的缮制方法;

(9)能按货运代理流程,处理揽货、订舱、托运、仓储、包装等货代业务;

(10)能熟练掌握货物监管、监卸、分拨、中转、集装箱拼箱、拆箱等货代服务技能;

(11)熟练掌握国际多式联运、集运等货运组织方式方法;

(12)能熟练掌握货运代理咨询技能及其他国际货运代理业务。

(二)能力目标

(1)对国际货运代理相关知识的系统理解能力和综合运用能力;

(2)国际货运代理各项业务的熟练操作能力,并能实现在国际物流的大背景下灵活掌握综合的国际货运代理业务的能力;

(3)能熟练地掌握和运用专业外语,具有较好的语言表达和沟通能力;

(4)具备自主学习能力、分析问题和解决问题的能力。

(三)素质目标

(1)具有可持续发展的能力;

(2)具有沟通及合作的能力;

(3)具有谦虚、好学的能力,能利用各种信息媒体,获取新知识、新技术的能力;

(4)具有利用英文版软件培养学生的外语应用能力;

(5)注重遵章守纪、积极思考、耐心、细致、勇于实践、竞争意识等职业素质的养成;

(6)具有爱岗敬业的精神、诚实守信的品质、团队协作的意识、吃苦耐劳的作风。

五、课程内容与学习目标

(一)课程内容结构安排

本课程分成国际海运出口货运代理等 5 个学习情境,海运出口货运代理委托等 23 个工作任务,具体见表2。

课程内容结构安排一览表　　表2

序号	学习情境	工作任务	参考学时
1	国际海运出口货运代理	海运出口货运代理委托	2
		订舱	6
		货物装箱与装船	5
		海运运费的计算	4
		出口检验检疫	2
		出口报关	2
		提单的缮制与签发	8
2	国际海运进口货运代理	进口货运代理流程	2
		进口货运代理单证	2
		进口保险索赔	2
3	国际航空出口货运代理	国际航空出口货运代理委托	2
		订舱	4
		货物装运	3
		运费计算	4
		进出口商品报关和报检	2
		货物不正常运输索赔	4
4	国际航空进口货运代理	国际航空进口货运代理流程	4
		进口报关单证	2
		进口货物转关手续	2
5	国际多式联运货运代理	国际多式联运认知	2
		国际公路联运运输实务	3
		国际铁路联运运输实务	2
		国际多式联运业务及程序	3
合计			72

(二)课程内容要求(表3)

课程内容与学习目标一览表　　表3

学习情境1:国际海运出口货运代理	参考学时:29
学习目标: 1. 能独立选择航线,进行订舱业务; 2. 能顺利进行货物交接; 3. 能计算海运运费; 4. 能进行报检报关业务; 5. 能正确填制各种出口货代单证; 6. 能熟练掌握货物监管、监卸、分拨、中转、集装箱拼箱、拆箱等货代服务技能; 7. 具有对国际海上货运代理相关知识的系统理解能力和综合运用能力	

续上表

<table>
<tr><td colspan="2">学习情境 1:国际海运出口货运代理</td><td>参考学时:29</td></tr>
<tr><td colspan="3">学习内容:
1. 了解国际货运代理委托业务;
2. 熟悉全球主要承运商;
3. 熟悉全球主要航线和港口;
4. 掌握班轮船期的内容;
5. 熟悉集装箱的标志和集装箱运输;
6. 能熟悉本企业的服务性质、服务航线、船期、挂靠港口与转运时间等信息;
7. 熟悉海上货运出口代理相关单证的制作要领;
8. 熟悉有关国际货运及货运代理的国际公约、惯例和法律法规;
9. 熟悉班轮货运程序;
10. 熟悉无船承运业务;
11. 掌握集装箱班轮出口货运代理业务;
12. 掌握班轮运费的计算方法;
13. 掌握货物及运输工具报关、报检、报验、保险、运费交付、结算等基本流程及相关单证的缮制方法</td></tr>
<tr><td>教学资源:
1. 讲义、教案、多媒体课件、图片、FLASH 动画等;
2. 实训指导书、任务工单等;
3. 案例、相关法规等</td><td colspan="2">对学生基础要求:
1. 具有一般国际货运代理基础知识;
2. 了解国际货物运输基础知识;
3. 具有一般分析能力</td></tr>
<tr><td colspan="2">学习情境 2:国际海运进口货运代理</td><td>参考学时:6</td></tr>
<tr><td colspan="3">学习目标:
1. 能进行进口报检报关业务;
2. 能正确填制各种进口货代单证;
3. 能熟练掌握货物监管、监卸、分拨、中转、集装箱拼箱、拆箱等货代服务技能;
4. 能在保险事故发生后做好索赔工作</td></tr>
<tr><td colspan="3">学习内容:
1. 掌握国际海运出口货运代理业务流程;
2. 掌握国际海运出口货运代理单证填制方法;
3. 熟悉货物事故不同责任方的责任范畴;
4. 熟悉索赔流程及所需单证</td></tr>
<tr><td>教学资源:
1. 讲义、教案、多媒体课件、图片、FLASH 动画等;
2. 实训指导书、任务工单等;
3. 案例、相关法规等</td><td colspan="2">对学生基础要求:
1. 具有国际货运代理知识;
2. 具有一般分析能力</td></tr>
<tr><td colspan="2">学习情境 3:国际航空出口货运代理</td><td>参考学时:19</td></tr>
<tr><td colspan="3">学习目标:
1. 熟悉一类代理在进出口运输中的角色和作用;
2. 了解二类代理的角色和意义;
3. 理解一级二级航空货运市场及市场价格构成;
4. 掌握查阅行业资料的技能;
5. 掌握联运航班衔接的时差计算;
6. 能熟练判别常用航空业务各种简码内容及意义;
7. 具有处理一般业务纠纷的能力;
8. 掌握不正常运输处理方法和规定;
9. 掌握代理人运输风险防范方法</td></tr>
</table>

续上表

<table>
<tr><td>学习情境3:国际航空出口货运代理</td><td>参考学时:19</td></tr>
<tr><td colspan="2">学习内容:
1.了解国内外航空货运业的产生与发展,行业主要的运输组织的作用;
2.熟练时差换算;
3.熟练掌握航空货运出口代理业务基本流程;
4.熟悉主要的民用航空机型和分类;
5.了解集中托运的意义和集装器的分类和使用;
6.熟练掌握行业手册和价格资料的查阅方法;
7.熟练掌握运价使用规则并能准确使用;
8.理解承运人担任全程运输和代理担任全程运输的区别</td></tr>
<tr><td>教学资源:
1.讲义、教案、多媒体课件、图片、FLASH动画等;
2.实训指导书、任务工单等;
3.案例、相关法规等</td><td>对学生基础要求:
1.具有一般货运代理业务能力;
2.了解航空货运基础知识;
3.具有综合分析能力</td></tr>
<tr><td>学习情境4:国际航空进口货运代理</td><td>参考学时:8</td></tr>
<tr><td colspan="2">学习目标:
1.具有进口报关业务能力;
2.具有填制航空货运代理进口单证的能力;
3.能快速正确地办理进口转关业务</td></tr>
<tr><td colspan="2">学习内容:
1.熟练掌握航空货运进口代理业务基本流程;
2.了解到港进口业务的基本流程和内容;
3.了解国际航空进口报关流程;
4.掌握进口航空货运单证的缮制;
5.掌握进口转关业务流程</td></tr>
<tr><td>教学资源:
1.讲义、教案、多媒体课件、图片、FLASH动画等;
2.实训指导书、任务工单等;
3.案例、相关法规等</td><td>对学生基础要求:
1.具有国际航空货运代理基本知识;
2.具有国际航空出口货运代理业务能力</td></tr>
<tr><td>学习情境5:国际多式联运货运代理</td><td>参考学时:10</td></tr>
<tr><td colspan="2">学习目标:
1.能系统理解国际多式联运相关知识;
2.能综合运用国际多式联运各个相关知识;
3.能熟练操作国际多式联运各项业务;
4.掌握国际多式联运相关单证膳制</td></tr>
<tr><td colspan="2">学习内容:
1.准确掌握国际多式联运业务的经营范围,掌握国际货物多式联运的实务流程;
2.了解国际多式联运经营人的职责范围和服务对象;
3.熟悉国际多式联运经营人内部岗位的职责分工;
4.了解海运、陆运、空运及多式联运等各种运输方式的基本特点及实务运作;
5.熟悉多式联运重要单证的制作要领</td></tr>
</table>

续上表

<table>
<tr><td colspan="2">学习情境5:国际多式联运货运代理</td><td>参考学时:10</td></tr>
<tr><td>教学资源:
1. 讲义、教案、多媒体课件、图片、模型、FLASH 动画等;
2. 实训指导书、任务工单等;
3. 案例、相关法规等</td><td colspan="2">对学生基础要求:
1. 具有国际海运、国际航空运输货运代理能力;
2. 具有国际多式联运基础知识;
3. 具有一般分析能力和综合运用技能</td></tr>
</table>

六、课程实施建议

(一)教材及参考资源建议

1. 教材

闵秀红,闫跃跃. 国际货运代理实务[M]. 北京:人民交通出版社股份有限公司,2015.

2. 参考书

[1]中国国际货代协会. 国际货运代理基础知识[M]. 北京:中国商务出版社,2009.

[2]陈彩凤. 国际货运代理[M]. 北京:北京交通大学出版社,2010.

[3]中国国际货代协会. 国际海上货运代理理论与实务[M]. 北京:中国商务出版社,2009.

[4]陈伟芝. 国际商务单证[M]. 广州:暨南大学出版社,2010.

[5]孙敬宜. 国际货运代理实务[M]. 北京:对外经济贸易大学出版社,2010.

[6]赵铁国. 际贸易实务[M]. 北京:北京交通大学出版社,2009.

3. 课程网站

http://elearn. jxjtxy. com/eol/jpk/course/welcome. jsp? courseId = 1224.

(二)师资条件建议

(1)专任教师:具有高校教师资格证;具有国际货运代理企业相关岗位工作经历;精通国际货运代理相关的基本理论与专业知识;具有较强的教科研能力。

(2)兼职教师:具有5年以上国际货运代理企业相关岗位工作经历,有丰富的实际工作经验;具有较强的教学组织能力。

(三)实验实训条件建议(表4)

课程实训项目一览表 表4

实训室名称	主要设备名称	主要实训项目
国际货运代理业务实训室	1. 世界航运电子地图; 2. 国际货运代理软件; 3. 国际货运单证软件	1. 国际海上货运代理业务; 2. 国际航空货运代理业务; 3. 国际多式联运货运代理业务; 4. 国际货运代理单证缮制

(四)教学方法建议

针对具体的教学内容和教学过程,总体采用项目教学法。在具体教学方法中,运用任务引导法、案例法、小组协作学习法等多种方法组织教学，以学生为中心“做中学、学中做”，让学生人人参与，培养学生团队协作能力和实践动手能力。

（五）教学评价建议

本课程采用多元性的评价，学习态度、课程作业、实践环节等过程考核占课程总成绩的40%，期末考试（可结合职业技能考证）等结果考核占课程总成绩的60%，全面综合评价学生能力。教学考核方法见表5。

课程考核表　表5

<table>
<tr><th colspan="2" rowspan="2">考核项目</th><th rowspan="2">考核方式</th><th colspan="2">比例</th></tr>
<tr><th>分项</th><th>总体</th></tr>
<tr><td rowspan="3">过程考核</td><td>学习态度</td><td>根据课堂教学参与情况、课堂回答问题、出勤情况，由教师综合评定学生的学习态度得分</td><td>30%</td><td rowspan="3">40%</td></tr>
<tr><td>实践环节</td><td>根据学生实践情况，由学生自评、他人评价和教师评价相结合的方式评定成绩</td><td>40%</td></tr>
<tr><td>课程作业</td><td>根据学生完成课后作业、成果报告的情况由教师来评定成绩</td><td>30%</td></tr>
<tr><td colspan="2">结果考核</td><td>由教师评定笔试成绩</td><td>100%</td><td>60%</td></tr>
<tr><td colspan="4">合计</td><td>100%</td></tr>
</table>

（课程标准制订人：闵秀红）

附件14：《物流企业运营管理实务》课程标准

一、课程定位（表1）

课程定位表　表1

课程名称及编号	物流企业运营管理实务（313029）
课设学期及学时	第5学期（112学时）
课程类型	专业核心学习领域
先导课程	物流学、物流信息系统维护与应用、综合运输作业管理、储配方案优化设计与实施、国际货运代理实务
平行课程	物流项目管理、电子商务物流
后续课程	企业顶岗实习

二、课程性质

本课程是物流管理专业的一门专业核心课程，其目标是在具备了物流企业管理基本知识、基本理论和决策方法的基础上，培养学生物流企业运作和管理能力，以及运用国家现行物流标准、法规、行业规则的能力，加强对物流市场开发、物流市场营销、店面网点建立的提高。本专业学生应达到施工员资格证书相关技术考证的基本要求。

三、课程设计思路

总体设计思路是，以物流企业经营管理基本特点及业务管理主要内容为线索，打破以知识传授为主要特征的传统学科课程模式，转变为以职业岗位为中心，胜任相应职业岗位能力为目标，组织课程内容。课程内容突出对学生职业能力的训练，理论知识的选取紧紧围绕工作岗位能力的需要来进行。情境设计以典型的物流企业运营管理主要内容为依据，按业务流程规律、顺序进行分解构建。教学过程中，主要依托校内实训基地，采取理实一体化方式进行教学，先进行校内沙盘仿真模拟方式，分组市场竞争方式进行，然后，安排到校外实训基地进行顶岗实习，综合训练。教学效果评价采取过程评价与结果评价相结合的方式，通过理论与实践相结合，重点评价学生的职业能力。

四、课程目标

（一）知识目标

（1）物流企业管理基本知识；
（2）物流市场营销基本理论知识；
（3）物流投标方案编写基本知识；
（4）物流企业业务管理基本知识；
（5）物流企业财务管理基本知识；
（6）物流企业绩效考核基本知识。

（二）能力目标

（1）物流企业主要业务运作管理基本特点、作业内容的认知和熟悉；
（2）具备物流市场调研分析能力、市场细分能力；
（3）能依据企业特点、基本情况选择目标市场能力；
（4）具有客户开发能力；
（5）具有物流业务投标书的编写能力；
（6）具有物流业务流程重组优化能力；
（7）具有日常业务运作监管能力；
（8）具有物流业务成本核算能力；
（9）根据企业管理情况，具有设计业务绩效考核指标系统的能力；
（10）具有一定的物流企业发展规划能力。

（三）素质目标

（1）培养学生可持续发展的能力；
（2）培养学生具有物流企业综合管理的能力；
（3）培养学生具备中层和业务部门负责人的基本素质；
（4）注重遵章守纪、积极思考、耐心、细致、勇于实践、竞争意识、责任意识等职业素质的养成。

五、课程内容与学习目标

（一）课程内容结构安排

根据教学目标所确定的职业能力、职业素质素养，确定7个学习情境，22个工作任务，作为本课程的教学内容，见表2。

课程内容结构安排一览表　　表2

序号	学习情境	工作任务	参考学时
1	物流企业设立	物流企业设立程序	4
		物流企业组织机构设置	6
		物流企业经营模式设置	4
2	物流市场营销	物流客户开发	6
		物流招投标	8
		物流客户维护	4
3	物流业务运营管理	物流服务业务流程分析	6
		时效管理	6
		安全管理	4
4	物流服务操作标准化	物流客户接待	4
		收货与接货服务	4
		发运服务	4
		送达服务	4
		6S现场管理	6
5	物流营业网点开发与管理	网点选址	6
		网点的设立	4
6	物流企业财务管理	认识物流保险	4
		物流业务成本核算	6
		物流业务收入结算	4
		物流企业税务申报及缴纳	8
7	物流企业管理创新	物流企业绩效考核指标设置	6
		物流企业绩效考核方法设置	4
合计			112

（二）课程内容要求（表3）

课程内容与学习目标一览表　　表3

学习情境1：物流企业设立	参考学时：14
学习目标： 1.能明确物流企业的组织结构； 2.能对物流企业各个工作岗位的职责有所了解； 3.能对物流企业的企业文化进行解读； 4.能明确物流企业经营管理的特点	

续上表

<table>
<tr><td>学习情境1:物流企业设立</td><td>参考学时:14</td></tr>
<tr><td colspan="2">学习内容:
1. 了解物流企业常见的组织结构;
2. 了解物流企业各工作岗位的主要职责;
3. 了解物流企业的企业文化组成;
4. 掌握物流企业经营管理的主要内容;
5. 掌握物流企业经营管理的特点</td></tr>
<tr><td>教学资源:
1. 讲义、教案、多媒体课件、图片、FLASH 动画等;
2. 企业资源:物流企业案例、物流管理技术标准、操作规程、技术手册等</td><td>对学生基础要求:
1. 已经具备物流管理各单项技能;
2. 具有一定的企业管理基本知识</td></tr>
<tr><td>学习情境2:物流市场营销</td><td>参考学时:18</td></tr>
<tr><td colspan="2">学习目标:
1. 掌握物流服务营销基础知识;
2. 能进行客户分类、选择正确方法进行客户开发;
3. 能读懂分析招标文件、会依照招标文件撰写投标书;
4. 能根据客户信息,很好地维护客户</td></tr>
<tr><td colspan="2">学习内容:
1. 了解物流企业客户开发的常用方式;
2. 掌握店面营销服务的流程、内容;
3. 掌握电话营销的特征、流程、内容;
4. 掌握网络营销、上门拜访的流程、内容;
5. 掌握物流客户资料建档、客户异议处理等的方法</td></tr>
<tr><td>教学资源:
1. 讲义、教案、多媒体课件、图片、FLASH 动画等;
2. 企业资源:物流企业案例、物流管理技术标准、操作规程、技术手册等</td><td>对学生基础要求:
1. 已经具备物流管理各单项技能;
2. 具有一定的企业管理基本知识</td></tr>
<tr><td>学习情境3:物流业务运营管理</td><td>参考学时:16</td></tr>
<tr><td colspan="2">学习目标:
1. 能熟悉物流服务业务流程、日常业务;
2. 能利用各种时效标准保证物流服务的时效性,提高客户满意度;
3. 能进行货损管理、破损修复、货差管理等安全管理;
4. 能对各种异常业务情况进行处理;
5. 明确现场监督的意义</td></tr>
<tr><td colspan="2">学习内容:
1. 学习掌握利用 Word 绘制流程图;
2. 掌握各种时效标准;
3. 掌握日常业务处理的方法;
4. 掌握异常业务处理的方法;
5. 分清不安全业务情况,并掌握分类处理不安全业务的方法;
6. 学习现场监督的手段</td></tr>
</table>

续上表

<table>
<tr><td>学习情境3:物流业务运营管理</td><td colspan="2">参考学时:16</td></tr>
<tr><td colspan="2">教学资源:
1. 讲义、教案、多媒体课件、图片、FLASH 动画等;
2. 企业资源:物流企业案例、物流管理技术标准、操作规程、技术手册等</td><td>对学生基础要求:
1. 已经具备物流业务运营管理基本知识;
2. 具有 Word 绘图的基本操作能力;
3. 具有团队合作及临时应变能力</td></tr>
<tr><td>学习情境4:物流服务操作标准化</td><td colspan="2">参考学时:22</td></tr>
<tr><td colspan="3">学习目标:
1. 能按照物流客户接待程序接待客户;
2. 能按收货与接货服务标准进行收货和接货服务;
3. 能按照发运服务标准进行发运服务;
4. 能按照送达服务标准进行送达服务;
5. 能进行 6S 现场管理</td></tr>
<tr><td colspan="3">学习内容:
1. 掌握企业的物流客户接待程序及标准;
2. 掌握收货与接货服务标准;
3. 掌握发运服务标准;
4. 掌握送达服务标准;
5. 掌握 6s 现场管理的要点</td></tr>
<tr><td colspan="2">教学资源:
1. 讲义、教案、多媒体课件、图片、FLASH 动画等;
2. 企业资源:物流企业案例、物流管理技术标准、操作规程、技术手册等</td><td>对学生基础要求:
1. 已经具备物流服务操作标准的基本知识;
2. 熟悉物流服务中各种单证的填写;
3. 具有现场管理的基本常识</td></tr>
<tr><td>学习情境5:物流营业网点开发与管理</td><td colspan="2">参考学时:10</td></tr>
<tr><td colspan="3">学习目标:
1. 能说出并总结物流企业新营业网点选址要求;
2. 能明确设立新网点的资源和程序;
3. 能对新成立的营业网点进行初运作和运营</td></tr>
<tr><td colspan="3">学习内容:
1. 掌握物流企业新营业网点选址的要求;
2. 掌握设立新网点的程序及要求;
3. 掌握新成立的营业网点的试运营注意事项</td></tr>
<tr><td colspan="2">教学资源:
1. 讲义、教案、多媒体课件、图片、FLASH 动画等;
2. 企业资源:物流企业增设营业网点手册、物流管理技术标准、操作规程、技术手册等</td><td>对学生基础要求:
1. 已经具备物流营业网点开发与管理的基本知识;
2. 具有一定的协调能力;
3. 具有物流网址选择的基本知识</td></tr>
<tr><td>学习情境6:物流企业财务管理</td><td colspan="2">参考学时:22</td></tr>
<tr><td colspan="3">学习目标:
1. 掌握物流企业保险的种类及特点,能够按程序做好货损货差理赔工作;
2. 了解物流企业的成本构成、成本核算的方法,并且能够对物流企业成本进行核算;
3. 了解物流企业业务收入核算过程及方法,并且能够对物流企业业务收入进行核算;
4. 掌握物流企业税务种类、税务申报流程,并且能够完成物流企业的税务申报工作</td></tr>
</table>

续上表

<table>
<tr><td colspan="2">学习情境6:物流企业财务管理</td><td>参考学时:22</td></tr>
<tr><td colspan="3">学习内容:
1. 学习物流企业保险的种类及特点;
2. 学习物流企业的成本构成、成本核算的方法;
3. 学习物流企业业务收入核算过程及方法;
4. 学习物流企业税务种类、税务申报流程</td></tr>
<tr><td>教学资源:
1. 讲义、教案、多媒体课件、图片、FLASH 动画等;
2. 企业资源:物流企业各种财务报表、会计账簿,物流管理技术标准、操作规程、技术手册等</td><td colspan="2">对学生基础要求:
1. 已经具备物流企业财务管理的基本知识;
2. 具有一定的成本核算知识;
3. 懂得会计学原理</td></tr>
<tr><td colspan="2">学习情境7:物流企业管理创新</td><td>参考学时:10</td></tr>
<tr><td colspan="3">学习目标:
1. 掌握物流企业绩效考核的指标体系设置及绩效考核方法;
2. 了解绩效考核的概念、特点、意义及与绩效管理的区别;
3. 掌握物流企业如何实施绩效考核及考核过程中存在的问题;
4. 了解绿色物流、供应链管理创新等</td></tr>
<tr><td colspan="3">学习内容:
1. 学习物流企业绩效考核的概念、重要性;
2. 学习物流企业绩效考核指标体系的关键指标及达标要点;
3. 学习物流企业的创新管理方法</td></tr>
<tr><td>教学资源:
1. 讲义、教案、多媒体课件、图片、FLASH 动画等;
2. 企业资源:物流企业指标体系、供应链管理案例,物流管理技术标准、操作规程、技术手册等</td><td colspan="2">对学生基础要求:
具有一定的分类整理的能力</td></tr>
</table>

六、课程实施建议

(一)教材及参考资源建议

1. 教材

孙浩静,杨莉. 物流企业运营管理实务[M]. 北京:人民交通出版社股份有限公司,2015.

2. 参考书

刘丹. 物流企业管理[M]. 北京:科学出版社,2010.

3. 课程网站

http://elearn.jxjtxy.com/eol/jpk/course/index.jsp? courseId = 1222.

(二)师资条件建议

(1)专任教师:具有高校教师资格证;具有物流企业运营管理岗位工作经历;精通物流企业运营管理的基本理论与专业知识;具有较强的教科研能力。

(2)兼职教师:具有5年以上物流企业运营管理及相关岗位工作经历,有丰富的实际工作经验;具有中级以上专业技术职务或在职业技能竞赛中获得奖励;具有较强的教学组织能力。

（三）实验实训条件建议（表4）

课程实训项目一览表　　表4

实训室名称	主要设备名称	主要实训项目
管理系实训中心仓储实训室	1. 物流服务作业相关设备：如条码手持终端； 2. 堆高车、液压搬运车（地牛）等装卸设备； 3. 各种单证	1. 接货、发货作业； 2. 装车作业； 3. 贴标签作业等
快递校内实训基地	运单、包装材料、条码扫描设备等	1. 客户接待； 2. 快递派发等

（四）教学方法建议

针对具体的教学内容和教学过程，总体采用任务驱动教学法。在具体教学方法中，运用讲授法、案例引导法、角色扮演法、小组协作学习法等多种方法组织教学，以学生为中心"做中学、学中做"，让学生人人参与，培养学生团队协作能力和实践动手能力。

（五）教学评价建议

本课程采用过程考核、综合考核等多元性评价，其中过程考核包括学习态度、课程作业等，占课程总成绩的40%；综合考核包括期末考试等，占课程总成绩的60%，全面综合评价学生能力，见表5。

课程考核表　　表5

考核项目		考核方式	比例	
			分项	总体
过程考核	学习态度	根据课堂教学参与情况、课堂回答问题、出勤情况，由教师综合评定学生的学习态度得分	50%	60%
	课程作业	根据学生完成课后作业、任务工单的情况由教师来评定成绩	50%	
综合考核		结合期末考试、实践考核等综合评定成绩	100%	40%
合计				100%

（课程标准制订人：孙浩静）

附件15：《企业经营理财分析》课程标准

一、课程定位（表1）

课程定位表　　表1

课程名称及编号	企业经营理财分析（313024）
课设学期及学时	第4学期（64学时）
课程类型	专业拓展学习领域

续上表

先导课程	统计基础与实务、基础会计、经济法、企业管理基本知识
平行课程	公共关系学
后续课程	物流企业运营管理实务

二、课程性质

企业经营理财分析是一门必修课。企业理财是对企业经营过程中的各项活动进行预测、组织、协调、分析和控制的一种管理活动,其核心是资金运动的管理,即资金的筹集、投放、运用和分配。其任务是通过系统阐述公司理财的基本理论、基本方法和基本技能,帮助学生建立现代理财观念,熟悉公司日常理财活动的基本环节,掌握公司理财的方法和技能,培养学生专业实践能力,为学生今后走向社会,从事公司理财工作打下坚实的基础。

三、课程设计思路

为了培养能胜任一般企业、金融机构从事投融资管理、策划、代理、咨询服务等一线工作需要的德、智、体、美等方面全面发展的高等技术应用型专门人才。在课程设计中,遵循以下设计思想。

(1)教学模块的设计体现系统化的岗位工作要求;

(2)教学项目的设计以岗位典型的工作任务为依据;

(3)教学内容是相应岗位工作应具备的知识内容;

(4)教学过程是指导学生完成工作任务的过程;

(5)专业理论知识体系贯穿于各个模块项目中。

四、课程目标

(一)知识目标

(1)能了解公司理财的内容、理解理财环境和目标对企业理财决策的影响;

(2)能熟悉公司理财所涉及的核心概念和理论;

(3)能理解公司理财的资金时间价值原理、风险衡量原理;

(4)能掌握公司筹资、投资、资金营运和收益分配的决策;

(5)能掌握财务预算、财务控制和报表分析等分析方法。

(二)能力目标

(1)能进行企业的筹资、资本结构优化管理工作;

(2)能进行企业项目投资活动管理工作;

(3)能进行证券投资管理工作;

(4)能胜任企业收益分配管理工作;

(5)能进行企业的经营风险、财务风险控制工作;

(6)能胜任企业的财务分析工作,能对企业的可持续发展提供相应的管理建议;

(7)能根据理财环境的变化,协助企业决策层进行理财决策。

(三)素质目标

(1)具有可持续发展的能力;
(2)具有团队协作能力;
(3)具有收集和处理信息的能力;
(4)具有获取新知识的能力;
(5)具有综合运用所学知识分析和解决问题的能力;
(6)具有良好的职业道德和敬业精神。

五、课程内容与学习目标

(一)课程内容结构安排

本课程分认识公司理财等4个学习情境,共21个工作任务,具体见表2。

课程内容结构安排一览表

表2

序号	学习情境	工作任务	参考学时
1	认识公司理财	公司理财具体含义	2
		公司理财活动的内部环境	2
		公司理财活动的外部环境	2
		公司理财的意义	1
2	树立理财观念	单利、复利含义	2
		现值、终值含义	2
		单利复利终值、复利现值的计算与应用	6
		年金含义及分类	2
		各种年金终值与现值的计算与应用	4
		期间、利率、年金的换算与应用	2
		风险价值的计算与分析	4
3	企业筹资管理	企业筹资方式和企业筹资的基本原则	4
		资金成本计算的通用公式	2
		短期筹资的特点、方式与程序	4
		公司债券发行的基本条件	4
		融资租赁筹资操作	4
		权益资本筹资的具体程序	4
4	项目投资管理	项目投资额的计算	4
		净现金流量的估算方法	4
		各类指标的优缺点	2
		证券投资特点	3
合计			64

（二）课程内容要求（表3）

课程内容与学习目标一览表

表3

<table>
<tr><td>学习情境1：认识公司理财</td><td>参考学时：7</td></tr>
<tr><td colspan="2">学习目标：
1. 能了解影响公司理财活动的内外环境的具体内容、微观环境对理财活动的影响；
2. 能理解相关法规、金融市场、经济环境对于财务主管的重大意义</td></tr>
<tr><td colspan="2">学习内容：
1. 公司理财的主要研究对象；
2. 公司理财目标的选择；
3. 公司理财的环境</td></tr>
<tr><td>教学资源：
1. 讲义、教案、多媒体课件、图片、模型、FLASH 动画等；
2. 实训指导书、任务工单等；
3. 理财案例等</td><td>对学生基础要求：
1. 具有一般理财意识；
2. 了解理财基本概念；
3. 具有一般分析能力</td></tr>
<tr><td>学习情境2：树立理财观念</td><td>参考学时：22</td></tr>
<tr><td colspan="2">学习目标：
1. 能进行资金时间价值的计算；
2. 能用现值和终值观念解决理财决策中的问题；
3. 能进行风险报酬率的计算；
4. 能对某一项投资活动进行风险衡量，并根据风险与收益原理做出决策；
5. 能区分非系统风险（经营风险、财务风险）、系统风险</td></tr>
<tr><td colspan="2">学习内容：
1. 掌握单利复利终值、复利现值的计算与应用；
2. 掌握各种年金终值与现值的计算与应用；
3. 掌握期限、利率、年金等要素各自推算求解；
4. 理解年金时间价值与复利时间价值系数的关系</td></tr>
<tr><td>教学资源：
1. 讲义、教案、多媒体课件、图片、模型、FLASH 动画等；
2. 实训指导书、任务工单等；
3. 理财案例、计算题等</td><td>对学生基础要求：
1. 具有较强的数学计算能力；
2. 熟悉各种概念；
3. 具有逻辑分析能力</td></tr>
<tr><td>学习情境3：企业筹资管理</td><td>参考学时：22</td></tr>
<tr><td colspan="2">学习目标：
1. 能利用销售百分比法预测资金需求；
2. 能综合运用高低点法、回归分析法预测企业资金需求；
3. 能运用通用公式计算资金成本；
4. 能计算融资租赁的租金；
5. 能进行债券发行价格的计算；
6. 能够进行筹资次序的排序，评价各种筹资方式的优缺点</td></tr>
</table>

续上表

<table>
<tr><td>学习情境3:企业筹资管理</td><td>参考学时:22</td></tr>
<tr><td colspan="2">学习内容:
1. 财务预测的基本方法;
2. 企业筹资概述;
3. 短期筹资;
4. 长期负债筹资;
5. 权益资本筹资</td></tr>
<tr><td>教学资源:
1. 讲义、教案、多媒体课件、图片、模型、FLASH 动画等;
2. 实训指导书、任务工单等;
3. 企业筹资方式比较、案例分析题等</td><td>对学生基础要求:
1. 具有较强的数学计算能力;
2. 熟悉各种筹资概念;
3. 具有逻辑分析能力</td></tr>
<tr><td>学习情境4:项目投资管理</td><td>参考学时:13</td></tr>
<tr><td colspan="2">学习目标:
1. 能理解项目投资计算期;
2. 能掌握项目投资决策的程序;
3. 能够分析项目现金流量的构成,准确完成项目现金流量的计算;
4. 能够运用非贴现指标进行项目投资决策</td></tr>
<tr><td colspan="2">学习内容:
1. 项目投资的现金流量分析;
2. 项目投资决策评价指标计算与分析;
3. 项目投资决策评价指标的运用</td></tr>
<tr><td>教学资源:
1. 讲义、教案、多媒体课件、图片、模型、FLASH 动画等;
2. 实训指导书、任务工单等;
3. 项目投资案例等</td><td>对学生基础要求:
1. 熟悉项目投资概念;
2. 掌握数学计算能力;
3. 具有逻辑分析能力</td></tr>
</table>

六、课程实施建议

(一)教材及参考资源建议

1. 教材

刘章胜. 新编公司理财[M]. 大连:大连理工大学出版社,2012.

2. 参考书

刘曼红. 公司理财[M]. 北京:中国人民大学出版社,2011.

(二)师资条件建议

(1)专任教师:具有高校教师资格证;具有企业经营理财分析综合知识能力;精通本学科相关的基本理论与专业知识;具有较强的教科研能力。

(2)兼职教师:具有丰富的实际工作经验;具有中级以上专业技术职务或在职业技能竞

赛中获得奖励;具有较强的教学组织能力。

(三)实验实训条件建议

通过财会实训室开展相关单据、数量计算等相关专业知识训练。

(四)教学方法建议

针对具体的教学内容和教学过程,总体采用讲授教学法、展示教学法。在具体教学方法中,运用任务引导法、示范法、小组协作学习法等多种方法组织教学,以学生为中心"做中学、学中做",让学生人人参与,培养学生团队协作能力和实践动手能力。

(五)教学评价建议

本课程采用多元性的评价,学习态度、课程作业、实践环节等过程考核占课程总成绩的40%,期末考试(可结合职业技能考证)等结果考核占课程总成绩的60%,全面综合评价学生能力,见表4。

过程考核表 表4

考核项目		考核方式	比例	
			分项	总体
过程考核	学习态度	根据课堂教学参与情况、课堂回答问题、出勤情况,由教师综合评定学生的学习态度得分	30%	40%
	实践环节	根据学生实践情况,由学生自评、他人评价和教师评价相结合的方式评定成绩	40%	
	课程作业	根据学生完成课后作业、成果报告的情况由教师来评定成绩	30%	
结果考核		由教师评定笔试成绩	100%	60%
合计				100%

(课程标准制订人:汪武芽)

附件16:《公共关系学》课程标准

一、课程定位(表1)

课程定位表 表1

课程名称及编号	公共关系学(313031)
课设学期及学时	第4学期(32学时)
课程类型	专业拓展学习领域
先导课程	企业管理基本知识、管理基础能力训练
平行课程	企业经营理财分析、储配方案优化设计与实施
后续课程	物流项目管理、物流企业运营管理实务、电子商务物流

二、课程性质

本课程是高等职业技术学院物流管理专业开设的一门专业拓展课。公共关系学既是一门独立性的学科又是一门边缘性的学科，因此其既有自己独立的理论体系又需要运用经济学、管理学、社会学、统计学、心理学、营销学、美学、语言学等多种学科知识。公共关系学也是一门实践性极强的课程，需要在教授时充分发挥学生的学习积极性，进行创造性地学习，树立公共关系意识，培养和掌握公共关系原理和技能。

本课程因其内容的综合性、课程学习的实践性要求，将引导学习者不仅能够适应物流工作的基础性要求，同时，也对其他同属管理学科的学生的职业素质培养具有触类旁通的作用。因此可以广泛应用于企业管理、行政管理、经济管理、媒体管理、营销管理等诸多学科的课程配置之中，可以称之为通识课程，对学生的综合素质水平提高具有积极的引导作用。

三、课程设计思路

以就业为导向，以任务为驱动，彻底打破原有课程的理论教学体系，突出课程的应用性和操作性。以项目（产品）公共关系实务的工作任务和职业能力分析为依据，按照公共关系部门的岗位工作内容和流程为顺序把课程内容整合成公共关系部机构设置、公众分析、公共关系调查、公共关系策划、公关危机处理与策略、CIS 策划导入、企业文化整理、公共关系专题活动实施等相互关联的工作项目，每个工作项目下又根据实际工作需要划分为若干工作任务，工作任务下又设计了具体的操作步骤或程序，并可参考相关案例，从而使学生在学习本门课程时能够得到方法与操作流程的指导。最后一个项目作为综合项目，对整体项目进行回顾与思考。

四、课程目标

（一）知识目标

（1）正确认知课程性质、任务及研究对象，全面了解公共关系课程体系、结构，整体认知公共关系；

（2）能够理解、辨析公关中的一些易混淆的概念，培养基本公关素质；

（3）掌握基本的礼仪规范和程序，能够在言行中注重礼仪规范的训练与养成；

（4）提高公关文书写作、演讲、谈判、策划、危机管理、CI 战略和社会交际等能力；

（5）熟悉影响公共关系方案选择的各种因素；

（6）熟悉处理公共关系的各种手段；

（7）熟悉客户沟通、服务和关系管理方面的知识；

（8）公共关系各种方案策划及组织实施；

（9）管理与控制，对公关工作进行评价；

（10）制订年度公关计划。

（二）能力目标

（1）能运用合理的公关理念和方法；

(2)能利用公关基本原理解决问题;
(3)能利用分析、综合、全局、系统、创新思维分析和解决公共关系问题;
(4)能用文字完成公共关系相关文案写作。

(三)素质目标

(1)具备可持续发展的学习与适应能力;
(2)具备良好的职业素养(职业道德、职业习惯、职业素质);
(3)具备强烈的诚信观念;
(4)注重遵章守纪、积极思考、耐心、细致、勇于实践、竞争意识等职业素质的养成;
(5)具备良好的沟通、协调和运作公关活动能力。

五、课程内容与学习目标

(一)课程内容结构安排

本课程分了解公共关系等6个学习情境,了解公共关系含义、要素及分支概念等20个工作任务,具体见表2。

课程内容结构安排一览表　　表2

序号	学习情境	工作任务	参考学时
1	了解公共关系	了解公共关系的含义、要素及分支概念	1
		了解公共关系的原则、功能及特征	1
		了解公共关系的产生与发展	1
2	认识公共关系要素	公共关系主体——社会组织及其形象分析	1
		公共关系客体——公众及公众心理分析	2
		公共关系中介——传播与沟通	1
3	了解公共关系四大工作模块	公共关系调查	1
		公共关系策划	1
		公共关系实施	2
		公共关系评估	2
4	管理公关危机	认识公关危机	1
		了解公关危机的特点、成因、意义、原则及处理	2
		制订危机管理计划	2
5	策划公共关系专题活动	策划赞助活动	2
		策划庆典活动	2
		策划新闻发布会	2
		策划展览会	2
		策划公关联谊活动	2
6	运用CIS战略进行现代企业组织形象设计	了解CIS战略起源、发展与基本内涵	2
		认识CIS实施及误区	2
合计			32

(二)课程内容要求(表3)

课程内容及学习目标一览表 表3

<table>
<tr><td colspan="2">学习情境1:了解公共关系</td><td>参考学时:3</td></tr>
<tr><td colspan="3">学习目标:
1.能理解什么是公共关系;
2.能认识公共关系在社会实践中的作用及意义</td></tr>
<tr><td colspan="3">学习内容:
1.掌握公共关系的含义、要素及分支;
2.了解公共关系的原则、功能及特征;
3.了解公共关系的产生与发展</td></tr>
<tr><td>教学资源:
1.讲义、教案、多媒体课件、实训指导书、任务工单、系统仿真软件、图片、模型、FLASH动画、规程等;
2.企业资源:各种实践案例</td><td colspan="2">对学生基础要求:
1.正确理解和把握公共关系的含义及构成要素;
2.辨析公共关系的分支概念;
3.熟悉公众的分类方法</td></tr>
<tr><td colspan="2">学习情境2:认识公共关系要素</td><td>参考学时:4</td></tr>
<tr><td colspan="3">学习目标:
1.能够对社会组织及其形象进行分析;
2.能够对社会公众的心理进行分析;
3.能够以传播与沟通为媒介处理公共关系</td></tr>
<tr><td colspan="3">学习内容:
1.掌握公共关系研究内容的主体;
2.了解公共关系研究内容的客体;
3.认识公共关系研究内容的媒介</td></tr>
<tr><td>教学资源:
1.讲义、教案、多媒体课件、实训指导书、任务工单、系统仿真软件、图片、模型、FLASH动画、规程等;
2.企业资源:各种实践案例</td><td colspan="2">对学生基础要求:
1.了解公共关系组织机构的基本概念,公关关系部、公关公司的基本职能;
2.熟悉公共关系从业人员必备的基本素质和能力要求</td></tr>
<tr><td colspan="2">学习情境3:了解公共关系四大工作模块</td><td>参考学时:6</td></tr>
<tr><td colspan="3">学习目标:
1.能够独立完成公共关系调查;
2.能够策划公共关系活动;
3.能够配合团体完整地实施一项公共关系活动</td></tr>
<tr><td colspan="3">学习内容:
1.掌握如何进行公共关系调查;
2.掌握如何进行公共关系策划;
3.掌握如何实施公共关系活动;
4.理解如何对公共关系进行评估</td></tr>
</table>

续上表

<table>
<tr><td>学习情境3:了解公共关系四大工作模块</td><td>参考学时:6</td></tr>
<tr><td>教学资源:
1. 讲义、教案、多媒体课件、实训指导书、任务工单、系统仿真软件、图片、模型、FLASH 动画、规程等;
2. 企业资源:各种实践案例</td><td>对学生基础要求:
1. 掌握公共关系策划的方法和技巧;
2. 掌握公共关系工作的"四步法"</td></tr>
<tr><td>学习情境4:管理公关危机</td><td>参考学时:5</td></tr>
<tr><td colspan="2">学习目标:
1. 能理解什么是公关危机;
2. 能够处理公关危机;
3. 能够制订危机管理计划</td></tr>
<tr><td colspan="2">学习内容:
1. 了解什么是公关危机,能够找出现实案例;
2. 了解公关危机的特点、形成原因、原则以及处理方式;
3. 掌握如何制订危机管理计划</td></tr>
<tr><td>教学资源:
1. 讲义、教案、多媒体课件、实训指导书、任务工单、系统仿真软件、图片、模型、FLASH 动画、规程等;
2. 企业资源:XX 医院医患纠纷案例</td><td>对学生基础要求:
1. 掌握公关危机产生的原因;
2. 了解处理公关危机的一般步骤;
3. 认识正确处理公关危机的重要意义;
4. 掌握正确处理公关危机的基本要求</td></tr>
<tr><td>学习情境5:策划公共关系专题活动</td><td>参考学时:10</td></tr>
<tr><td colspan="2">学习目标:
1. 能够独立完成一项公共关系专题活动的策划;
2. 能够对公共关系专题活动的可行性进行分析;
3. 能够对公共关系专题活动进行成本、风险、赢利方面的分析</td></tr>
<tr><td colspan="2">学习内容:
1. 掌握如何策划赞助活动以及策划重点;
2. 掌握如何策划庆典活动以及策划重点;
3. 掌握如何策划新闻发布会以及策划重点;
4. 掌握如何策划展览会以及策划重点;
5. 掌握如何策划公关联谊活动以及策划重点</td></tr>
<tr><td>教学资源:
1. 讲义、教案、多媒体课件、实训指导书、任务工单、系统仿真软件、图片、模型、FLASH 动画、规程等;
2. 企业资源:各种实践案例</td><td>对学生基础要求:
1. 了解公关赞助活动的概念、作用、分类;
2. 理解公关赞助活动的原则;
3. 掌握公关赞助活动策划的基本程序</td></tr>
<tr><td>学习情境6:运用 CIS 战略进行现代企业组织形象设计</td><td>参考学时:4</td></tr>
<tr><td colspan="2">学习目标:
1. 能够掌握 CIS 在现代企业设计中的作用和意义;
2. 能够运用 CIS 对现代企业组织形象进行设计</td></tr>
</table>

续上表

学习情境 6:运用 CIS 战略进行现代企业组织形象设计	参考学时:4
学习内容: 1. 了解什么是 CIS 战略及其发展; 2. 了解 CIS 的基本内涵; 3. 认识 CIS 的实施以及误区	
教学资源: 1. 讲义、教案、多媒体课件、实训指导书、任务工单、系统仿真软件、图片、模型、FLASH 动画、规程等; 2. 企业资源:各种实践案例	对学生基础要求: 1. 认识 CI 与 CIS 的概念及主要观念; 2. 明确企业形象策划兴起的社会背景,东西方型企业形象的内涵

六、课程实施建议

(一)教材及参考资源建议

1. 教材

严成根. 公共关系学[M]. 2 版. 北京:清华大学出版社,北京交通大学出版社,2006.

2. 参考书

[1]胡秀华. 公共关系理论与实务[M]. 西南财经大学出版社.

[2]黄曼青. 公共关系学[M]. 暨南大学出版社,2011.

[3]窦红平. 公共关系实用教程[M]. 北京:北京邮电大学出版社,2012.

[4]杨俊. 新型实用公共关系教程[M]. 北京:高等教育出版社,2008.

[5]朱同娴. 公共关系原理与实务[M]. 北京:高等教育出版社,2008.

3. 课程网站

http://elearn.jxjtxy.com/eol/homepage/course/course_index.jsp? courseId=10670.

(二)师资条件建议

(1)专任教师:具有高校教师资格证;具有公共关系管理岗位工作经历;精通公共关系相关的基本理论与专业知识;具有较强的教科研能力。

(2)兼职教师:具有 5 年以上公关管理及相关岗位工作经历,有丰富的实际工作经验;具有中级以上专业技术职务或在职业技能竞赛中获得奖励;具有较强的教学组织能力。

(三)实验实训条件建议(表 4)

课程实训项目一览表 表 4

实训室名称	主要设备名称	主要实训项目
ERP 沙盘模拟实验室	1. 电脑; 2. 多媒体; 3. ERP 沙盘	1. 策划公共专题活动; 2. 完成策划方案

(四)教学方法建议

针对具体的教学内容和教学过程,总体采用项目教学法。在具体教学方法中,运用任务引导法、案例法、小组协作学习法等多种方法组织教学,以学生为中心“做中学、学中做”,让学生人人参与,培养学生团队协作能力和实践动手能力。

(五)教学评价建议

本课程采用过程考核、综合考核等多元性评价,其中过程考核包括学习态度、课程作业等,占课程总成绩的40%;综合考核包括期末考试等,占课程总成绩的60%,全面综合评价学生能力,见表5。

课程考核表 表5

<table>
<tr><th colspan="2" rowspan="2">考核项目</th><th rowspan="2">考核方式</th><th colspan="2">比例</th></tr>
<tr><th>分项</th><th>总体</th></tr>
<tr><td rowspan="2">过程考核</td><td>学习态度</td><td>根据课堂教学参与情况、课堂回答问题、出勤情况,由教师综合评定学生的学习态度得分</td><td>50%</td><td rowspan="2">40%</td></tr>
<tr><td>课程作业</td><td>根据学生完成课后作业、任务工单的情况由教师来评定成绩</td><td>50%</td></tr>
<tr><td colspan="2">综合考核</td><td>结合期末考试、实践考核等综合评定成绩</td><td>100%</td><td>60%</td></tr>
<tr><td colspan="4">合计</td><td>100%</td></tr>
</table>

(课程标准制订人:杨莉)

附件17:《物流项目管理》课程标准

一、课程定位(表1)

课程定位表 表1

课程名称及编号	物流项目管理(313032)
课设学期及学时	第5学期(56学时)
课程类型	专业拓展学习领域
先导课程	综合运输作业管理、储配方案优化设计与实施、物流企业运营管理实务
平行课程	公共关系学、管理基础能力训练、办公软件
后续课程	物流企业岗位轮训实习、毕业定岗实习

二、课程性质

物流项目管理是物流管理专业拓展课程,也是一门必修课程。本课程立足于物流管理,强调学生对物流项目管理的全局性认识,锻炼学生的思维能力以及运用知识解决实际问题的能力。本课程共分五个部分,分别为项目管理的基本知识、农副产品物流项目管理、物流配送中心项目管理、危险货物物流项目管理、汽车零配件物流项目管理等内容。通过本课程学习,使学生掌握物流项目管理的基本理论与方法,提高学生运用项目管理的知识,分析、解决实际物流项目问题的能力。

三、课程设计思路

课程目标:通过本课程的学习,让学生熟悉物流项目的含义,掌握物流项目管理的基本原理和方法；掌握农副产品物流的特点以及运输要求，特别是冷链运输过程中的注意事项；掌握配送中心物流项目的运作原理及要求；掌握危险货物物流运输的特点及运输要求，合理组织运输方式；掌握汽车零部件物流项目特征，合理组织和优化汽车零部件运输及配送项目。

课程总体设计思路是，打破以知识传授为主要特征的传统学科课程模式，转变为以工作任务为中心组织课程内容，并让学生在完成具体任务的过程中学会完成相应工作任务。课程内容突出对学生职业能力的训练，理论知识的选取紧紧围绕工作任务完成的需要来进行，同时又充分考虑高等职业教育对理论知识学习的需要。情境设计以典型的实际物流项目案例来进行。教学过程中，要通过校企合作、校内实训基地建设等多种途径，采取工学结合等形式，充分开发学习资源，给学生提供丰富的实践机会。

四、课程目标

（一）知识目标

（1）学生应该通过本课程的学习与训练活动，掌握物流项目管理的理论与方法，能运用项目管理的知识，分析、解决实际物流项目问题；

（2）掌握农副产品物流项目管理的运作流程；

（3）掌握物流配送中心物流项目管理的运作流程；

（4）掌握危险货物物流项目管理的运作流程；

（5）掌握汽车零部件物流项目管理的运作流程。

（二）能力目标

（1）具备一定的撰写调研报告的能力；

（2）能根据农副产品物流的特点，针对不同货物的特性，设计物流运输中的相关方案；

（3）具备配送中心内部规划和作业项目管理的能力；

（4）能根据危险货物的特性，合理组织运输；

（5）有较强的语言与文字表达、合作协调和应急能力；

（6）具备自主学习、分析问题和解决问题的综合能力。

（三）素质目标

（1）培养学生继续学习、可持续发展的能力；

（2）培养学生的团队协作能力；

（3）具有收集和处理信息资源的能力；

（4）具有综合运用所学知识分析和解决问题的能力；

（5）注重培养积极思考、耐心、细致、勇于实践，并具有良好的职业道德和敬业精神。

五、课程内容与学习目标

（一）课程内容结构安排

由教学目标所确定的职业能力、职业素质素养，确定5个学习模块，20个工作任务，作为本课程的教学内容,见表2。

课程内容结构安排一览表 表2

序号	学习情境	工作任务	参考学时
1	项目管理基本知识	项目概述	2
		项目管理概述	2
		物流项目管理概述	2
2	农副产品物流项目管理	农副产品物流的特点	2
		农副产品物流项目建设可研报告的撰写	2
		农产品物流项目运作管理	4
		冷链物流项目运作管理	4
3	配送中心物流项目管理	配送中心物流项目可研报告的撰写	2
		配送中心选址	2
		配送中心场地设置	2
		配送中心内部管理	2
		配送中心物流项目运作流程管理	4
4	危险货物物流项目管理	危险货物物流的特点	2
		危险货物物流项目可研报告撰写	2
		危险货物运输车辆人员和车辆管理	4
		危险货物物流的监控管理	4
		危险货物物流项目运作流程管理	4
5	汽车零部件物流项目管理	汽车零部件物流概述	2
		汽车零部件物流优化管理	4
		汽车零部件物流项目运作流程管理	4
合计			56

(二)课程内容要求(表3)

课程内容及学习目标一览表 表3

学习情境1:项目管理基本知识	参考学时:6
学习目标: 1. 了解项目的定义; 2. 掌握项目管理的特点及作用; 3. 熟悉物流项目管理的方式	
学习内容: 1. 项目概述; 2. 项目管理概述; 3. 物流项目管理概述	
教学资源: 1. 讲义、教案、多媒体课件、图片; 2. 实训指导书、任务工单等; 3. 企业典型案例等	对学生基础要求: 1. 了解物流基本知识; 2. 掌握一般的项目知识

续上表

<table>
<tr><td colspan="2">学习情境 2:农副产品物流项目管理</td><td>参考学时:12</td></tr>
<tr><td colspan="3">学习目标:
1. 熟悉农副产品物流的特点;
2. 掌握物流项目建设可研报告的格式要求;
3. 能正确撰写农副产品物流项目可研报告;
4. 掌握农副产品物流项目运输过程的注意情况;
5. 熟悉冷链物流的特点;
6. 掌握冷链物流项目运作流程的要求</td></tr>
<tr><td colspan="3">学习内容:
1. 农副产品物流的特点;
2. 农副产品物流项目建设可研报告的撰写;
3. 农产品物流项目运作管理;
4. 冷链物流项目运作管理</td></tr>
<tr><td>教学资源:
1. 讲义、教案、多媒体课件、图片;
2. 实训指导书、任务工单等;
3. 企业典型案例等</td><td colspan="2">对学生基础要求:
1. 掌握物流相关知识;
2. 掌握常见农产品的运输要求</td></tr>
<tr><td colspan="2">学习情境 3:配送中心物流项目管理</td><td>参考学时:12</td></tr>
<tr><td colspan="3">学习目标:
1. 了解物流配送中心的含义;
2. 能正确撰写配送中心物流项目可研报告;
3. 熟悉配送中心内部运作流程管理;
4. 具备一定的配送中心物流项目运作流程管理的能力</td></tr>
<tr><td colspan="3">学习内容:
1. 配送中心物流项目可研报告的撰写;
2. 配送中心选址;
3. 配送中心场地设置;
4. 配送中心内部管理;
5. 配送中心物流项目运作流程的管理</td></tr>
<tr><td>教学资源:
1. 讲义、教案、多媒体课件、图片;
2. 实训指导书、任务工单等;
3. 企业典型案例等</td><td colspan="2">对学生基础要求:
1. 掌握基本的物流知识;
2. 具备基本的规划知识</td></tr>
<tr><td colspan="2">学习情境 4:危险货物物流项目管理</td><td>参考学时:16</td></tr>
<tr><td colspan="3">学习目标:
1. 掌握危险货物的特点;
2. 熟悉危险货物运输的相关要求;
3. 能正确处理危险货物运输过程中出现的相关情况;
4. 掌握危险货物物流运输的监管方式;
5. 掌握危险货物运输项目的日常管理</td></tr>
</table>

续上表

<table>
<tr><td colspan="2">学习情境 4:危险货物物流项目管理</td><td>参考学时:16</td></tr>
<tr><td colspan="3">学习内容:
1. 危险货物物流的特点;
2. 危险货物物流项目可研报告撰写;
3. 危险货物运输车辆人员和车辆管理;
4. 危险货物物流的监控管理;
5. 危险货物物流项目运作流程管理</td></tr>
<tr><td>教学资源:
1. 讲义、教案、多媒体课件、图片;
2. 实训指导书、任务工单等;
3. 企业典型案例等</td><td colspan="2">对学生基础要求:
1. 掌握基本的物流知识;
2. 具备认识常见危险货物特性的能力</td></tr>
<tr><td colspan="2">学习情境 5:汽车零部件物流项目管理</td><td>参考学时:10</td></tr>
<tr><td colspan="3">学习目标:
1. 掌握汽车零部件物流的特点;
2. 能正确优化车间零部件配送流程;
3. 具有一定的汽车零部件物流项目运作能力</td></tr>
<tr><td colspan="3">学习内容:
1. 汽车零部件物流概述;
2. 汽车零部件物流优化管理;
3. 汽车零部件物流项目运作流程管理</td></tr>
<tr><td>教学资源:
1. 讲义、教案、多媒体课件、图片;
2. 实训指导书、任务工单等;
3. 企业典型案例等</td><td colspan="2">对学生基础要求:
1. 掌握基本的物流知识;
2. 具备一定的规划设计能力</td></tr>
</table>

六、课程实施建议

(一)教材及参考资源建议

1. 教材

根据骨干专业建设要求,自编教材《物流项目管理》。

2. 参考书

[1]周立新. 物流项目管理[M]. 同济大学出版社,2004.

[2]张敏. 农产品物流与运营实务[M]. 中国物资出版社,2009.

[3]王学锋,刘盈,刘颖. 国际物流项目管理[M]. 同济大学出版社,2006.

[4]白世贞,曲志华. 冷链物流[M]. 中国财富出版社,2012.

[5]沈文天. 配送作业管理[M]. 高等教育出版社,2012.

[6]刘敏文. 危险货物运输管理教程[M]. 人民交通出版社,2008.

[7]郑颖杰. 汽车配件与物流[M]. 机械工业出版社,2014.

(二)师资条件建议

(1)专任教师:具有高校教师资格证;具有物流管理岗位工作经历;精通物流项目相关的

基本理论与专业知识；具有较强的教科研能力。

(2)兼职教师：具有5年以上物流管理及相关岗位工作经历，有丰富的实际工作经验；具有中级以上专业技术职务或在职业技能竞赛中获得奖励；具有较强的教学组织能力。

(三)实验实训条件建议

组织学生到危险品、农副产品、汽车零部件等专项物流服务企业进行参观实践。

(四)教学方法建议

针对具体的教学内容和教学过程，总体采用项目教学法。在具体教学方法中，运用任务引导法、案例法、小组协作学习法等多种方法组织教学，以学生为中心"做中学、学中做"，让学生人人参与，培养学生团队协作能力和实践动手能力。

(五)教学评价建议

本课程采用过程考核、综合考核等多元性评价，其中过程考核包括学习态度、课程作业等，占课程总成绩的60%；综合考核包括期末考试等，占课程总成绩的40%，全面综合评价学生的基本能力，见表4。

课程考核表 表4

考核项目		考核方式	比例	
			分项	总体
过程考核	学习态度	根据课堂教学参与情况、课堂回答问题、出勤情况，由教师综合评定学生的学习态度得分	50%	60%
	课程作业	根据学生完成课后作业、任务工单的情况由教师评定成绩	25%	
	课后实训	根据学生完成课后实训任务，由实验员、教师评定成绩	25%	
综合考核		结合期末考试、实践考核等综合评定成绩	100%	40%
合计				100%

(课程标准制订人：安礼奎)

附件:18:《办公软件应用实务》课程标准

一、课程定位(表1)

课程定位表 表1

课程名称及编号	办公软件应用实务(320011)
课设学期及学时	第5学期(56学时)
课程类型	专业拓展学习领域
先导课程	计算机应用基础
平行课程	电子商务物流
后续课程	毕业顶岗实习

二、课程性质

本课程是引导学生了解和掌握计算机在办公自动化领域中应用的最新知识，为学生熟练使用计算机和进一步学习计算机有关知识打下基础的专业选修课程。

三、课程设计思路

学生能使用电子计算机从事文字、图形、图像等信息处理工作及计算机系统维护与管理，有熟练的计算机操作能力、信息收集、选择和处理能力。本课程主要适应计算机操作员、各种行业的文职岗位。

课程设计的指导思想是：理论联系实际，教会学生在充分理解办公自动化的定义、办公自动化系统的功能和模型等概念的基础上，掌握现代办公设备的使用和利用计算机进行文字处理和数据信息处理的方法。

四、课程目标

（一）知识目标

（1）主要是认识学习的目的、实际应用的领域，掌握对菜单栏和工具栏里的内容的认识和应用操作；

（2）重点是对 Word、Excel、PPT 的掌握和了解。

（二）能力目标

（1）对计算机的基础、互联网 Internet、计算机病毒、操作系统等内容只要进行了解和简单的应用；

（2）对于打字、Word、Excel、PPT 不仅要掌握还要熟练地操作应用；

（3）可以独立完成相关的工作内容。

（三）素质目标

（1）培养学生可持续发展的能力；

（2）培养学生合作的能力；

（3）注重遵章守纪、积极思考、耐心、细致、勇于实践、竞争意识等职业素质的养成。

五、课程内容与学习目标

（一）课程内容结构安排

由教学目标所确定的职业能力、职业素质素养，确定课程教学内容（非情境化的教学内容，单个技能点或知识点），可分解为基础教学内容、拓展教学内容和职业素质素养三方面。具体结构安排见表 2。

课程内容结构安排一览表　　表2

序号	学习情境	工作任务	参考学时
1	Word 在企业管理中的应用	常见应用文件的编排(小文件)	4
		论文、书稿、方案制作编排(大文件)	8
		宣传海报制作	8
2	Excel 在企业管理中的应用	Excel 在企业经营管理日常报表中的应用	6
		Excel 在企业经营决策分析中的应用	6
		Excel 在企业财务管理中的应用	8
3	PPT 在企业管理中的应用	汇报类 PPT 制作	8
		企业宣传类 PPT 制作	8
合计			56

(二)课程内容要求(表3)

课程内容及学习目标一览表　　表3

<table>
<tr><td colspan="2">学习情境1:Word 在企业管理中的应用</td><td>学时:20</td></tr>
<tr><td colspan="3">学习目标:
1. 掌握 Word 2003/2007/2010 的主要功能、窗口组成;
2. 能进行文档编辑与基本排版;
3. 能进行表格处理、各类图示处理;
4. 能进行图文混排与高级操作等综合运用</td></tr>
<tr><td colspan="3">学习内容:
1. 常见应用文件的编排(小文件);
2. 论文、书稿、方案制作编排(大文件);
3. 宣传海报的制作</td></tr>
<tr><td>教学资源:
讲义、教案、多媒体课件、实训指导书、任务工单</td><td colspan="2">对学生基础要求:
1. 计算机基本认知和操作;
2. 掌握 Excel 的基础知识;
3. 掌握 Word 2003/2007/2010 的文本基本编辑与排版、表格制作、图示处理及综合操作</td></tr>
<tr><td colspan="2">学习情境2:Excel 在企业管理中的应用</td><td>学时:20</td></tr>
<tr><td colspan="3">学习目标:
1. 掌握 Excel2003 的主要功能及窗口组成;
2. 熟练掌握工作簿、工作表、单元格的基本操作;
3. 能进行准确快速的数据录入及格式处理;
4. 能进行数据的计算、排序、筛选、汇总及数据透视表等高级操作</td></tr>
<tr><td colspan="3">学习内容:
1. Excel 在企业经营管理日常报表中的应用;
2. Excel 在企业经营决策分析中的应用;
3. Excel 在企业财务管理中的应用</td></tr>
</table>

续上表

<table>
<tr><td>学习情境2:Excel在企业管理中的应用</td><td>学时:20</td></tr>
<tr><td>教学资源:
讲义、教案、多媒体课件、实训指导书、任务工单</td><td>对学生基础要求:
1. 掌握Excel的基础知识;
2. 了解数据收集、统计、分析等的基础知识;
3. 了解公式、常用函数作用及排序、筛选、记录单、分类汇总、数据图表等对数据的管理功能</td></tr>
<tr><td>学习情境3:PPT在企业管理中的应用</td><td>学时:16</td></tr>
<tr><td colspan="2">学习目标
1. 掌握PowerPoint的基本功能及窗口组成;
2. 能进行演示文稿的设计与动画效果、设计模板、动作设置等设计;
3. 会在演示文稿中插入Excel工作表、Excel图表;
4. 能按照演示文稿的使用途经设计制作相应的PPT</td></tr>
<tr><td colspan="2">学习内容:
1. 设计制作汇报类PPT;
2. 设计制作企业宣传类PPT</td></tr>
<tr><td>教学资源:
讲义、教案、多媒体课件、实训指导书、任务工单</td><td>对学生基础要求:
1. 掌握PowerPoint的基础知识;
2. 掌握常用元素、动画、幻灯片切换以及母版的作用</td></tr>
</table>

六、课程实施建议

(一)教材及参考资源建议

1. 教材

教材的选用可以为教学提供参考,本课程应致力编写适合项目驱动的特色教材。目前本课程的文字教材为《办公自动化》。

2. 参考书

冷超群.办公自动化[M].北京:北京理工大学出版社,2010.

(二)师资条件建议

专任教师:具有高校教师资格证;精通企业管理相关的基本理论与专业知识;具有较强的教科研能力。

(三)实验实训条件建议(表4)

课程实训项目一览表 表4

<table>
<tr><th>实训室名称</th><th>主要设备名称</th><th>主要实训项目</th></tr>
<tr><td>计算机机房</td><td>1. 电脑;
2. 多媒体</td><td>上机操作</td></tr>
</table>

（四）教学方法建议

针对具体的教学内容和教学过程，总体采用项目教学法。在具体教学方法中，运用任务引导法、案例法、小组协作学习法等多种方法组织教学，以学生为中心"做中学、学中做"，让学生人人参与，培养学生团队协作能力和实践动手能力。

（五）教学评价建议

本课程采用过程考核、综合考核等多元性评价，其中过程考核包括学习态度、课程作业等，占课程总成绩的40%；综合考核包括期末考试等，占课程总成绩的60%，全面综合评价学生能力，见表5。

课程考核表　　表5

考核项目		考核方式	比例	
			分项	总体
过程考核	学习态度	根据课堂教学参与情况、课堂回答问题、出勤情况，由教师综合评定学生的学习态度得分	50%	40%
	课程作业	根据学生完成课后作业、任务工单的情况由教师来评定成绩	50%	
综合考核		结合期末考试、实践考核等综合评定成绩	100%	60%
合计				100%

（课程标准制订人：孙浩静）

附件：19：《电子商务物流》课程标准

一、课程定位（表1）

课程定位表　　表1

课程名称及编号	电子商务物流（312025）
课设学期及学时	第5学期（56学时）
课程类型	专业拓展学习领域
先导课程	物流信息系统维护与应用
平行课程	物流项目管理、物流企业运营管理实务
后续课程	毕业顶岗实习、物流企业岗位轮训实习

二、课程性质

本课程是物流管理专业的专业拓展课程，以物流和电子商务的相关概念了解物流和电子商务发展的过程、物流和电子商务之间的关系。通过本课程的教学，要求学生熟练地、系统地掌握电子商务物流管理基础知识、基本理论，掌握电子商务物流管理相关方法和技能，并能理论联系实际，培养学生分析问题、判断问题和解决问题的能力，为以后从事电子商务物流工作打好基础。

本课程的学习情境是依据工作过程为导向,以典型工作任务为基点,综合理论知识、操作技能和职业素养为一体的思路设计。通过完成学习情境的学习,学生不但能够掌握数据结构的基本理论知识和相关实践应用,还能够全面培养其团队协作、沟通表达、工作责任心、职业规范和职业道德等综合素质,使学生通过学习掌握工作岗位所需的各项技能和相关专业知识。

三、课程设计思路

本课程以电子商务企业的物流管理相关工作岗位的任职要求和职业能力为导向,以物流企业的电子商务管理相关工作岗位的任职要求和职业能力为拓展,彻底打破原有的理论教学体系,建立工学结合的教学体系,突出课程的应用性、实践性和操作性,培育学生具备电子商务企业物流管理 6R(Right Product,Right Time,Right Quantity,Right Quality,Right Status,Right Place)职业素养。电子商务企业物流管理 6R 要求是指正确的产品能够在正确的时间、按照正确的数量、正确的质量和正确的状态送到正确的地点,并实现总成本最小。一流的员工来自一流的职业素养,重点培育学生具备物流管理 6R 服务规范的职业素养,处处以成本为核心做好物流管理,爱岗敬业,为企业创造利润,为自己赢得机会。

四、课程目标

(一)知识目标

(1)理解电子商务物流管理流程中的基本原理;
(2)掌握电子商务物流管理流程的操作方法;
(3)掌握电子商务物流信息技术;
(4)了解电子商务的交易模式;
(5)掌握电子环境下的物流配送流程;
(6)掌握电子商务环境下的物流模式;
(7)掌握电子商务快递物流的运作流程。

(二)能力目标

(1)能够利用所学知识设计电子商务网站;
(2)能够单独完成电子商务业务流程操作;
(3)能够根据实际情况选择电子商务模式;
(4)能够使用主要的物流信息技术;
(5)能够完成快递的整个流程操作。

(三)素质目标

(1)培养学生可持续发展的能力;
(2)培养学生职业道德和身心素质以及创新能力;
(3)注重遵章守纪、积极思考、耐心、细致、勇于实践、竞争意识等职业素质的养成;
(4)培养学生团队意识及妥善处理人际关系的能力;

(5)培养学生工作中与他人的合作、交流与协商能力。

五、课程内容与学习目标

(一)课程内容结构安排

本课程分电子商务基础知识等4个学习情境,电子商务系统的基本框架与组成等15个工作任务,具体见表2。

课程内容结构安排一览表

表2

序号	学习情境	工作任务	参考学时
1	电子商务基础知识	电子商务系统的基本框架与组成	2
		电子商务的交易模式	4
		电子支付	4
		网络营销	4
2	电子商务与现代物流	电子商务与物流的关系	2
		电子商务物流运作模式	4
		电子商务供应链管理	4
		电子商务物流技术	4
3	电子商务下的物流配送	电子商务配送中心	4
		配送路线优化	4
4	电子商务快递物流	快递接单业务	4
		快递收件业务	4
		快递分拣业务	4
		快递派送业务	4
		快递查询与投诉业务	4
合计			56

(二)课程内容要求(表3)

课程内容及学习目标一览表

表3

学习情境1:电子商务基础知识	参考学时:14
学习目标: 1. 掌握电子商务的基本知识; 2. 掌握电子支付的流程; 3. 掌握网络营销的基本方法	
学习内容: 1. 电子商务系统的基本框架与组成; 2. 电子商务的主要交易模式; 3. 电子支付流程; 4. 网络营销的特点	

续上表

<table>
<tr><td>学习情境 1：电子商务基础知识</td><td>参考学时：14</td></tr>
<tr><td>教学资源：
1. 讲义、教案、多媒体课件、图片、模型、FLASH 动画等；
2. 实训指导书、任务工单等；
3. 案例、相关法规等</td><td>对学生基础要求：
1. 理解和熟悉电子商务的基本概念；
2. 了解电子支付的一般规则；
3. 具有一般分析的能力</td></tr>
<tr><td>学习情境 2：电子商务与现代物流</td><td>参考学时：14</td></tr>
<tr><td colspan="2">学习目标：
1. 掌握电子商务物流的运作流程；
2. 了解电子商务技术的特点</td></tr>
<tr><td colspan="2">学习内容：
1. 电子商务与物流的关系；
2. 电子商务物流运作模式；
3. 电子商务供应链管理
4. 电子商务物流技术</td></tr>
<tr><td>教学资源：
1. 讲义、教案、多媒体课件、图片、模型、FLASH 动画等；
2. 实训指导书、任务工单等；
3. 案例、相关法规等</td><td>对学生基础要求：
1. 有一定实践动手能力；
2. 有一定团体合作、相互沟通能力；
3. 具有一定计算能力</td></tr>
<tr><td>学习情境 3：电子商务下的物流配送</td><td>参考学时：8</td></tr>
<tr><td colspan="2">学习目标：
1. 理解电子商务配送的特点；
2. 掌握配送中心作业流程</td></tr>
<tr><td colspan="2">学习内容：
1. 电子商务配送中心构成；
2. 配送中心作业流程；
3. 配送线路选择及优化</td></tr>
<tr><td>教学资源：
1. 讲义、教案、多媒体课件、图片、模型、FLASH 动画等；
2. 实训指导书、任务工单等；
3. 案例、相关法规等</td><td>对学生基础要求：
1. 掌握配送中心的基本概念；
2. 掌握配送的运作流程；
3. 了解物流线路优化的方法</td></tr>
<tr><td>学习情境 4：电子商务快递物流</td><td>参考学时：20</td></tr>
<tr><td colspan="2">学习目标：
1. 理解电子商务快递的特点；
2. 掌握电子商务快递的业务流程</td></tr>
<tr><td colspan="2">学习内容：
1. 快递接单业务；
2. 快递收件业务；
3. 快递分拣业务；
4. 快递派件业务；
5. 快递查询与投诉业务</td></tr>
</table>

续上表

学习情境4:电子商务快递物流	参考学时:20
教学资源: 1. 讲义、教案、多媒体课件、图片、模型、FLASH 动画等; 2. 实训指导书、任务工单等; 3. 案例、相关法规等	对学生基础要求: 1. 掌握快递的基本概念; 2. 掌握快递的作业流程

六、课程实施建议

(一)教材及参考资源建议

1. 教材

屈冠银. 电子商务物流管理[M]. 北京:机械工业出版社,2007.

2. 参考书

[1]张铎,林自葵. 电子商务与现代物流[M]. 北京:北京大学出版社,2005.

[2]段梅丽. 电子商务物流[M]. 2 版. 大连:大连理工大学出版社,2003.

[3]徐沫扬. 电子商务物流技术[M]. 北京:中国人民大学出版社, 2006.

[4]崔介何. 电子商务与物流[M]. 北京:中国物资出版社,2001.

3. 课程网站

http://elearn. jxjtxy. com/eol/homepage/course/layout/page/.

(二)师资条件建议

(1)专任教师:具有高校教师资格证;精通电子商务及物流管理相关基本理论与专业知识;具有较强的教科研能力。

(2)兼职教师:具有 5 年以上相关岗位工作经历,有丰富的实际工作经验;具有中级以上专业技术职务或在职业技能竞赛中获得奖励;具有较强的教学组织能力。

(三)实验实训条件建议(表 4)

课程实训项目一览表 表 4

实训室名称	主要设备名称	主要实训项目
电子商务实训室	高配置电脑 60 台,服务器 1 台,投影仪 1 部	1. 电子商务网站建设; 2. 电子商务配送系统操作; 3. 快递系统操作

(四)教学方法建议

针对具体的教学内容和教学过程,总体采用项目教学法。在具体教学方法中,运用任务引导法、案例法、小组协作学习法等多种方法组织教学,以学生为中心"做中学、学中做",让学生人人参与,培养学生团队协作能力和实践动手能力。

(五)教学评价建议

本课程采用过程考核、综合考核等多元性评价,其中过程考核包括学习态度、课程作业等,占课程总成绩的40%;综合考核包括期末考试等,占课程总成绩的60%,全面综合评价学生能力,见表5。

课程考核表 表5

<table>
<tr><th colspan="2" rowspan="2">考核项目</th><th rowspan="2">考核方式</th><th colspan="2">比例</th></tr>
<tr><th>分项</th><th>总体</th></tr>
<tr><td rowspan="2">过程考核</td><td>学习态度</td><td>根据课堂教学参与情况、课堂回答问题、出勤情况,由教师综合评定学生的学习态度得分</td><td>50%</td><td rowspan="2">40%</td></tr>
<tr><td>课程作业</td><td>根据学生完成课后作业、任务工单的情况由教师来评定成绩</td><td>50%</td></tr>
<tr><td colspan="2">综合考核</td><td>结合期末考试、实践考核等综合评定成绩</td><td>100%</td><td>60%</td></tr>
<tr><td colspan="4">合计</td><td>100%</td></tr>
</table>

(课程标准制订人:唐振武)

报关与国际货运专业
人才培养方案

第一部分　主体部分

一、专业名称(专业代码)

报关与国际货运(520605)

二、招生对象

普通高中毕业生或具有同等学力者

三、学制

全日制三年

四、培养目标

本专业主要针对国际货运代理及报关领域,培养学生良好的职业道德和创新能力,了解专业相关的基础知识,熟悉国际货运的相关法律规范及通行规则,掌握扎实的国际贸易、报关、报检和国际货运代理知识,能在各类涉外企业独立从事外贸物流营销、国际货物运输及代理、报关报检、单证制作、跟单操作、物流管理等领域工作。

五、就业面向

本专业毕业生主要面向国际货运代理、国际物流、报关报检、国际贸易、外向型制造等领域从事相关专业岗位工作。

主要岗位:报关员、货代员、报检员、单证员、物流业务员。

发展岗位:业务主管、货代操作部经理等。

六、培养规格

(一)素质目标

(1)具有较强的社会责任感、团队协作能力、沟通交流能力与国际社交能力;
(2)具有较强的语言表达能力、文字表达能力;
(3)具有较强的英语综合运用能力和计算机应用能力;
(4)具有良好的文化、身体和心理素质。

(二)知识目标

(1)具有本专业所必需的英语交流、计算机应用等科学文化基础知识;

(2)掌握国际货运代理及物流管理的基本知识;

(3)掌握大量外贸专业用语,能熟练读写英语商务材料,能流利地用英语进行商务洽谈;

(4)熟练缮制各种商务单证;

(5)了解国际商法与惯例,熟悉国际货运方面的方针政策和法规;

(6)掌握本专业所必需的经济学、国际市场营销、国际货运代理基础、国际运输经济地理、国际商务单证缮制、商品检验、商品分类等方面的基础知识;

(7)掌握货物运输、单证审核、电子商务、报关实务、报检实务等专业基本知识。

(三)能力目标

(1)具备一定的从事国际货物运输、国际货运代理的能力;

(2)能够理论联系实际,独立分析和解决国际货运代理中的具体问题;

(3)具备一定的国际货物运输计划编制能力、货源组织能力、合理规划能力和赢利分析能力;

(4)具有较强的报关实务操作能力;

(5)具有进行报关、报检、单证审核、货款结算的能力;

(6)具有在报关和国际货运中支配现有资源、利用当前信息、运用新技术和新方法分析并解决现实问题的能力;

(7)熟练掌握和运用 Windows 操作系统,并精通 Office、WPS 办公自动化系列软件,能够运用网络获取信息并处理业务工作的能力;

(8)具有较强的自学和获取知识的能力。

七、教学环节进程安排表

(一)培养时间分配表

在人才培养的实施过程中,教学环节周数分配见表 2-1。

报关与国际货运专业培养时间分配表 表 2-1

学年		第一学年		第二学年		第三学年		合计
学期		一	二	三	四	五	六	
1	入学教育	1 周						1 周
2	国防教育	2 周						2 周
3	课内教学	16 周	19 周	17 周	17 周	14 周		83 周
4	实践教学			2 周	2 周	1 周		5 周
5	生产实习					4 周	19 周	23 周
累计		19 周	19 周	19 周	19 周	19 周	19 周	114 周

注:1. 课内教学指按课程(学习领域)组织的各种教学活动,包括理论课程、理实一体化课程等。

2. 实践教学是指计划单列的非生产性实践教学活动,包括专业认识实践、专项单列实训、课程设计、综合设计等。

3. 生产实习是指生产性教学实习活动,包括工学交替生产实习、生产劳动实习、毕业顶岗实习。

(二)教学进程表(表2-2)

报关与国际货运专业教学进程表

表2-2

序号	类别	课程名称	教学时数与学分				考核方式		课内教学时数及实践周数					
									第一学年		第二学年		第三学年	
			总学时	学分	理论学时	实践学时	考试学期	考查学期	一	二	三	四	五	六
									16周	19周	17周	17周	14周	0周
1	公共基础课程	“两课”基础	64	4	64			1	4					
2		“两课”概论	76	4	76			2		4				
3		体育	70	4	70			1、2	2	2				
4		计算机应用基础	96	5	44	52	1		6					
5		高等数学	64	4	64			1	4					
6		大学英语	140	6	140		1		4	4				
7		大学语文	64	4	64				4					
8		任选课1	34	2	34			3			2			
9		任选课2	34	3	34			4				2		
10		应用文写作	28	2	28								2	
11		就业指导	14	1	14			5					1	
公共基础课程小计			684	39	632	52	课内占比		32.11%					
1	专业基础学习领域	礼仪	32	2	20	12	1		2					
2		统计基础与实务	76	5	42	34		2		4				
3		基础会计	76	5	48	28	2			4				
4		国际物流	76	5	42	34	2			4				
5		国际货运代理基础	76	5	64	12	2			4				
6		海关法规	68	5	58	10		2			4			
7		运输经济地理	68	4	58	10		3			4			
8		国际货运代理专业英语	68	5	56	12		3			4			
专业基础学习领域小计			540	36	388	152	课内占比		25.35%					
1	专业核心学习领域	国际海上货运代理	102	7	62	40	3				6			
2		国际航空货运代理	102	7	56	46	3				6			
3		国际多式联运	68	5	6	62	4					4		
4		报关实务	102	7	36	66	4					6		
5		报检实务	68	5	48	20	5					4		
专业核心学习领域小计			442	31	208	234	课内占比		28.30%					
1	专业拓展学习领域	国际商务函电	68	5	58	10		3				4		
2		商品名称与编码	34	2	22	12		4				2		
3		国际商务单证缮制	68	5	38	30	4					4		
4		仓储与配送	56	4	26	30	5						4	
5		国际市场营销	56	4	30	26		5					4	
6		办公软件应用实务	56	2	26	30		5					4	
7		国际商务谈判	70	5	40	30		5					5	
8		电子商务	56	4	30	26	5						4	
专业拓展学习领域小计			464	31	270	194	课内占比		21.78%					
课内教学环节合计			2130	137	1498	632	总百分比		69.61%					

续上表

序号	类别	课程名称	教学时数与学分				考核方式		课内教学时数及实践周数					
									第一学年		第二学年		第三学年	
			总学时	学分	理论学时	实践学时	考试学期	考查学期	一	二	三	四	五	六
									16 周	19 周	17 周	17 周	14 周	0 周
1	独立实践环节	入学教育	1 周	2		30		1	1 周					
2		国防教育	2 周	4		60		1	2 周					
3		国际海上货运代理实训	1 周	2		30		3			1 周			
4		国际航空货运代理实训	1 周	2		30		3			1 周			
5		国际多式联运实训	1 周	2		30		4				1 周		
6		报检报关实训	1 周	2		30		4				1 周		
7		国际货运代理综合实训	1 周	2		30		5					1 周	
8		货代企业岗位轮训实习	4 周	6		120		5					4 周	
9		毕业顶岗实习	19 周	10		570		6						19 周
独立实践环节合计			930	32		930	总百分比		30.39%					
课时(学分)总计			3060	169	1498	1562	周时数		26	26	26	26	24	0
周数总计									19	19	19	19	19	19
理论教学时数			1498				总百分比		48.95%					
实践教学时数			1562				总百分比		51.05%					

注:进程表中未包含选修课。

(三)课程设置及学时比例(表 2-3)

报关与国际货运专业课程设置及学时比例表 表 2-3

项目	理论教学	实践教学			
		课内实训	专项实训	生产实习	合计
学时	1498	632	360	570	1562
所占比例	48.95%	51.05%			

注:1. 理论教学学时不包含课内的实训环节教学,课内实训是指有课程教学内完成的、非计划单列实践教学。

2. 专项实训是指计划单列的非生产性实践教学,包括专业认识实践、专项单列实训、课程设计、综合设计、社会实践等。

3. 生产实习包含轮岗生产实习、顶岗生产实习、毕业顶岗实习。

八、毕业标准

(一)学分要求

学生须修完本专业培养方案中课程,思想道德考核合格,总学分达到 174 学分,其中选修课最低达到 4 学分。

(二)考证要求

必须取得省级计算机等级证书和英语应用能力证书,并获得至少一个本专业职业资格证书方可毕业,详见表2-4。

报关与国际货运专业职业资格证书表 表2-4

序号	考 核 项 目	考核发证部门	等 级 要 求
1	货代员	中国国际货运代理协会	职业资格证
2	报关员	中华人民共和国海关总署	职业资格证
3	国际商务单证员	中国对外贸易经济合作企业协会	职业资格证
4	报检员	国家质量监督检验检疫总局	职业资格证

(三)其他要求

(1)德、智、体、美良好,学生管理部门考核达标;

(2)按规定修完所有课程,成绩合格;

(3)完成各独立实践环节的学习,成绩合格;

(4)参加一学期的毕业顶岗实习并考核合格。

九、其他说明

依托管理工程系校企合作工作委员会,与江西省远洋运输公司、江西南昌国际集装箱码头有限公司、江西交远物流有限公司、江西长江国际货代九江公司、广州崴航国际货运代理有限公司、南昌外轮代理有限公司、南昌市港航管理处、江西恒通外贸进出口公司、江西物流国际货运有限公司、深圳蛇口集装箱码头有限公司等合作企业,共同制订本专业人才培养方案。

(执笔人:闵秀红)

第二部分　支撑材料

一、专业人才培养实施条件

（一）专业教学团队

1. 师资数量与结构

（1）教师队伍结构优化，梯队合理，45 岁以下青年教师中研究生学历或硕士以上学位比例达到 35%。

（2）每门课程的专任教师应不少于 2 人，专任教师数量应与学生规模相适应，专任教师中高级职称的比例≥30%，主要专业独立实践环节至少配备相关专业中级技术职称以上的专任教师 2 人。

（3）每门课程的专任教师中具备双师素质教师的比例应达到 80% 以上，由企业技术人员担任的兼职教师数占专任教师总数应达到 40% 左右。

（4）专业实训、实习指导教师 80% 以上是大专以上学历或中级以上职称；同时，实习指导教师具有中高级职称≥20%。

2. 业务水平

教师应具备良好的职业道德和一定的教学科研能力，达到高等教育教师任职资格的要求且具备高等教育教师任职资格。其中主讲教师应由具备讲师以上职称的专任教师或工程师以上职称的兼任教师担任，参加科学研究或技术服务的专任教师人数不少于专任教师总数的 30%。

3. 教学团队现状

报关与国际货运专业现有专业教师 18 人，其中专任教师 10 人，从国际货代公司、报关行、外贸公司、物流公司等相关企业聘请了具有丰富实践经验的兼职教师 8 名。专任教师中省高等学校教学名师 1 人、省高等学校中青年学科带头人 1 人，双师素质教师 10 人。

（二）专业教学资源

1. 选用优秀的高职高专规划教材

在选择教材时，应整体制定教材选用标准和选用程序，确保具有时代性、应用性和普适性的优秀教材优先被选用，同时，要注意选用具有鲜明行业特征的高职高专规划教材、特色教材和精品教材。

2. 优质核心课程（表 2-5）

打破传统学科体系型的课程体系，围绕职业活动的各项工作任务或项目组成教学模块，构建基于工作导向的课程体系，集素质养成、技术基础知识学习、专业能力训练，融证书课程、职业技能鉴定为一体，构建基于“岗位工作导向”的课程体系。整合教学资源，加强工学结合优质核心课程和精品课程的建设，不断更新教学内容，完善教学课件、仿真实训软件、教材、教学素材库等内容建设,建成具有自主知识产权的共享型报关与国际货运专业教学资源库。

报关与国际货运专业优质核心课程建设一览表 表2-5

序号	课程名称	建设状态	负责人	通过时间
1	国际物流	院级精品资源共享课	安礼奎、崔远志(企)	2009.12
2	国际货运代理实务	院级精品资源共享课	闵秀红、闵书雄(企)	2011.12

3. 专业网络教学资源

以数字化校园建设为载体,以课程为主要表现形式、以素材资源为补充,利用网络学习平台建设共享型网络教学资源库,主要包括试题库、课件库、专业教学素材库、教学录像库等。

4. 其他教学资源

学院图书馆现有纸质图书55万余册,电子图书11.5万册。其中报关与国际货运专业39432册,物流管理专业58961册,各种期刊(含历年合订本)11806册(此处指纸质图书数据)。图书馆的电子资源非常丰富,现有超星、书生电子图书;中国交通运输科技资源数据库;万方电子期刊;超星读秀;爱迪科森《网上报告厅》等数据库。正在试用的电子资源有起点考试系统。通过学院的校园网进行访问浏览,为自主学习、终身学习提供条件。

(三)实验实训条件

1. 校内实训条件

把专业、专业教师和学生有机结合起来,形成产学研的互动关系,立足本职、立足现实、立足企业、立足国际货代岗位,利用一切途径、渠道、手段、方法和资源开展力所能及的产学教活动,构建新的实践教学体系。对学生的实践能力进行阶段性、系统性、有目的培训,着力提高学生的实践操作能力。

建立"校企一体化"生产性校内实训基地,遵循"实用+先进、权威+示范、综合+拓展"的原则,以实验设施的实用性、实训方式的先进性为出发点,以区域内权威性和示范性为建设目标,注重实训与各类证书培训相结合、与各种职业技能鉴定相结合,创造一个与实际场景相同、符合企业实际业务操作,并根据新技术要求可扩展的实验实训环境,全面满足报关与国际货运专业实践教学要求。通过"自建、共建、捐建"的方式,完善报关与国际货运校内实训条件建设,搭建国际货运与国际货代教学理论与实践的桥梁。

根据报关与国际货运专业的需要,建成了国际货运代理业务等5个实训室,具体见表2-6。

校内实训条件情况表 表2-6

序号	名称	主要设备	主要功能	对应课程	容纳学生人数
1	国际货运代理业务实训室	国际货运代理软件;实训电脑;模拟国际货运代理业务办公台;打印设备、教学一体化设备	模拟国际货代业务及流程; 国际货运单证制作与流转业务	国际海上货运代理、国际航空货运代理、国际多式联运、报关实务、报检实务、国际商务单证缮制	50人/次

续上表

序号	名　称	主要设备	主要功能	对应课程	容纳学生人数
2	集装箱运输管理实训室	集装箱运输实务模拟仿真学习平台;集装箱自动吊具模型;集装箱货运船模型;20英尺集装箱模型;集装箱吊装设备模型;教学一体化设备等	综合运输实训;集装箱码头管理实训等	国际海上货运代理、国际多式联运	50人/次
3	综合运输作业管理实训室	物流运输管理系统;物流运输车辆模型;运输沙盘模拟系统(涵盖海陆空运输、配送筹划演练)	货物接收和发运;运输组织等业务实训	国际海上货运代理、国际多式联运	50人/次
4	储配方案优化设计与实施实训室	物流B to C电子仓储与配送管理实训系统立体电子货架;电子拣货传输系统;控制系统;输送线控制柜;出入库辊筒链;二维输送链;电子拣货系统等	模拟电子商务物流业务操作中的货物组织;拣货;配货;接收和发运管理等业务	仓储与配送、国际物流、电子商务	50人/次
5	物流信息技术实训室	物流运输监控系统、货物跟踪系统、客户服务系统及教学一体化设备等	扩展物流信息技术项目,满足相关课程实训需要	国际物流	50人/次

2. 校外实训条件

1)建设要求

与国际货运企业联合共建的校外实训基地不少于10个。

2)建设情况

充分利用各种渠道,积极与国内一些知名度较高的大型货代企业、港务局、港口企业、船运企业建立良好的合作关系,建立校外实训基地,为本专业的实践教学提供真实的工作环境,为学生的社会实习提供平台。紧密合作的校外实训基地数量稳定在11家,见表2-7。

校外实训基地情况　　表2-7

序号	校外实训基地共建单位	主要功能	容纳学生人数
1	江西中远国际货运有限公司	1. 揽货业务、货代单证填制、货代业务、报检报关等业务顶岗实习; 2. 专业调研、人才培养方案修订、课程标准制定等	20人/次
2	江西省远洋运输公司		20人/次
3	江西南昌国际集装箱码头有限公司		15人/次
4	江西长江国际货代九江分公司		20人/次
5	南昌外轮代理有限公司		16人/次
6	京九国际货代有限公司		20人/次
7	南昌市港航管理处		10人/次
8	江西恒通外贸进出口公司		20人/次
9	江西交远物流有限公司		20人/次
10	江西物流国际货运有限公司		20人/次
11	广州崴航国际货运代理有限公司		20人/次

二、专业人才培养实施规范

（一）课程教学标准

1. 公共基础课程教学标准

本专业公共基础课程与物流管理专业相同，课程教学标准参考物流管理专业人才培养方案。

2. 专业基础学习领域教学标准（表2-8）

专业基础学习领域教学标准　　表2-8

学习领域1	礼仪		
学期	第1学期	参考学时	32学时
职业能力要求	1. 能了解个人形象基本塑造礼仪； 2. 能进行个人形象塑造； 3. 能了解日常交往基本礼仪内容； 4. 能完成不同场合的日常交往； 5. 能了解日常公务礼仪内容； 6. 能完成不同场合的日常公务交往； 7. 能了解外事礼仪内容； 8. 能掌握国内外礼仪习俗差异		
学习目标	1. 熟悉仪容、仪表、仪态等方面的基本礼仪规范，提升个人外在形象与素养； 2. 掌握礼仪的基本理论、沟通技巧、个人礼仪等； 3. 提升社交能力、语言表达能力、应变能力等； 4. 培养学生的耐心、细致、严谨的工作态度，成为受企业欢迎的人		
学习内容	1. 个人形象礼仪； 2. 日常交往礼仪； 3. 常用公务礼仪； 4. 酬宾礼仪； 5. 职业礼仪； 6. 国际礼宾礼仪		
学习领域2	统计基础与实务		
学期	第2学期	参考学时	76学时
职业能力要求	通过本课程的教学，使学生掌握统计的基本理论知识及基本的统计分析方法。学会如何收集、整理统计资料，能够对社会经济现象的数量表现及数量关系进行基本的统计分析，为后续专业课的学习打好基础。该课程紧密结合社会经济实践的需要，提供了分析社会经济现象数量关系和数量规律的基本方法和基础理论		
学习目标	1. 初步了解统计学原理理论的发展演变过程、特征及其作用和重要性； 2. 理解和掌握统计学原理的基本概念、工作过程及主要研究方法； 3. 理解和掌握统计调查的方法； 4. 理解和掌握统计整理的方法； 5. 理解和掌握统计综合指标的计算和分析方法； 6. 理解和掌握统计动态数列的分析方法； 7. 理解和掌握统计指数的分析方法		

续上表

学习领域 2	统计基础与实务		
学期	第 2 学期	参考学时	76 学时
学习内容	学习情境 1:课程认知; 学习情境 2:统计设计与统计调查; 学习情境 3:统计整理; 学习情境 4:总量指标和相对指标; 学习情境 5:平均指标和标志变异指标; 学习情境 6:时间数列; 学习情境 7:指数分析; 学习情境 8:抽样推断; 学习情境 9:相关分析; 学习情境 10:国民经济核算体系		
学习领域 3	基础会计		
学期	第 2 学期	参考学时	76 学时
职业能力要求	1. 能熟练把握点钞、真假币识别、票据辨别、原始单据审核等会计基本技能,具备出纳员、收银员岗位的基本能力; 2. 能正确应用会计的基本规范,能说出会计的基本术语; 3. 能正确判断经济业务性质和内容,能准确按照会计的专门方法做会计基本业务处理; 4. 能根据案例资料建账、记账、算账、更改错账,具备中小企业记账员岗位的基本能力		
学习目标	1. 通过本专业基础课的学习,学生能够了解会计的相关专业知识、会计工作组织与会计法规; 2. 掌握会计账户的设置、会计科目的使用、会计凭证的填制、会计账簿的登记、财产清查的方法与处理、复式记账方法及主要经济业务的账务处理		
学习内容	1. 认识会计,了解会计工作组织与会计法规; 2. 掌握会计科目和账户的设置方法; 3. 掌握复制记账方法; 4. 掌握主要经济业务的核算方法; 5. 掌握会计凭证的填制方法; 6. 掌握会计账簿的登记方法; 7. 掌握财产清查的方法; 8. 掌握简单的报表编制		
学习领域 4	国际物流		
学期	第 2 学期	参考学时	76 学时
职业能力要求	1. 能够识别基本的物流专业英语词汇; 2. 能够阅读英文物流专业资料; 3. 能够正确填写和录入国际物流单证; 4. 能够进行日常英文物流业务文书; 5. 识别物流设施与设备名称; 6. 懂得物流设备操作要领; 7. 培养物流管理基础能力		

续上表

学习领域 4	国际物流		
学期	第 2 学期	参考学时	76 学时
学习目标	1. 了解国际物流发展的趋势； 2. 掌握常用物流专业英语词汇； 3. 掌握国际物流单证的填写方法； 4. 熟悉国际物流术语； 5. 掌握物流的基本环节及各个环节合理化的要点； 6. 具备物流管理岗位的职业思维能力，达到国家职业资格《助理物流师》的相关要求； 7. 了解物流的标准化流程； 8. 能应用物流基本原理分析简单的物流案例； 9. 培养学生的可持续发展能力		
学习内容	学习情境 1：认识国际物流； 学习情境 2：分析物流系统； 学习情境 3：物流功能要素剖析； 学习情境 4：国际货物包装； 学习情境 5：国际货运代理		
学习领域 5	国际货运代理基础		
学期	第 2 学期	参考学时	76 学时
职业能力要求	1. 具备对国际贸易宏观政策措施的分析能力； 2. 进行贸易磋商与合同订立的业务； 3. 能够从事催证、审证与改证的外贸单证工作； 4. 能够从事报检报关工作； 5. 理解工作任务和制订工作计划		
学习目标	1. 了解国际贸易理论与政策、世贸组织； 2. 理解与合同磋商有关的惯例与法律； 3. 了解其他的国际贸易方式、区域经济一体化； 4. 了解进出口交易前的准备工作的基本知识； 5. 掌握商品的品名、品质、数量和包装的基本知识； 6. 掌握商品的价格、支付方式 、运输； 7. 保险的基本知识和原理、理解进出口合同的履行和善后的有关国际惯例和法律		
学习内容	学习情境 1：课程认知； 学习情境 2：业务准备和交易磋商； 学习情境 3：拟定合同； 学习情境 4：履行合同		
学习领域 6	海关法规		
学期	第 3 学期	参考学时	68 学时
职业能力要求	1. 具备对海关法规的理解与分析能力； 2. 能运用所学知识对相关案例进行分析与处理		

续上表

学习领域6	海关法规		
学期	第3学期	参考学时	68学时
学习目标	1. 掌握海关的法律地位及海关的权利; 2. 掌握海关法与对外贸易法制的关系; 3. 了解海关监督法律制度的内容; 4. 掌握各种运输工具的海关管理制度; 5. 熟悉集装箱的海关管理制度; 6. 熟悉货物进出境通关环节的管理制度; 7. 熟悉经出境物品监管法律制度; 8. 熟悉关税的征收、减免、缓纳与退补制度; 9. 了解进出口货物的担保放行		
学习内容	学习情境1:课程认知; 学习情境2:对外贸易行政法制与海关法; 学习情境3:海关监管法制制度; 学习情境4:进出境运输工具监管法律制度; 学习情境5:进出境货物监管法制制度; 学习情境6:进出境物品监管法律制度; 学习情境7:关税法律制度; 学习情境8:海关事务担保管理制度		
学习领域7	运输经济地理		
学期	第3学期	参考学时	68学时
职业能力要求	1. 掌握国际运输经济地理基本理论和知识; 2. 学会综合分析和区域分析的方法; 3. 根据我国运输的实践,解决国际运输中出现的问题		
学习目标	1. 能够指出国际贸易货物的主要海运航线、空运航线和铁路线; 2. 能够判断世界主要港口、机场的地理位置; 3. 能够分析世界主要国家和地区的经济特点、经济结构; 4. 能够分析世界主要国家和地区的市场特点、商品结构; 5. 与国外客户谈判时能够注意到各国的风俗习惯和基本礼仪		
学习内容	学习情境1:课程认知; 学习情境2:交通运输概述; 学习情境3:铁路运输地理; 学习情境4:海上运输地理; 学习情境5:内河运输地理; 学习情境6:公路运输地理; 学习情境7:航空、管道运输地理; 学习情境8:综合运输网及客货流地理		

续上表

学习领域8	国际货运代理专业英语		
学期	第3学期	学时	68学时
职业能力要求	1. 熟知货运代理人的基本工作业务范围和工作流程； 2. 熟知进、出口商代理的基本业务； 3. 能看懂英文单据，并能制作货代业务中的各种英文单证； 4. 能读懂英文信用证，并能按信用证的要求办理各项业务； 5. 具备一定的英文业务交流能力		
学习目标	1. 掌握合同中装运条款的内容和装运日期的正确方式； 2. 掌握海运货物保险的基本险种以及各承保范围； 3. 掌握国际海上货物运输的不同方式和常见海运单据； 4. 熟悉租船业务的不同方式和各自优缺点； 5. 海运提单的功能、内容和种类以及如何起草，制作和签发提单； 6. 掌握 Incoterms 2010 中有关贸易术语的基本情况，重点掌握传统的三个贸易术语的解释； 7. 掌握信用证开立的整个流程、信用证的条款、条件，重点是信用证项下要求的各种单据条件； 8. 掌握国际公路铁路运输概况以及 CMR 公约； 9. 掌握多式联运的不同方式及特点； 10. 掌握物流的基本概念和流程； 11. 掌握空运单、空运价格的构成因素和不同定价方式		
学习内容	内容1：货代服务范围和国际商会介绍 内容2：海运各相关内容 内容3：2010 通则和信用证简介 内容4：其他货运方式		

3. 专业核心学习领域教学标准（表2-9）

专业核心学习领域教学标准　　表2-9

学习领域1	国际海上货运代理		
学期	第3学期	参考学时	102学时
职业能力要求	1. 具有对国际海上货运代理相关知识的系统理解能力和综合运用能力； 2. 具有国际海上货运代理各项业务的熟练操作能力，并能实现在国际物流的大背景下灵活掌握综合的国际海上货运代理业务的能力； 3. 具有办理海运订舱操作、海运报检报关操作、海运结算操作的能力； 4. 具备自主学习能力、分析问题和解决问题的能力		
学习目标	1. 了解国际货运代理人的职责范围和服务对象，明确国际货运代理公司内部岗位的职责分工； 2. 了解不同地区的港口习惯和海关程序； 3. 能熟悉本企业的服务性质、服务航线、船期、挂靠港口与转运时间等信息； 4. 能熟知如何选择适当的承运人、运输方式； 5. 能按国际海上货运代理流程，处理揽货、订舱、托运、仓储、包装等货代业务； 6. 能熟练掌握货物监管、监卸、分拨、中转、集装箱拼箱、拆箱等货代服务技能； 7. 能熟练掌握理索赔程序、现场记录和证据保存； 8. 能制作海上货运代理相关单证； 9. 具有对国际海上货运代理相关知识的系统理解能力和综合运用能力； 10. 具有国际海上货运代理各项业务的熟练操作能力，并能实现在国际物流的大背景下灵活掌握综合的国际海上货运代理业务的能力； 11. 具有办理海运订舱操作、海运报检报关操作、海运结算操作的能力		

续上表

<table>
<tr><td>学习领域 1</td><td colspan="3">国际海上货运代理</td></tr>
<tr><td>学期</td><td>第 3 学期</td><td>参考学时</td><td>102 学时</td></tr>
<tr><td>学习内容</td><td colspan="3">学习情境 1:国际海上货运代理认知;
学习情境 2:国际班轮货运代理;
学习情境 3:航次租船货运代理;
学习情境 4:海上货运事故的处理</td></tr>
<tr><td>学习领域 2</td><td colspan="3">国际航空货运代理</td></tr>
<tr><td>学期</td><td>第 3 学期</td><td>参考学时</td><td>102 学时</td></tr>
<tr><td>职业能力要求</td><td colspan="3">1. 能熟悉各种业务单证,并能正确填写、处理、递交;
2. 能熟练掌握理索赔程序、现场记录和证据保存;
3. 能具有现场处理事务的能力</td></tr>
<tr><td>学习目标</td><td colspan="3">1. 能熟悉本企业的服务性质、服务航线、船班等信息;
2. 能熟知如何选择适当的承运人、运输方式;
3. 能熟知运输工具的类型、特点、载荷能力、适用性等;
4. 能熟练掌握与海关、商检、税务、外管、银行、保险等有关的业务知识和操作技能;
5. 能熟练掌握各类业务各个环节的实际操作流程;
6. 能及时解答客户咨询,及时、准确、有效地处理、满足客户的需求;
7. 能提供符合客户需求的资源整合方案;
8. 能熟悉办理航空运输进、出口货物的交接;
9. 具有一定开发客户市场的基本技巧和能力;
10. 具有一定建立开发海外网络的基本技术能力</td></tr>
<tr><td>学习内容</td><td colspan="3">学习情境 1:国际航空货物运输基础知识;
学习情境 2:国际航空货运代理业务流程;
学习情境 3:包舱包板运输;
学习情境 4:特种货物收运;
学习情境 5:国际航空快递货物;
学习情境 6:航空运费的计算;
学习情境 7:航空货运单;
学习情境 8:国际航空公约;
学习情境 9:不正常运输及索赔</td></tr>
<tr><td>学习领域 3</td><td colspan="3">国际多式联运</td></tr>
<tr><td>学期</td><td>第 4 学期</td><td>参考学时</td><td>68 学时</td></tr>
<tr><td>职业能力要求</td><td colspan="3">1. 对国际多式联运相关知识的系统理解能力;
2. 国际多式联运各个相关知识的综合运用能力;
3. 国际多式联运各项业务的熟练操作能力</td></tr>
<tr><td>学习目标</td><td colspan="3">1. 准确掌握国际多式联运业务的经营范围,掌握国际货物多式联运的实务流程;
2. 了解国际多式联运经营人的职责范围和服务对象;
3. 熟悉国际多式联运经营人内部岗位的职责分工;
4. 了解海运、陆运、空运及多式联运等各种运输方式的基本特点及实务运作;
5. 熟悉多式联运重要单证的制作要领;
6. 对国际多式联运相关知识的系统理解能力;
7. 国际多式联运各个相关知识的综合运用能力;
8. 国际多式联运各项业务的熟练操作能力</td></tr>
</table>

续上表

学习领域3	国际多式联运		
学期	第4学期	参考学时	68学时
学习内容	学习情境1:国际多式联运概述; 学习情境2:国际公路联运运输实务; 学习情境3:国际铁路货运运输实务; 学习情境4:国际多式联运业务及程序; 学习情境5:国际多式联运单证		
学习领域4	报关实务		
学期	第4学期	参考学时	102学时
职业能力要求	1.具备报关各环节所应具备的操作技能; 2.具有报关单填制和常用外贸业务软件的操作技能; 3.能够对商品报关实例进行分析评价、正确计算进出口税费; 4.能够将所学的通关实务专业知识融会贯通,在实践中加以运用,具备举一反三的能力		
学习目标	1.了解我国对于不同货物情形下的外贸管制政策; 2.懂得常用的实用报关英语; 3.熟悉海关的管理体制和基本职能; 4.掌握进出口货物的分类及其报关的基本程序; 5.熟悉关税核算和报关单填制的基本方法; 6.具备报关各环节所应具备的操作技能; 7.具有报关单填制和常用外贸业务软件的操作技能; 8.能够对商品报关实例进行分析评价、正确计算进出口税费; 9.能够将所学的通关实务专业知识融会贯通,在实践中加以运用,具备举一反三的能力		
学习内容	学习情境1:报关基本理论知识; 学习情境2:报关实务操作		
学习领域5	报检实务		
学期	第4学期	参考学时	68学时
职业能力要求	1.熟悉出入境检验检疫机构,理解检验检疫报检条件; 2.掌握报检程序,并能正确贯彻中国外经贸的方针政策,确保企业的经济利益,又能符合国际经济通行规则,进而培养学生熟悉和掌握报检相关的专业技能		
学习目标	1.了解出入境检验检疫的概念,理解出入境检验检疫工作概况; 2.掌握出入境检验检疫报检的流程; 3.熟悉出入境检验检疫报检的通关、放行和收费相关程序; 4.会正确填制报检业务的相关单据; 5.会正确缮制出口货物产地证; 6.会对不同进出口货物进行正确申报、检验与取证		

续上表

学习领域 5	报检实务		
学期	第 4 学期	参考学时	68 学时
学习内容	学习情境 1:出入境检验检疫认知; 学习情境 2:我国出入境检验检疫的主要法规; 学习情境 3:商检机构、检务部门和报检队伍; 学习情境 4:法定检验和商品检验检疫中的单证; 学习情境 5:出境商品法定检验程序; 学习情境 6:入境商品法定检验程序; 学习情境 7:出入境交通工具、集装箱的报检; 学习情境 8:出入境人员的健康申报及携带物等的申报; 学习情境 9:出入境货物检验检疫注册登记审批的申请和管理; 学习情境 10:产品认证与质量体系		

4. 专业拓展学习领域教学标准(表 2-10)

专业拓展学习领域教学标准 表 2-10

学习领域 1	国际商务函电		
学期	第 4 学期	参考学时	68 学时
职业能力要求	1. 熟练的国际商务英语书面表达能力; 2. 使用英语与客户沟通,处理进出口业务; 3. 懂得并且掌握商务函电的正确写作; 4. 寻找客户,能够与客户建立商务关系,推销产品; 5. 能完成客户的询盘与答复; 6. 能给客户拟定完整和有效发盘与还盘; 7. 能与客户协商签订合同、合同履行及订单操作; 8. 能与客户沟通处理国际贸易合同执行过程中的支付、运输、保险等事宜; 9. 能妥善与客户交流处理业务投诉与索赔的相关事宜		
学习目标	1. 国际商务业务信件的写作原则; 2. 进出口双方在磋商业务中使用的询价、发盘、还盘; 3. 进出口双方在磋商业务中销售确认书和合同; 4. 国际商务业务中涉及的国际运输; 5. 国际商务业务中涉及的国际保险; 6. 国际商务业务中产生的分歧以及争端解决		
学习内容	学习情境 1:现代商务函电写作基础认知; 学习情境 2:业务磋商的准备; 学习情境 3:业务磋商的环节; 学习情境 4:交易的达成; 学习情境 5:国际货款的支付; 学习情境 6:国际贸易货物的装运; 学习情境 7:国际贸易运输保险; 学习情境 8:国际贸易争端的处理		

续上表

学习领域2	商品名称与编码		
学期	第4学期	参考学时	34学时
职业能力要求	1. 了解我国目前的报关行业对进出口商品编码的要求; 2. 熟练地掌握进出口商品编码的归类技巧并能熟练地应用; 3. 能够及时了解海关对进出口商品编码的新规定,并能够在实际工作中加以应用		
学习目标	1. 掌握协调制度总体结构; 2. 熟悉六大归类总规则的主要内容并能够理解总规则的内容; 3. 掌握六大规则的相互关联; 4. 了解进出口商品的分布情况以及进出口商品编码的总体结构; 5. 熟悉各大类商品的主要内容以及各类产品之间的相互关联; 6. 熟练掌握编码的查找,熟悉整个进出口商品编码; 7. 熟练掌握每章编码中涉及的特殊商品并能将这些特殊商品熟记,同时在实际的编码查找中能熟练地应用		
学习内容	学习情境1:商品归类总规则; 学习情境2:进出口商品编码		
学习领域3	国际商务单证缮制		
学期	第4学期	学时	68学时
职业能力要求	1. 熟练掌握各种结算方式、主要运输方式、常用贸易术语下外贸单证的制作、办理和审核等操作能力; 2. 根据外贸业务各个环节的需要,处理各种外贸单证问题的能力; 3. 熟知国际惯例、国际商法、国际货物运输、国际保险及国际货款结算等与单证制作相关的知识能力; 4. 能判断合同条款的完整性,理解和把握合同执行的要点; 5. 能根据合同审核信用证条款的准确性;能对影响合同执行的信用证条款及时提出修改; 6. 能够对合同或者信用证项下的单据缮制制定详细的进度,并严格执行; 7. 具备外贸业务过程中的单证缮制和处理能力		
学习目标	1. 认知单证员职业岗位的背景、特点和要求,产生对单证员职业的兴趣; 2. 熟悉单证员的基本规范,了解外贸业务操作中的基本术语; 3. 能阅读理解合同、审核信用证; 4. 能根据合同缮制T/T结算的全套单据; 5. 能根据合同缮制托收项下的全套单据; 6. 能根据信用证缮制全套单据; 7. 能根据进口合同开立信用证,并且对受益人提交的单据进行审核,并能准确提出存在的问题; 8. 掌握信用证审核的要点与方法,对信用证问题能及时提出修改意见		
学习内容	学习情境1:国际商务单证认知; 学习情境2:信用证项下整套单证缮制; 学习情境3:托收项下整套单证缮制; 学习情境4:T/T项下整套单证缮制		

续上表

<table>
<tr><td>学习领域4</td><td colspan="3">仓储与配送</td></tr>
<tr><td>学期</td><td>第5学期</td><td>学时</td><td>56学时</td></tr>
<tr><td>职业能力要求</td><td colspan="3">1. 能熟练使用仓储常用设备并进行养护；
2. 掌握物品编码与信息处理；
3. 熟练掌握进出库组织与作业；
4. 能对库内物品进行保养与维护；
5. 能正确进行仓库分拣作业；
6. 具有成本分析与控制的能力；
7. 掌握配送中心系统设计；
8. 能对配送中心作业进行管理；
9. 能对配送运输路线的优化进行选择</td></tr>
<tr><td>学习目标</td><td colspan="3">1. 掌握仓储管理的基本原则、内容和仓储管理人员的基本要求；
2. 明确仓库及其结构与布局；
3. 掌握仓库的基本设施、用途和使用原则；
4. 了解仓储商务的概念、作用、原则及内容；
5. 掌握仓库保管的入库、堆存、保管、出库、装卸搬运等整个作业流程、操作方法、作业要求、管理方式和要求以及所需要办理的相关手续；
6. 会填写仓库保管所需要的单据；
7. 了解仓库现代信息技术在仓库管理中应用的基本内容和基本方法；
8. 掌握危险品、冷藏货物、粮仓等特殊货物仓储的基本要求和保管；
9. 建立特殊仓库特殊管理的思想；
10. 了解配送的要素和配送作业的组织模式，能够对配送业务有一个基本认识；
11. 了解几种不同的配送作业组织方法以及开展协同配送作业的意义和注意的问题；
12. 掌握配送路线设计的方法</td></tr>
<tr><td>学习内容</td><td colspan="3">学习情境1：仓储和仓储管理总体认识；
学习情境2：仓库和仓库设备；
学习情境3：仓库保管作业流程；
学习情境4：库存控制；
学习情境5：特殊货物仓储管理；
学习情境6：配送及配送中心；
学习情境7：配送组织与运输</td></tr>
<tr><td>学习领域5</td><td colspan="3">国际市场营销</td></tr>
<tr><td>学期</td><td>第5学期</td><td>参考学时</td><td>56学时</td></tr>
<tr><td>职业能力要求</td><td colspan="3">1. 能够了解全球营销环境的现状；
2. 能够辨析和解决国际市场营销的理论与实际问题的能力；
3. 能够策划和实施切实可行的国际市场营销策略组合；
4. 能够运用国际市场细分与定位原理进行市场细分与市场定位；
5. 能够运用国际产品策略制定产品及产品线策略；
6. 能够运用产品品牌策略进行国际产品的品牌建设与管理；
7. 能够运用产品定价、产品渠道和促销的基本策略进行国际产品定价与促销策略设计</td></tr>
</table>

续上表

学习领域5	国际市场营销		
学期	第5学期	参考学时	56学时
学习目标	1. 了解国际市场营销活动与国际市场营销环境之间的关系； 2. 了解经济环境、文化环境、政治环境和法律环境的主要内容及其变化趋势； 3. 重点掌握企业对于营销环境的变化所采取的对策； 4. 了解国际市场营销调研的必要性； 5. 掌握国际市场营销调研的方法和范围； 6. 掌握产品组合策略和新产品开发策略； 7. 了解产品生命周期各个阶段的特点以及相应的营销策略； 8. 掌握制定和实施产品牌（商标）与包装设计的原理、方法以及产品组合策略； 9. 理解通过商品定价，实现维持生存、利润最大化、市场占有率最大化、产品质量最优化； 10. 掌握国际市场营销中的渠道系统及其发展趋势； 11. 理解国际市场营销组织与管理问题； 12. 熟悉营销执行技能和评价执行结果的技能		
学习内容	学习情境1：国际市场营销人员的基本素质； 学习情境2：国际市场营销调研； 学习情境3：国际市场营销环境分析； 学习情境4：国际营销产品策略； 学习情境5：国际营销定价策略； 学习情境6：国际市场渠道策略； 学习情境7：国际市场推销策略； 学习情境8：国际市场营销组织与管理		
学习领域6	办公软件应用实务		
学期	第5学期	参考学时	56学时
职业能力要求	1. 能使用电子计算机从事文字、图形、图像等信息处理工作； 2. 有熟练的计算机操作能力、信息收集、选择和处理能力； 3. 能利用常用办公软件完成物流企业管理中的各种需要		
学习目标	1. 掌握 Word 2003/2007/2010 的主要功能、窗口组成； 2. 能进行文档编辑与基本排版； 3. 能表格处理、各类图示处理； 4. 能进行图文混排与高级操作等综合运用； 5. 掌握 Excel2003 的主要功能及窗口组成； 6. 熟练掌握工作簿、工作表、单元格的基本操作； 7. 能进行准确快速的数据录入及格式处理； 8. 能进行数据的计算、排序、筛选、汇总及数据透视表等高级操作； 9. 掌握 PowerPoint 的基本功能及窗口组成； 10. 能进行演示文稿的设计与动画效果、设计模板、动作设置等设计； 11. 会在演示文稿中插入 Excel 工作表、Excel 图表； 12. 能按照演示文稿的使用途径设计制作相应的 PPT		

续上表

学习领域6	办公软件应用实务		
学期	第5学期	参考学时	56学时
学习内容	学习情境1:常见应用文件的编排(小文件); 学习情境2:论文、书稿、方案制作编排(大文件); 学习情境3:宣传海报的制作; 学习情境4:Excel在企业经营管理日常报表中的应用; 学习情境5:Excel在企业经营决策分析中的应用; 学习情境6:Excel在企业财务管理中的应用; 学习情境7:设计制作汇报类PPT; 学习情境8:设计制作企业宣传类PPT		
学习领域7	国际商务谈判		
学期	第5学期	参考学时	70学时
职业能力要求	1. 能顺利完成商务谈判前的组织准备、人员准备、方案准备; 2. 会根据双方实力的对比,恰当地营造良好的开局; 3. 能运用合理的方式进行谈判摸底; 4. 会正确地制造、应对和消除谈判僵持; 5. 能进行有效的谈判让步; 6. 能抓住机会,促成谈判达成签约; 7. 会拟定谈判合同		
学习目标	1. 掌握商务谈判的道德规范; 2. 掌握商务谈判的技巧、战略、基本要领; 3. 掌握影响谈判开局的各种因素; 4. 掌握谈话的技巧、提问的技术、回答的技巧、说服的技巧、示范的技巧; 5. 掌握报价与还价的方法; 6. 掌握价格谈判的技巧; 7. 掌握结束谈判的时机、方法; 8. 掌握国际商务谈判的策略; 9. 掌握与几个主要国家或地区客户的谈判技巧与禁忌; 10. 掌握几种非理性不利选择及其处理方法; 11. 掌握几种谈判中常见问题的处理技巧		
学习内容	学习情境1:商务谈判信息的收集; 学习情境2:选定谈判地点布置谈判场地; 学习情境3:商务谈判计划的制订; 学习情境4:商务谈判的开局; 学习情境5:商务谈判的报价; 学习情境6:价格谈判技巧; 学习情境7:合同条款磋商及签订; 学习情境8:商务谈判礼仪		

续上表

学习领域8	电子商务		
学期	第5学期	学时	56学时
职业能力要求	1. 能熟练使用互联网及一些常用工具； 2. 会熟练使用网上银行、第三方支付工具等电子支付工具； 3. 能使用目前流行的各种平台进行网上开店并进行网店管理运营； 4. 能熟练使用博客、论坛、即时聊天工具、搜索引擎等开展网络营销		
学习目标	1. 掌握电子商务的基本模式； 2. 掌握电子商务的技术基础； 3. 了解电子商务的安全及风险； 4. 正确使用电子商务支付工具； 5. 掌握电子商务物流等基础知识； 6. 掌握电子商务实施与管理		
学习内容	学习情境1:课程认知； 学习情境2:电子商务技术基础； 学习情境3:电子商务的支付结算； 学习情境4:电子商务安全管理； 学习情境5:网络营销管理； 学习情境6:电子商务技术基础； 学习情境7:电子商务的支付结算； 学习情境8:网络营销管理； 学习情境9:电子商务物流管理		

5. 独立实践环节教学标准(表2-11)

独立实践环节教学标准 表2-11

学习领域1	国际海上货运代理实训		
学期	第3学期	参考学时	1周
职业能力要求	1. 能熟练填制国际海上货运代理的各种单证； 2. 能熟练办理国际海上出口货运代理业务； 3. 能熟练办理国际海上进口货运代理业务； 4. 会结算国际海上进出口货运代理业务的相关费用		
学习目标	1. 能独立选择航线，进行订舱业务； 2. 能顺利进行货物交接； 3. 能计算海运运费； 4. 能进行报检报关业务； 5. 能熟练掌握货物监管、监卸、分拨、中转、集装箱拼箱、拆箱等货代服务技能； 6. 能熟练进行海运进出口货运代理业务		
学习内容	1. 国际海上出口货运代理实训； 2. 国际海上进口货运代理实训		

续上表

学习领域2	国际航空货运代理实训		
学期	第3学期	参考学时	1周
职业能力要求	1. 能办理国际航空出口货运代理业务； 2. 能办理国际航空进口货运代理业务； 3. 能在保险事故发生后做好索赔工作		
学习目标	1. 办理国际航空货运代理揽货与接受委托业务； 2. 办理订舱； 3. 组织货物装运； 4. 进行运费计算； 5. 进出口商品的报关和报检； 6. 进口货物转关手续； 7. 办理货物不正常运输索赔		
学习内容	1. 国际航空出口货运代理实训； 2. 国际航空进口货运代理实训		
学习领域3	国际多式联运实训		
学期	第4学期	参考学时	1周
职业能力要求	1. 能办理国际公路联运运输业务； 2. 能办理国际铁路联运运输业务； 3. 能办理国际多式联运运输业务		
学习目标	1. 熟练掌握国际多式联运、集运等货运组织方式方法； 2. 掌握国际货物多式联运的实务流程		
学习内容	1. 办理国际公路联运运输业务； 2. 办理国际铁路联运运输业务； 3. 办理国际多式联运运输业务		
学习领域4	报检报关实训		
学期	第4学期	参考学时	1周
职业能力要求	1. 能够熟练查找商品编码，掌握商品归类的技巧； 2. 能掌握进出口货物的检验检疫规定和报检要求，学会进出境货物的检验检疫监管审批申请操作，能够进行进出口业务的报检操作流程和操作技能； 3. 能填写进出口货物的报检单，熟悉各类报检常用单证； 4. 能够设计各类海关监管货物的申报程序及其应用； 5. 能填制报关单，常用外贸业务软件的操作技能		
学习目标	1. 掌握进出口商品的六大归类规则； 2. 掌握报检单证缮制、进行进出口报检业务的操作技巧； 3. 掌握一般和特殊进出口货物的报关程序； 4. 掌握进出口报关单的填制规范		
学习内容	1. 查找商品编码； 2. 办理出入境货物报检业务； 3. 办理进出境货物报关业务		

续上表

学习领域5	国际货运代理综合实训		
学期	第5学期	参考学时	1周
职业能力要求	1. 能办理国际海上进出口货运代理业务； 2. 能办理国际航空进出货运代理业务； 3. 能办理国际多式联运业务； 4. 能缮制相关环节的单证		
学习目标	1. 了解国际货代的管理思想和业务流程； 2. 熟练掌握国际货代业务的操作，熟悉相关的概念； 3. 掌握国际货代业务的各个环节及其相互间的关系； 4. 掌握重要单证的制作		
学习内容	1. 揽货、订舱（含租船、包机、包舱）、托运、仓储、包装； 2. 货物的监装、监卸、集装箱拆箱、分拨、中转及相关的运输服务； 3. 报关、报检、报验、保险； 4. 缮制签发有关单证、运费等的支付和结算； 5. 国际多式联运、集运（含集装箱拼箱）		
学习领域6	货代企业岗位轮训实习		
学期	第5学期	参考学时	4周
职业能力要求	1. 具备每个岗位的基本认知能力； 2. 具备总结分析的能力； 3. 具备较好的动手能力、学习能力； 4. 具有基本的团队合作及服从能力		
学习目标	1. 能在企业指导老师的指导下进行各个岗位的实习； 2. 能及时总结出每个岗位的工作流程； 3. 能遵循岗位职责完成每个轮训岗位的工作； 4. 初步完成由学生向企业员工的角色转变		
学习内容	学生在校企合作货代及相关企业中进行货代员、报关员、单证员、客服等岗位进行为期4周的岗位轮训		
学习领域7	毕业顶岗实习		
学期	第6学期	学时	19周
职业能力要求	通过毕业顶岗实习使学生加深对专业理论知识的理解，培养和提高学生实际操作和分析问题、解决问题的能力，使学生综合运用所学理论知识与国际货运代理实践紧密结合，为毕业后从事货代员岗位等工作打下良好的基础		
学习目标	1. 在实习过程中认知货运代理等企业的工作流程和各岗位的职责任务，提高岗位的适应能力，学会以各种方式学习，综合素质要有明显进步； 2. 将货运代理和报关等专业知识和相关政策法规结合，运用到相应的实践岗位，提高观察问题、发现问题、分析问题、解决问题的能力，提高专业水平； 3. 在规范有序的实际工作中养成努力钻研、吃苦耐劳的精神		
学习内容	1. 掌握货运代理企业的部门职能，岗位工作技能； 2. 掌握货代公司货代业务流程，不同岗位的工作职责和内容； 3. 能在不同的岗位，如客服、业务部、操作部等部门的相关岗位顺利工作		

（二）教学组织

贯彻“合作办学、合作育人、合作发展”的理念，按照“依托行业、对接产业、定位职业、服务社会”的专业建设思路，以行动导向实施课程教学，形成以教师为主导、学生为主体、教学做合一、理论与实践合一、工学结合的教学模式。始终要重视学生在校学习与实际工作的一致性，采取工学交替、任务驱动、项目导向的一体化教学模式，运用任务驱动法、项目导向法、情境教学法、案例分析法、现场教学法、课堂讨论法等教学方法进行教学，立足于加强学生实际操作能力的培养。

核心课程建议采用“任务驱动、项目导向”教学法，通过典型的工作任务或项目，由教师提出要求或示范，组织学生进行活动，注重“教”与“学”的互动，让学生在活动中增强爱岗敬业、团结协作的意识，实现技能与素质的同步提高。实施“教、学、做”一体化教学，提高学生的学习兴趣，有效培养学生的职业能力；教师可着重进行引导并实施监督和评价。实践课程要加强引导、示范，创设工作情境，让学生亲自动手，提高学生岗位适应能力和分析处理问题的能力。

在教学过程中，要充分借鉴多媒体、教学资源库、网络资源等教学资源辅助教学，帮助学生理解所学知识。并重视本专业领域新技术、新工艺、新设备的发展趋势，充分利用校外实训基地，校企合作，工学结合，积极引导学生提升职业素养、提高职业道德，紧密结合职业技能证书的考核、加强取证项目的训练。

（三）考核评价

吸纳用人单位专家参与教学质量评价，建立以能力为核心、以过程为重点的学习绩效考核评价体系。针对不同类型的课程采用不同的考核方法。对公共基础课程，建议采取理论考核的方法；对于专业学习领域，建议采取过程考核与综合考核相结合的方式；对于实践学习领域，尽量采用实操考核、过程考核的方法。具体原则如下：

1. 公共基础学习领域

总评成绩 = 平时成绩（考勤、提问、作业等）×40% + 期终考核 ×60%。

2. 专业学习领域

采取过程考核与综合考核相结合的评价方式，同时根据学生取得相应工种的职业资格证书的情况，综合评价学生成绩。其中过程考核包括学习态度、课程作业等，占课程总成绩的40%；综合考核包括期末考试、实践考核等，占课程总成绩的60%。如学生取得相应工种的职业资格证书，则该门课程考核合格。

3. 独立实践环节

以工作态度、实际操作和实习报告等情况综合评定学生成绩，其中工作态度、实际操作等占80%（在企业完成的项目由企业指导教师评定），实习报告占20%。

（执笔人：闵秀红）

第三部分　附　　件

附件1:《国际海上货运代理》课程标准

一、课程定位(表1)

课 程 定 位 表　　表1

课程名称及编号	国际海上货运代理(312006)
开设学期及学时	第3学期(102学时)
课程类型	专业核心学习领域
先导课程	国际货运代理基础、国际物流
平行课程	国际航空货运代理、运输经济地理、国际货运代理专业英语、国际商务单证缮制
后续课程	国际多式联运、报关实务、报检实务

二、课程性质

本课程是高职报关与国际货运专业的一门专业核心课程,其目标是在具备了国际海上货运代理的基本知识和业务流程的基础上,培养学生国际海上货运代理业务能力,以及运用相关行业法规加强对货运代理探讨,促进学生处理实际业务问题能力和管理能力的提高。本专业学生应达到国际货代员资格证书相关考证的基本要求。

三、课程设计思路

通过本课程学习使学生们能熟练进行订舱、审单、制单、货物装配、报检、报关、结算、提单签单等各环节业务操作,加强学生对国际货运代理行业的了解,使学生具备解决国际海上货运代理业务问题的方法和能力。通过对国际海上货运代理业务流程的熟悉、海上货代单证的填制,培养学生岗位工作能力,可持续发展能力。

课程结束后,要求学生在毕业之前争取考取国际货运代理从业人员岗位资格证书,为毕业后工作于国际货运代理等企业的第一线相关岗位工作打下坚实的基础。

国际货运代理从业人员岗位分布,如国际货运揽货员、国际货运操作员、国际货运单证员、国际货运客户服务员,以及国际物流企业、国际速递公司、集装箱租赁公司、码头公司的主要岗位,进出口企业的货运、跟单和负责箱管和拖运等岗位。

四、课程目标

(一)知识目标

(1)了解国际货运代理人的职责范围和服务对象,明确国际货运代理公司内部岗位的职责分工;

(2)能熟悉本企业的服务性质、服务航线、船期、挂靠港口与转运时间等信息;

(3)能熟知如何选择适当的承运人、运输方式；

(4)了解国际物流的运作流程及货物的仓储与养护；

(5)熟悉海上货运代理相关单证的制作要领；

(6)了解不同地区的港口习惯和海关程序；

(7)熟悉有关国际货运及货运代理的国际公约、惯例和法律法规；

(8)掌握货物及运输工具报关、报检、报验、保险、运费交付、结算等基本流程及相关单证的缮制方法；

(9)能按国际海上货运代理流程，处理揽货、订舱、托运、仓储、包装等货代业务；

(10)能熟练掌握货物监管、监卸、分拨、中转、集装箱拼箱、拆箱等货代服务技能；

(11)能熟练掌握理索赔程序，现场记录和证据保存。

(二)能力目标

(1)具有对国际海上货运代理相关知识的系统理解能力和综合运用能力；

(2)具有国际海上货运代理各项业务的熟练操作能力，并能实现在国际物流的大背景下灵活掌握综合的国际海上货运代理业务的能力；

(3)具有办理海运订舱操作、海运报检报关操作、海运结算操作的能力；

(4)具备自主学习能力、分析问题和解决问题的能力。

(三)素质目标

(1)具有可持续发展的能力；

(2)具有团队协作能力；

(3)具有收集和处理信息的能力；

(4)具有获取新知识的能力；

(5)具有综合运用所学知识分析和解决问题的能力；

(6)具有良好的职业道德和敬业精神；

(7)有强烈的事业心、高度的责任感和正直的品质。

五、课程内容与学习目标

(一)课程内容结构安排

本课程分成国际海上货运代理认知等4个学习情境，共19个工作任务，具体见表2。

课程内容结构安排一览表

表2

序号	学习情境	工作任务	参考学时
1	国际海上货运代理认知	国际海运组织	4
		海上货运船舶	2
		全球主要承运商	4
		主要航线和港口	6
		查询班轮船期	2
		集装箱知识	12

续上表

序号	学习情境	工作任务	参考学时
2	国际班轮货运代理	班轮货运程序	2
		班轮货运单证	10
		无船承运业务	4
		国际运输公约与中国海商法	4
		集装箱班轮出口货运代理	14
		集装箱班轮进口货运代理	4
		班轮运费的计算	10
3	航次租船货运代理	租船货运业务	4
		航次租船合同	4
		航次租船货运代理实务	4
4	海上货运事故的处理	货运事故的发生	4
		货运事故的责任划分	6
		索赔	2
合计			102

(二)课程内容要求(表3)

课程内容结构安排一览表 表3

<table>
<tr><td colspan="2">学习情境1:国际海上货运代理认知</td><td>参考学时:30</td></tr>
<tr><td colspan="3">学习目标:
1. 掌握全球主要的海运航线及主要港口,并能为货主提供航线方案;
2. 能比较主要承运商的优势航线并进行最优选择;
3. 会查询船期,并能为货主订舱</td></tr>
<tr><td colspan="3">学习内容:
1. 了解国际海运组织和不同货运船舶的特点;
2. 熟悉全球主要承运商;
3. 熟悉全球主要航线和港口;
4. 掌握班轮船期的内容;
5. 熟悉集装箱的标志和集装箱运输</td></tr>
<tr><td>教学资源:
1. 讲义、教案、多媒体课件、图片、FLASH 动画等;
2. 实训指导书、任务工单等;
3. 案例、相关法规等</td><td colspan="2">对学生基础要求:
1. 具有国际货物运输基础知识;
2. 具有国际货运代理基础知识</td></tr>
<tr><td colspan="2">学习情境2:国际班轮货运代理</td><td>参考学时:48</td></tr>
<tr><td colspan="3">学习目标:
1. 掌握航运进出口订舱与做箱操作流程,掌握相关环节操作技巧;
2. 掌握航运进出口报关与报检操作流程,掌握相关环节操作技巧;
3. 掌握航运货物配载与装船操作流程;
4. 掌握提单的缮制与签发</td></tr>
</table>

续上表

<table>
<tr><td colspan="2">学习情境2:国际班轮货运代理</td><td>参考学时:48</td></tr>
<tr><td colspan="3">学习内容:
1. 熟悉班轮货运程序;
2. 掌握班轮货运单证的填制;
3. 熟悉无船承运业务;
4. 熟悉相关海上运输法规与公约;
5. 掌握集装箱班轮出口货运代理业务;
6. 掌握集装箱班轮进口货运代理业务;
7. 掌握班轮运费的计算方法</td></tr>
<tr><td>教学资源:
1. 讲义、教案、多媒体课件、图片、FLASH 动画等;
2. 实训指导书、任务工单等;
3. 案例、相关法规等</td><td colspan="2">对学生基础要求:
具有国际海上货运代理基础知识</td></tr>
<tr><td colspan="2">学习情境3:航次租船货运代理</td><td>参考学时:12</td></tr>
<tr><td colspan="3">学习目标:
1. 能够选择合适的租船方式;
2. 能够顺利签订航次租船合同;
3. 能够顺利进行航次租船货运代理业务</td></tr>
<tr><td colspan="3">学习内容:
1. 掌握租船货物运输的不同类型特点;
2. 掌握航次租船合同的相关条款;
3. 掌握航次租船货运代理业务流程</td></tr>
<tr><td>教学资源:
1. 讲义、教案、多媒体课件、图片、FLASH 动画等;
2. 实训指导书、任务工单等;
3. 案例、相关法规等</td><td colspan="2">对学生基础要求:
具有国际班轮货运代理基础知识</td></tr>
<tr><td colspan="2">学习情境4:海上货运事故的处理</td><td>参考学时:12</td></tr>
<tr><td colspan="3">学习目标:
1. 能对海上货运事故进行分析,查找相关责任方;
2. 了解索赔,在海运事故发生时做好索赔工作</td></tr>
<tr><td colspan="3">学习内容:
1. 了解海上货运事故的危害;
2. 熟悉货运事故不同责任方的责任范畴;
3. 熟悉索赔流程及应备齐的相关单证</td></tr>
<tr><td>教学资源:
1. 讲义、教案、多媒体课件、图片、FLASH 动画等;
2. 案例、相关法规等</td><td colspan="2">对学生基础要求:
1. 具有国际海上货运代理基本知识;
2. 具有分析货运代理事故的能力</td></tr>
</table>

六、课程实施建议

(一)教材及参考资源建议

1. 教材

中国国际货代协会. 国际海上货运代理理论与实务[M]. 北京:中国商务出版社,2010.

2. 参考书

[1]陈彩凤. 国际货运代理[M]. 北京:北京交通大学出版社,2010.

[2]中国国际货代协会. 国际货运代理基础知识[M]. 北京:中国商务出版社,2007.

[3]陈伟芝. 国际商务单证[M]. 广州:暨南大学出版社,2009.

[4]孙敬宜. 国际货运代理实务[M]. 北京:对外经济贸易大学出版社,2010.

[5]赵轶. 国际贸易实务[M]. 北京:北京交通大学出版社,2009.

[6]李勤昌. 海上货运合同的法律问题研究[M]. 北京:科学出版社,2010.

[7]孟于群,陈震英. 国际货运代理法律及案例分析[M]. 北京:对外经济贸易大学出版社,2000.

(二)师资条件建议

(1)具有国际货代员业务能力;

(2)具有本学科相关理论知识,符合教师要求,有教师资格证;

(3)具有理实一体化教学能力。

(三)实验实训条件建议(表4)

课程实训项目一览表 表4

实训室名称	主要设备名称	主要实训项目
国际货运代理业务实训室	1. 世界航运电子地图; 2. 国际货运代理软件; 3. 国际货运单证软件	1. 国际海上出口货运代理实训; 2. 国际海上进口货运代理实训; 3. 国际海上货运代理单证缮制

(四)教学方法建议

针对具体的教学内容和教学过程,总体采用项目教学法。在具体教学方法中,运用任务引导法、案例法、小组协作学习法等多种方法组织教学,以学生为中心"做中学、学中做",让学生人人参与,培养学生团队协作能力和实践动手能力。

(五)教学评价建议

本课程采用多元性的评价。学习态度、考勤、课程作业等过程考核占课程总成绩的30%,实践环节占总成绩的20%,期末考试(可结合职业技能考证)等结果考核占课程总成绩的50%,见表5。

过程考核表 表5

<table>
<tr><th colspan="2" rowspan="2">考核项目</th><th rowspan="2">考核方式</th><th colspan="2">比例</th></tr>
<tr><th>分项</th><th>总体</th></tr>
<tr><td rowspan="3">过程考核</td><td>学习态度</td><td>根据课堂教学参与情况、课堂回答问题、出勤情况，由教师综合评定学生的学习态度得分</td><td>20%</td><td rowspan="3">30%</td></tr>
<tr><td>考勤</td><td>根据学生上课出勤情况评定</td><td>40%</td></tr>
<tr><td>课程作业</td><td>根据学生完成课后作业、成果报告的情况由教师来评定成绩</td><td>40%</td></tr>
<tr><td colspan="2">实践环节</td><td>根据学生实践情况，由学生自评、他人评价和教师评价相结合的方式评定成绩</td><td>100%</td><td>20%</td></tr>
<tr><td colspan="2">结果考核</td><td>由教师评定笔试成绩</td><td>100%</td><td>50%</td></tr>
<tr><td colspan="4">合计</td><td>100%</td></tr>
</table>

（课程标准制订人：闵秀红）

附件2：《报关实务》课程标准

一、课程定位（表1）

课程定位表 表1

课程名称及编号	报关实务（313004）
开设学期及学时	第4学期（102学时）
课程类型	专业核心学习领域
先导课程	国际海上货运代理、国际航空货运代理
平行课程	报检实务、商品名称与编码、国际商务单证缮制
后续课程	仓储与配送、电子商务

二、课程性质

《报关实务》是一门具有极强的实践性特征的课程，主要学习报关专业知识、海规海法、商品规类、报关程序、税费计算、报关单的填制与改错等内容，是报关货代人员必备的专业知识。

三、课程设计思路

本课程的构建以对外贸易、关税等方面的法律法规以及海关法为指导，结合外经贸行业相应岗位所必需的对外贸易从业人员的能力要求，依据通关实务等相关专业的专业培养计划要求，结合业务技能标准构建其能力标准。

（1）在教学中，包括每个项目中有关报关流程的设计、案例讨论、进出口税费的计算、报关单的填制与改错等，使学生对进出口报关业务进行深入掌握。通过学生实际动手操作练习，要求熟悉不同的贸易环境下的业务操作。

(2)理论与实践相结合的策略——目标是使学生学习功效提高。

本课程在教学的过程中要体现理论与实践相结合的基本教学策略,由于课程本身属于实务性的课程,应该更倾向于实践教学,要教给学生怎样去做,学习每一项目驱动后要学会一项技能(或技能的某一个方面),或者学生的某种能力得到锻炼和提高。通过这种理论与实践相结合的教学模式,提高学生的学习效果,增强学生的动手能力和岗位适应能力。理论与实践相结合应通过各种方式得以实现,如课堂教学中的实例讨论和分析、手动制表、小组研讨等。

四、课程目标

(一)知识目标

(1)了解报关基本概念;

(2)熟悉报关单位的种类;

(3)熟悉海关的管理体制和基本职能;

(4)了解我国对于不同货物情形下的外贸管制政策;

(5)掌握进出口货物的分类及其报关的基本程序;

(6)熟悉关税核算和报关单填制的基本方法;

(7)懂得常用的实用报关英语。

(二)能力目标

(1)能自主学习新知识、新技术;

(2)能通过各种媒体资源查找所需信息;

(3)能独立制订工作计划并实施;

(4)具备报关各环节所应具备的操作技能;

(5)具有报关单填制和常用外贸业务软件的操作技能;

(6)能够对商品报关实例进行分析评价、正确计算进出口税费;

(7)能够将所学的通关实务专业知识融会贯通,在实践中加以运用,具备举一反三的能力。

(三)素质目标

(1)具有良好的报关人员从业道德、严谨的工作态度和良好的团队合作精神;

(2)具备良好的口头表达能力和人际沟通能力;

(3)具有较强的创新精神和创新能力;

(4)具有良好的心理素质和克服困难的能力。

五、课程内容与学习目标

(一)学习情境

本课程分 8 个学习情境,27 个工作任务,具体见表 2。

课程内容与学习目标一览表 表2

序号	学习情境	工作任务	参考学时
1	报关与对外贸易管制	海关和报关	8
		对外贸易管制的含义、目的	2
		进出口检验检疫管理	2
		进出口许可证管理	4
		进出口核销管理	2
		对外贸易救济管理	2
2	报关单的填制	认识进出口报关单	2
		进出口报关单表头填写	2
		进出口报关单表体填写	10
		进出口其他相关单据的认识	4
3	进出口税费计算	进出口完税价格	2
		进出口关税的计算	4
		进出口增值税的计算	4
		进出口消费税的计算	4
4	一般进出口货物报关程序	进出口申报	4
		配合查验	4
		缴纳税费	4
		提取或装运	4
5	保税加工货物报关程序	进出口合同备案	4
		进出口报关	4
		进出口合同报核	4
6	保税物流货物报关程序	保税仓库、出口监管仓进出口报关	2
		保税物流园区、保税区进出口报关	2
		保税港区进出口报关	2
7	其他进出口货物报关	特定减免税货物进出口报关	4
		暂准进出境货物进出口报关	4
8	报关单填制实务分析	根据相关单据填写报关单	8
合计			102

(二)课程内容要求(表3)

课程内容与学习目标一览表 表3

学习情境1:报关与对外贸易管制	参考学时:22
学习目标: 1. 了解海关组织和报关概念; 2. 了解外贸管制的含义、目的和实现途径; 3. 掌握我国外贸管制制度的主要内容,理解我国外贸管制的主要管理措施	

续上表

<table>
<tr><td>学习情境1:报关与对外贸易管制</td><td>参考学时:22</td></tr>
<tr><td colspan="2">学习内容:
1. 海关及报关制度;
2. 对外贸易管制;
3. 进出口备案管理;
4. 进出口许可证管理;
5. 进出口检验检疫制度;
6. 进出口核销管理制度;
7. 对外贸易救济管理</td></tr>
<tr><td>教学资源:
1. 讲义、教案、多媒体课件、实训指导书、任务工单、系统仿真软件、图片、模型、FLASH 动画、规程等;
2. 典型案例、进出口相关法规等</td><td>对学生基础要求:
1. 熟悉报关基本知识;
2. 对海关有一定的了解;
3. 掌握我国对外贸易管制规定</td></tr>
<tr><td>学习情境2:报关单的填制</td><td>参考学时:18</td></tr>
<tr><td colspan="2">学习目标:
1. 掌握报关单的填写;
2. 了解提单、装箱单、发票等单据</td></tr>
<tr><td colspan="2">学习内容:
1. 报关单表头的填写;
2. 报关单表体的填写;
3. 提单、装箱单、发票</td></tr>
<tr><td>教学资源:
1. 讲义、教案、多媒体课件、实训指导书、任务工单、系统仿真软件、图片、模型、FLASH 动画、规程等;
2. 典型案例</td><td>对学生基础要求:
1. 熟悉报关单各栏的填写;
2. 能看懂英文单据</td></tr>
<tr><td>学习情境3:进出口税费的计算</td><td>参考学时:14</td></tr>
<tr><td colspan="2">学习目标:
1. 掌握进出口关税的计算;
2. 了解其他的进出口税费</td></tr>
<tr><td colspan="2">学习内容:
1. 如何确定完税价格;
2. 进出口关税的计算;
3. 进出口消费税、增值税的计算</td></tr>
<tr><td>教学资源:
1. 讲义、教案、多媒体课件、实训指导书、任务工单、系统仿真软件、图片、模型、FLASH 动画、规程等;
2. 典型案例</td><td>对学生基础要求:
学会计算进出口税费</td></tr>
</table>

续上表

<table>
<tr><td colspan="2">学习情境4:一般进出口货物报关程序</td><td>参考学时:16</td></tr>
<tr><td colspan="3">学习目标:
掌握一般进出口货物通关的四个环节</td></tr>
<tr><td colspan="3">学习内容:
1. 什么是一般进出口货物;
2. 一般进出口货物通关的四个环节</td></tr>
<tr><td>教学资源:
1. 讲义、教案、多媒体课件、实训指导书、任务工单、系统仿真软件、图片、模型、FLASH动画、规程等;
2. 典型案例</td><td colspan="2">对学生基础要求:
掌握一般进出口货物的报关程序</td></tr>
<tr><td colspan="2">学习情境5:保税加工货物报关程序</td><td>参考学时:12</td></tr>
<tr><td colspan="3">学习目标:
掌握保税加工货物的通关四个环节</td></tr>
<tr><td colspan="3">学习内容:
1. 加工合同的备案;
2. 保税加工货物的报关;
3. 加工合同的核销</td></tr>
<tr><td>教学资源:
1. 讲义、教案、多媒体课件、实训指导书、任务工单、系统仿真软件、图片、模型、FLASH动画、规程等;
2. 典型案例</td><td colspan="2">对学生基础要求:
1. 知道什么是保税加工货物;
2. 掌握保税加工货物的报关程序</td></tr>
<tr><td colspan="2">学习情境6:保税物流货物报关程序</td><td>参考学时:6</td></tr>
<tr><td colspan="3">学习目标:
1. 了解保税物流货物的报关程序;
2. 熟悉保税物流货物的分类</td></tr>
<tr><td colspan="3">学习内容:
1. 保税仓库、出口监管区货物报关;
2. 保税物流园区、保税区货物报关;
3. 保税港区货物报关</td></tr>
<tr><td>教学资源:
1. 讲义、教案、多媒体课件、实训指导书、任务工单、系统仿真软件、图片、模型、FLASH动画、规程等;
2. 典型案例</td><td colspan="2">对学生基础要求:
1. 知道什么是保税物流货物;
2. 掌握不同保税物流货物的报关程序</td></tr>
<tr><td colspan="2">学习情境7:其他进出口货物报关程序</td><td>参考学时:8</td></tr>
<tr><td colspan="3">学习目标:
1. 了解暂准进出境货物的报关程序;
2. 了解特定减免税货物的报关</td></tr>
</table>

续上表

<table>
<tr><td>学习情境7:其他进出口货物报关程序</td><td>参考学时:8</td></tr>
<tr><td colspan="2">学习内容:
1. 暂准进出境货物的特点;
2. 暂准进出境货物的报关程序;
3. 特定减免税货物的特点;
4. 特定减免税货物的报关程序</td></tr>
<tr><td>教学资源:
1. 讲义、教案、多媒体课件、实训指导书、任务工单、系统仿真软件、图片、模型、FLASH 动画、规程等;
2. 典型案例</td><td>对学生基础要求:
1. 知道什么是暂准进出境货物和特定减免税货物;
2. 掌握暂准进出境货物和特定减免税货物的报关程序</td></tr>
<tr><td>学习情境8:报关单填制实务分析</td><td>参考学时:8</td></tr>
<tr><td colspan="2">学习目标:
熟练掌握报关单的填制</td></tr>
<tr><td colspan="2">学习内容:
根据实际情况填制报关单</td></tr>
<tr><td>教学资源:
1. 讲义、教案、多媒体课件、实训指导书、任务工单、系统仿真软件、图片、模型、FLASH 动画、规程等;
2. 典型案例</td><td>对学生基础要求:
能根据提单、装箱单、发票等单据熟练填制报关单</td></tr>
</table>

六、课程实施建议

(一)教材及参考资源建议

1. 教材

海关总署报关员资格考试教材编委会. 报关员资格全国统一考试教材[M]. 北京:中国海关出版社,2013.

2. 参考书

[1]严德成. 进出口报关实务[M]. 北京:清华大学出版社,2012.

[2]罗兴武. 通关实务[M]. 北京:机械工业出版社,2006.

[3]郑俊田. 中国海关通关实务[M]. 北京:中国商务出版社,2014.

[4]刘红燕. 进出口业务[M]. 北京:高等教育出版社,2006.

[5]陈平. 进出口业务实训教程[M]. 武汉:华中科技大学出版社,2009.

[6]姜维,陈柯妮. 报关业务实战教程[M]. 上海:立信会计出版社,2005.

3. 课程网站

http://elearn.jxjtxy.com/eol/homepage/course/layout/page/index.jsp? courseId=10658.

(二)师资条件建议

(1)具有熟练的业务能力,最好具有报关员从业资格证;

(2)具有本学科相关理论知识,符合教师要求,有教师资格证;

(3)具有理实一体化教学能力。

(三)实验实训条件建议

校内实训基地是实现高等职业教育目标、对学生进行专业岗位技术技能训练与鉴定的重要实践场所,其教学基础设施与工作状况直接反映学校的教学质量与教学水平。实训基地建设要充分体现生产现场的特点,并能提供具有真实而综合的职业环境,按照专业岗位对基本技术、基本技能的要求,使学生得到实际有效的操作训练,尤其是要重点建设现代技术含量高、具有真实或仿真职业环境、具有产、学、研一体化功能的实训基地,具体见表4。

校内实训室 表4

实训室名称	主要设备名称	主要实训项目
国际货运代理业务实训室	1.国际货运代理软件(报关模块); 2.国际货运单证软件	1.查找商品编码; 2.办理出入境货物报关业务

(四)教学方法建议

针对具体的教学内容和教学过程,总体采用项目教学法。在具体教学方法中,运用任务引导法、案例法、小组协作学习法等多种方法组织教学,以学生为中心"做中学、学中做",让学生人人参与,培养学生团队协作能力和实践动手能力。

(五)教学评价建议

本课程采用多元性的评价,学习态度、课程作业、实践环节等过程考核占课程总成绩的40%,期末考试(可结合职业技能考证)等结果考核占课程总成绩的60%,全面综合评价学生能力,见表5。

过程考核表 表5

考核项目		考核方式	比例	
			分项	总体
过程考核	学习态度	根据课堂教学参与情况、课堂回答问题、出勤情况,由教师综合评定学生的学习态度得分	30%	40%
	实践环节	根据学生实践情况,由学生自评、他人评价和教师评价相结合的方式评定成绩	40%	
	课程作业	根据学生完成课后作业、成果报告的情况由教师来评定成绩	30%	
结果考核		由教师评定笔试成绩	100%	60%
合计				100%

(课程标准制订人:占维)

附件3:《国际多式联运》课程标准

一、课程定位(表1)

课 程 定 位 表　　表1

课程名称及编号	国际多式联运(312005)
开设学期及学时	第4学期(68学时)
课程类型	专业核心学习领域
先导课程	海关法规、国际海上货运代理、国际航空货运代理
平行课程	报关实务、报检实务、国际商务单证缮制
后续课程	仓储与配送

二、课程性质

本课程是报关与国际货运专业的专业必修课,它在报关与国际货运专业中居于重要地位。本课程以基于工作过程的项目任务为主线,以提高学生职业能力为核心,以国际货运代理从业人员资格考证为辅助,培养学生全面的专业知识、业务技能和职业能力。

三、课程设计思路

本课程采用校企合作进行基于真实工作过程的课程开发设计思路,使学生掌握从事国际多式联运工作所必备的综合知识。始终围绕国际多式联运职业岗位的实际需求和职业资格考证的需要,以职业能力培养为重点,以国际多式联运工作实践过程为主线,以国际货运代理从业人员资格考证为辅助,与行业企业充分合作进行课程设计与开发。高度重视学生职业能力与职业素质的培养,以岗位职业标准和考证要求为依据设计整体教学内容;教学组织以学生为主体、项目为载体,紧密结合国际多式联运工作实际,科学合理地设计每一教学环节;充分利用校内教学资源和校外实训基地,灵活运用各种教学方法和手段,将课堂理论教学和课内外实践教学有机结合,使真实的国际多式联运业务操作在整个教学内容、教学环节中得到体现。同时融"教、学、做、考"为一体,充分体现课程的系统性、职业性、实践性和开放性特点,大力提高学生的实践动手能力,增强毕业生的就业竞争能力。

四、课程目标

(一)知识目标

(1)准确掌握国际多式联运业务的经营范围,掌握国际货物多式联运的实务流程;
(2)了解国际多式联运经营人的职责范围和服务对象;
(3)熟悉国际多式联运经营人内部岗位的职责分工;
(4)了解海运、陆运、空运及多式联运等各种运输方式的基本特点及实务运作;
(5)熟悉多式联运重要单证的制作要领。

(二)能力目标

(1)对国际多式联运相关知识的系统理解能力;
(2)国际多式联运各个相关知识的综合运用能力;
(3)国际多式联运各项业务的熟练操作能力。

(三)素质目标

(1)培养学生良好的职业道德和行为规范,能够爱岗敬业、吃苦耐劳、知理守信;
(2)培养学生具有较强的团队合作精神和协调沟通能力;
(3)培养学生较敏锐的问题识别与处理能力;
(4)注重遵章守纪、具有较强的安全意识和岗位责任感。

五、课程内容与学习目标

(一)课程内容结构安排

本课程分国际多式联运概述等5个学习情境,国际多式联运的定义与区别等16个工作任务,具体见表2。

课程内容结构安排一览表 表2

序号	学习情境	工作任务	参考学时
1	国际多式联运概述	国际多式联运的定义与区别	2
		《联合国国际货物多式联运公约》简介	4
		国际多式联运的优越性	4
2	国际公路联运运输实务	公路运输概述	2
		公路运输的特点和作用	4
		公路运输的经营方式	6
		公路运输的设施与设备	6
		公路的货物运输业务	4
3	国际铁路货运运输实务	铁路运输概述	2
		国际多式联运的主要业务流程	4
		个人独资企业法	4
4	国际多式联运业务及程序	国际多式联运经营人	4
		国际多式联运的主要业务流程	6
		国际多式联运的形式	6
5	国际多式联运单证	国际多式联运相关单证	4
		国际多式联运提单	6
合计			68

（二）课程内容要求（表3）

课程内容和学习目标一览表 表3

<table>
<tr><td colspan="2">学习情境1:国际多式联运概述</td><td>参考学时:10</td></tr>
<tr><td colspan="3">学习目标:
1. 了解国际多式联运的定义与基本条件;
2. 理解《联合国国际货物多式联运公约》的主要条款;
3. 掌握国际多式联运相对于空运、海运、铁路运输、公路运输等单一运输方式的优越性</td></tr>
<tr><td colspan="3">学习内容:
1. 国际多式联运的定义与基本条件;
2. 国际多式联运与一般国际运输的区别;
3. 国际多式联运的基本原则;
4. 对《联合国国际货物多式联运公约》适用范围的规定;
5. 国际多式联运的优越性</td></tr>
<tr><td>教学资源:
1. 讲义、教案、多媒体课件、图片、模型、FLASH 动画等;
2. 案例、相关法规等</td><td colspan="2">对学生基础要求:
1. 理解国际多式联运的特点;
2. 具有一般分析的能力</td></tr>
<tr><td colspan="2">学习情境2:国际公路联运运输实务</td><td>参考学时:22</td></tr>
<tr><td colspan="3">学习目标:
1. 了解公路运输的特点和作用;
2. 掌握公路运输的经营方式;
3. 了解公路运输的设施与设备</td></tr>
<tr><td colspan="3">学习内容:
1. 公路货物运输的特点;
2. 国际公路货物运输的作用;
3. 公路运输的经营方式;
4. 公路运输的设施与设备;
5. 公路的货物运输业务</td></tr>
<tr><td>教学资源:
1. 讲义、教案、多媒体课件、图片、模型、FLASH 动画等;
2. 案例、相关法规等</td><td colspan="2">对学生基础要求:
1. 熟悉公路运输的特点;
2. 具有一般分析的能力</td></tr>
<tr><td colspan="2">学习情境3:国际铁路货运运输实务</td><td>参考学时:10</td></tr>
<tr><td colspan="3">学习目标:
1. 熟悉国际铁路货物联运的特点;
2. 国际货物铁路联运的流程及运单;
3. 掌握国际铁路联运出口货物运输的流程</td></tr>
<tr><td colspan="3">学习内容:
1. 铁路运输的特点;
2. 铁路运输在我国对外贸易中的地位和作用;
3. 国际货物铁路联运;
4. 国际铁路联运运单;
5. 国际铁路联运出口货物运输</td></tr>
</table>

续上表

<table>
<tr><td colspan="2">学习情境3:国际铁路货运运输实务</td><td>参考学时:10</td></tr>
<tr><td>教学资源:
1. 讲义、教案、多媒体课件、图片、模型、FLASH 动画等;
2. 案例、相关法规等</td><td colspan="2">对学生基础要求:
1. 理解并熟悉国际货物铁路联运的流程;
2. 具有一般分析的能力</td></tr>
<tr><td colspan="2">学习情境4:国际多式联运业务及程序</td><td>参考学时:16</td></tr>
<tr><td colspan="3">学习目标:
1. 掌握国际多式联运经营人的定义;
2. 掌握国际多式联运的主要业务流程;
3. 理解国际多式联运的形式</td></tr>
<tr><td colspan="3">学习内容:
1. 国际多式联运经营人的定义;
2. 多式联运经营人的基本条件;
3. 国际多式联运的主要业务流程;
4. 国际多式联运的形式</td></tr>
<tr><td>教学资源:
1. 讲义、教案、多媒体课件、图片、模型、FLASH 动画等;
2. 案例、相关法规等</td><td colspan="2">对学生基础要求:
1. 理解和熟悉国际多式联运经营人;
2. 具有一般分析的能力</td></tr>
<tr><td colspan="2">学习情境5:国际多式联运单证</td><td>参考学时:10</td></tr>
<tr><td colspan="3">学习目标:
1. 掌握国际多式联运相关单证膳制;
2. 掌握国际多式联运提单膳制</td></tr>
<tr><td colspan="3">学习内容:
1. 各区段的运单;
2. 提箱单、设备交接单;
3. 装箱单、场站收据、交货记录;
4. 国际多式联运提单</td></tr>
<tr><td>教学资源:
1. 讲义、教案、多媒体课件、图片、模型、FLASH 动画等;
2. 案例、相关法规等</td><td colspan="2">对学生基础要求:
1. 理解并熟悉多式联运单证的类型;
2. 具有一般分析的能力</td></tr>
</table>

六、课程实施建议

(一)教材及参考资源建议

1. 教材

武德春. 国际多式联运实务[M]. 北京:机械工业出版社,2009.

2. 参考书

[1]中国国际货代协会. 国际陆路货运代理与国际多式联运理论与实务[M]. 北京:中国商务出版社,2010.

[2]杨志刚. 国际集装箱多式联运实务与法规[M]. 北京:人民交通出版社,2003.

[3]田律新. 国际集装箱货物多式联运组织与管理[M]. 大连:大连海事大学出版社,1999.

3. 课程网站

http://elearn. jxjtxy. com/eol/homepage/course/layout/page/index. jsp? courseId = 10650.

(二)师资条件建议

(1)具有本学科相关理论知识,符合教师要求,有教师资格证;

(2)具有理实一体化教学能力。

(三)实验实训条件建议(表4)

课程实训项目一览表 表4

实训室名称	主要设备名称	主要实训项目
综合运输作业管理实训室	1. 物流运输管理系统; 2. 物流运输车辆模型; 3. 运输沙盘模拟系统(涵盖海陆空运输、配送筹划演练)	1. 国际公路联运运输业务实训; 2. 国际多式联运运输业务实训
集装箱运输管理实训室	1. 集装箱自动吊具模型; 2. 集装箱货运船模型; 3. 20 英尺集装箱模型	国际铁路联运运输业务实训

(四)教学方法建议

针对具体的教学内容和教学过程,总体采用项目教学法。在具体教学方法中,运用任务引导法、案例法、小组协作学习法等多种方法组织教学,以学生为中心"做中学、学中做",让学生人人参与,培养学生团队协作能力和实践动手能力。

(五)教学评价建议

本课程采用多元性的评价,学习态度、课程作业、实践环节等过程考核占课程总成绩的40%,期末考试(可结合职业技能考证)等结果考核占课程总成绩的60%,全面综合评价学生能力,见表5。

过程考核表 表5

考核项目		考核方式	比例	
			分项	总体
过程考核	学习态度	根据课堂教学参与情况、课堂回答问题、出勤情况,由教师综合评定学生的学习态度得分	30%	40%
	实践环节	根据学生实践情况,由学生自评、他人评价和教师评价相结合的方式评定成绩	40%	
	课程作业	根据学生完成课后作业、成果报告的情况由教师来评定成绩	30%	
结果考核		由教师评定笔试成绩	100%	60%
合计				100%

(课程标准制订人:唐振武)

附件 4:《国际航空货运代理》课程标准

一、课程定位(表 1)

课程定位表 表 1

课程名称及编号	国际航空货运代理(312007)
开设学期及学时	第 3 学期(102 学时)
课程类型	专业核心学习领域
先导课程	国际货运代理基础、国际物流
平行课程	国际海上货运代理、运输经济地理、国际货运代理专业英语、国际商务单证缮制
后续课程	国际多式联运、报关实务、报检实务

二、课程性质

国际航空货运代理实务是高等职业院校报关与国际货运专业的专业核心课程。课程目标在于通过课程项目教学内容的学习与实训,让学生了解航空货运代理的基本概念、理论与发展趋势;掌握国际航空货代业务一类代理、二级市场代理操作的基本流程,包括航空货物运输条件和规则、口岸机构的职能、航空货运代理进出口规程与单证制作、航空运价以及运费计算、航空货运设备操作、特种货物运输操作、不正常运输处理与风险防范、航空货运收益管理等业务操作能力。该课程主要以国际贸易理论与实务、外贸单证等课程的学习为基础,也是进一步学习国际航空货代业务综合实训等课程的基础。

三、课程设计思路

该课程按照"课程、证书、岗位"三位一体的新模式设计课程教学内容,在邀请国际航空货代业务专家对报关与国际货运专业所覆盖的业务岗位进行任务与职业能力分析的基础上,以就业为导向,以国际航空货代销售代理人岗位为核心,以国际航空货运代理实务为主体,按照高职学生认知特点,采用业务流程引导教学的方法进行展示教学内容,让学生在完成具体项目的过程中构建相关知识体系、训练职业技能、发展职业能力。本课程分为 11 个学习项目,这些学习项目是以国际航空货代销售代理人岗位的基本素质、基本能力、基本规范、基本业务、基本操作为线索来设计的。课程内容突出对学生职业能力的训练,理论知识的选取紧紧围绕工作任务完成的需要来进行,同时又充分考虑了高等职业教育对理论知识学习的需要,并融合了相关职业资格证书对知识、技能和态度的要求。

四、课程目标

国际航空货运代理实务课程引入项目教学方法,对学生进行"能力标准考核",确立"课证岗"教学与考核体系,实行由岗位要求—能力标准—培养目标—课程内容体系—职业技能—岗位应用"六个环节"循环教学,使学生的课程教学始终围绕能力标准及岗位要求的核心展开,根据航空货代 11 个项目内容中一线操作实践分 7 个项目,围绕货代从业人员岗位职业能力的需要,每个项目设计明确的任务,授课与实训围绕核心任务传授专业知识,训练学生的专业能力,授课的效果以学生完成工作任务的效果来评价,提高授课内容的操作性,有利于学生能力提高。

(一)知识目标

(1)能熟悉航运企业的服务性质、服务航线、船班等信息;
(2)能熟知如何选择适当的承运人、运输方式;
(3)能熟知运输工具的类型、特点、载荷能力、适用性等;
(4)能熟练掌握与海关、商检、税务、外管、银行、保险等有关的业务知识和操作技能;
(5)能熟练掌握各类业务各个环节的实际操作流程;
(6)能及时解答客户咨询,及时、准确、有效地处理,满足客户的需求;
(7)能提供符合客户需求的资源整合方案;
(8)能熟悉办理航空运输进出口货物的交接;
(9)能熟练地掌握和运用专业的外语,具有较好的语言表达能力和沟通能力;
(10)具有一定开发客户市场的基本技巧和能力;
(11)具有一定建立开发海外网络的基本技术能力。

(二)能力目标

(1)能熟悉各种业务单证,并能正确填写、处理、递交;
(2)能熟练掌握理索赔程序,现场记录和证据保存;
(3)能具有现场处理事务的能力;
(4)具有个人发展的专业根基。

(三)素质目标

(1)培养学生的可持续发展能力;
(2)培养学生的合作能力;
(3)利用英文版软件培养学生的外语应用能力;
(4)注重遵章守纪、积极思考、耐心、细致、勇于实践、竞争意识等职业素质的养成。

五、课程内容与学习目标

(一)课程内容结构安排

本课程分国际航空货物运输基础知识等9个学习情境,国际航空货物运输组织等39个工作任务,具体见表2。

课程内容结构安排一览表 表2

序号	学习情景	工作任务	学时
1	国际航空货物运输基础知识	国际航空货物运输组织	2
		航空货物运输的特点	1
		航空集中托运	4
		航空运输地理和时差计算	2
		民用航空运输飞机	2
		集装器简介	2
		国际航空货运手册和代码简介	6

续上表

序号	学习情景	工作任务	学时
2	航空货运代理业务流程	航空货物出口运输代理业务程序	12
		航空货物进口运输代理业务程序	6
3	包舱包板运输	包舱包板简介	2
		包机运输	1
		包舱运输	1
		包集装箱运输	1
4	特种货物收运	鲜活易腐货物	4
		活体动物	3
		危险物品	3
		超大超重货物	2
		尸体骨灰	1
		作为货物运输的行李	1
5	国际航空快递运输	国际航空快递货物运输的概述	2
		航空快递的特点	1
6	航空运费的计算	货物运费计算中的基本知识	2
		航空货物运价的基础知识	2
		普通货物运价	6
		指定商品运价	4
		等级货物运价	4
		集中托运货物运价	1
		国际货物的其他运费	1
7	航空货运单	航空货运单概述	2
		航空货运单的契约条款	2
		航空货运单的填制	6
8	国际航空公约	国际航空法条约简介	2
		航空货物运输合同	3
		华沙体制在航空货运中的应用	2
9	不正常运输及索赔	货物不正常运输	3
		变更运输	1
		货物的索赔	2
合计			102

(二)课程内容要求(表3)

课程内容与学习目标一览表 表3

<table>
<tr><td>学习情境1:国际航空货物运输基础知识</td><td>参考学时:19</td></tr>
<tr><td colspan="2">学习目标:
1. 了解国内外航空货运业的产生与发展,行业主要运输组织的作用;
2. 了解航空货运的相关概念和术语;
3. 了解航空货运的特点和作用;
4. 熟练时差换算;
5. 熟悉主要的民用航空机型和分类;
6. 了解集中托运的意义和集装器的分类和使用;
7. 熟练掌握行业手册和价格资料的查阅方法(tact);
8. 熟记常用行业简码;
9. 了解航权概念及其意义</td></tr>
<tr><td colspan="2">学习内容:
1. 国际航空货物运输组织;
2. 航空货物运输的特点;
3. 航空集中托运;
4. 航空运输地理和时差计算;
5. 民用航空运输飞机;
6. 集装器简介;
7. 国际航空货运手册和代码简介</td></tr>
<tr><td>教学资源:
1. 讲义、教案、多媒体课件、图片;
2. 实训指导书、任务工单等;
3. 航空手册等</td><td>对学生基础要求:
1. 了解常见的航空货物运输术语;
2. 会正确查询航空运价手册</td></tr>
<tr><td>学习情境2:航空货运代理业务流程</td><td>参考学时:18</td></tr>
<tr><td colspan="2">学习目标:
1. 熟练掌握航空货运出口代理业务基本流程;
2. 了解不用性质国际货代在流程中担任的角色和工作内容;
3. 熟练掌握航空货运进口代理业务基本流程;
4. 了解到港进口业务的基本流程和内容;
5. 理解承运人担任全程运输和代理担任全程运输的区别</td></tr>
<tr><td colspan="2">学习内容:
1. 航空货物出口运输代理业务程序;
2. 航空货物进口运输代理业务程序</td></tr>
<tr><td>教学资源:
1. 讲义、教案、多媒体课件、图片;
2. 实训指导书、任务工单等</td><td>对学生基础要求:
1. 掌握常见鲜活货物的包装方法;
2. 了解航空货物装机过程</td></tr>
</table>

续上表

<table>
<tr><td>学习情境3:包仓包板运输</td><td>参考学时:5</td></tr>
<tr><td colspan="2">学习目标:
1. 了解包舱包板的概念和特征;
2. 了解包舱包板合同在运输中的作用;
3. 掌握包舱包板操作的基本知识</td></tr>
<tr><td colspan="2">学习内容:
1. 包舱包板简介;
2. 包机运输;
3. 包舱运输;
4. 包集装箱运输</td></tr>
<tr><td>教学资源:
1. 讲义、教案、多媒体课件、图片;
2. 实训指导书、任务工单等;
3. 企业典型案例等</td><td>对学生基础要求:
1. 了解包板运输产生的原因;
2. 了解常见航空集装箱的型号</td></tr>
<tr><td>学习情境4:特种货物收运</td><td>参考学时:14</td></tr>
<tr><td colspan="2">学习目标:
1. 掌握活体动物、危险货物、贵重货物、作为货物交运的旅客行李的收运条件;
2. 掌握活体动物、危险货物、贵重货物、作为货物交运的旅客行李的一般包装要求</td></tr>
<tr><td colspan="2">学习内容:
1. 鲜活易腐货物;
2. 活体动物;
3. 危险物品;
4. 超大超重货物;
5. 尸体骨灰;
6. 作为货物运输的行李</td></tr>
<tr><td>教学资源:
1. 讲义、教案、多媒体课件、图片;
2. 实训指导书、任务工单等</td><td>对学生基础要求:
1. 了解常见的鲜活易腐货物种类;
2. 掌握常见鲜活易腐货物的运输特性</td></tr>
<tr><td>学习情境5:国际航空快递运输</td><td>参考学时:3</td></tr>
<tr><td colspan="2">学习目标:
1. 了解航空货物快递运输的业务流程;
2. 掌握 pod 单证主要栏目的意义</td></tr>
<tr><td colspan="2">学习内容:
1. 国际航空快递货物运输的概述;
2. 航空快递的特点</td></tr>
<tr><td>教学资源:
1. 讲义、教案、多媒体课件、图片;
2. 实训指导书、任务工单等;
3. 航空快递运输单</td><td>对学生基础要求:
1. 了解航空快递的特点;
2. 了解航空快递的签收单证</td></tr>
</table>

续上表

<table>
<tr><td colspan="2">学习情境6:航空运费的计算</td><td>参考学时:20</td></tr>
<tr><td colspan="3">学习目标:
1. 熟练掌握运价计算的基础知识;
2. 了解 tact 的运价结构;
3. 熟悉 GCR 的运价计算;
4. 熟悉 SCR 的运价计算;
5. 熟悉主要 CR 的运价计算;
6. 了解集装托运中的运价计算;
7. 熟悉主要其他费用的规定和计算</td></tr>
<tr><td colspan="3">学习内容:
1. 货物运费计算中的基本知识;
2. 航空货物运价的基础知识;
3. 普通货物运价;
4. 指定商品运价;
5. 等级货物;
6. 集中托运货物运价;
7. 国际货物的其他运费</td></tr>
<tr><td>教学资源:
1. 讲义、教案、多媒体课件、图片;
2. 实训指导书、任务工单等;
3. 运价表</td><td colspan="2">对学生基础要求:
了解特种货物的类型</td></tr>
<tr><td colspan="2">学习情境7:航空货运单</td><td>参考学时:10</td></tr>
<tr><td colspan="3">学习目标:
1. 掌握 MWAB\HAWB 的意义及其区别;
2. 掌握 MWAB\HAWB 的栏目填制要求;
3. 理解 MWAB\HAWB 的关系人及其委托关系</td></tr>
<tr><td colspan="3">学习内容:
1. 概述;
2. 航空货运单的契约条款;
3. 航空货运单的填制</td></tr>
<tr><td>教学资源:
1. 讲义、教案、多媒体课件、图片;
2. 实训指导书、任务工单等;
3. 航空货运单等</td><td colspan="2">对学生基础要求:
1. 了解航空货物托运的要求;
2. 了解货运单背面条款的含义</td></tr>
<tr><td colspan="2">学习情境8:国际航空公约</td><td>参考学时:7</td></tr>
<tr><td colspan="3">学习目标:
1. 了解华沙体制的主要内容;
2. 掌握承运人、托运人各自基本的责权利;
3. 具有处理一般业务纠纷的能力</td></tr>
</table>

续上表

<table>
<tr><td colspan="2">学习情境8:国际航空公约</td><td>参考学时:7</td></tr>
<tr><td colspan="3">学习内容:
1. 国际航空法条约简介;
2. 航空货物运输合同;
3. 华沙体制在航空货运中的应用</td></tr>
<tr><td>教学资源:
1. 讲义、教案、多媒体课件、图片;
2. 实训指导书、任务工单等;
3. 相关国际条约等</td><td colspan="2">对学生基础要求:
1. 知晓常见国际航空公约;
2. 掌握相关权利人的权利和义务</td></tr>
<tr><td colspan="2">学习情境9:不正常运输及索赔</td><td>参考学时:6</td></tr>
<tr><td colspan="3">学习目标:
1. 掌握变更运输的种类、范围和处理方式;
2. 理解不正常运输索赔有关规定</td></tr>
<tr><td colspan="3">学习内容:
1. 货物不正常运输;
2. 变更运输;
3. 货物的索赔</td></tr>
<tr><td>教学资源:
1. 讲义、教案、多媒体课件、图片;
2. 实训指导书、任务工单等;
3. 企业典型案例等</td><td colspan="2">对学生基础要求:
掌握常见不正常运输的类型</td></tr>
</table>

六、课程实施建议

(一)教材及参考资源建议

1. 教材

中国国际货代协会. 国际航空货运代理理论与实务[M]. 北京:中国商务出版社,2010年.

2. 参考书

[1]夏洪山. 现代航空运输管理[M]. 北京:科学出版社,2012.

[2]江群. 航空运输地理[M]. 北京:国防工业出版社,2009.

(二)师资条件建议

(1)具有本学科相关理论知识,符合教师要求,有教师资格证;

(2)具有理实一体化教学能力。

(三)实验实训条件建议

实验实训条件建议见表4。

实训条件　　表4

序号	实训室名称	主要设备名称	主要实训项目
1	国际货运代理业务实训室	1. 国际货运代理软件； 2. 教学一体化设备	1. 模拟国际货代业务及流程实训； 2. 国际货运单证制作与流转业务
2	集装箱运输管理实训室	1. 集装箱运输实务模拟仿真学习平台； 2. 集装箱自动吊具模型； 3. 集装箱货运船模型； 4. 20 英尺集装箱模型； 5. 集装箱吊装设备模型； 6. 教学一体化设备等	1. 综合运输实训； 2. 集装箱码头管理实训； 3. 国际多式联运实训
3	综合运输作业管理实训室	1. 物流运输管理系统； 2. 物流运输车辆模型； 3. 运输沙盘模拟系统（涵盖海陆空运输、配送筹划演练）	1. 货物接收和发运实训； 2. 运输组织等业务实训； 3. 国际多式联运实训
4	物流信息技术实训室	1. 物流运输监控系统； 2. 货物跟踪系统； 3. 客户服务系统及教学一体化设备等	1. GPS 实训； 2. 货代软件的实训

（四）教学方法建议

针对具体的教学内容和教学过程，总体采用任务驱动教学法。在具体教学方法中，运用任务引导法、案例法、小组协作学习法等多种方法组织教学，以学生为中心“做中学、学中做”，让学生人人参与，培养学生团队协作能力和实践动手能力。

（五）教学评价建议

本课程采用多元性的评价，学习态度、课程作业、实践环节等过程考核占课程总成绩的40%，期末考试（可结合职业技能考证）等结果考核占课程总成绩的60%，全面综合评价学生能力，具体见表5。

过程考核表　　表5

考核项目		考核方式	比例	
			分项	总体
过程考核	学习态度	根据课堂教学参与情况、课堂回答问题、出勤情况，由教师综合评定学生的学习态度得分	20%	40%
	实践环节	根据学生实践情况，由学生自评、他人评价和教师评价相结合的方式评定成绩	45%	
	课程作业	根据学生完成课后作业、成果报告的情况由教师来评定成绩	35%	
结果考核		由教师评定笔试成绩	100%	60%
合计				100%

（课程标准制订人：安礼奎）

附件 5:《报检实务》课程标准

一、课程定位(表 1)

课程定位表 表 1

课程名称及编号	报检实务(313006)
开设学期及学时	第 4 学期(68 学时)
课程类型	专业核心学习领域
先导课程	国际货运代理基础
平行课程	报关实务、国际商务单证缮制
后续课程	电子商务

二、课程性质

报检实务是报关与国际货运专业的专业核心课程之一。该课程是以进出口报检工作为背景,专门研究外贸活动中报检工作,具有政策性、技术性、执法性和涉外性的特点。

三、课程设计思路

本课程标准的总体设计思路:引入“工学结合、双证融通”的人才培养模式理念,以《报检员资格证书》为突破口,推行教学做一体化培养模式,基于典型工作任务及其工作过程开发课程,达到本课程的培养目标。

本课程在遵循高等职业院校学生认知规律的基础上,根据行业专家对该专业所涵盖的岗位群进行的任务和职业能力分析,结合资格考试要求,以工作业务类别为主线来确定本课程的工作模块和教学内容,实行教学做一体化。通过本课程教学,让学生掌握进出口业务中有关报检实务的相关事项和操作技能。

四、课程目标

(一)知识目标

(1)了解出入境检验检疫的概念,理解出入境检验检疫工作概况;
(2)掌握出入境检验检疫报检的流程;
(3)熟悉出入境检验检疫报检的通关、放行和收费相关程序;
(4)会正确填制报检业务的相关单据;
(5)会正确缮制出口货物产地证;
(6)会对不同进出口货物进行正确申报、检验与取证。

(二)能力目标

(1)熟悉出入境检验检疫机构,理解检验检疫报检条件;
(2)掌握报检程序,并能正确贯彻中国外经贸的方针政策,确保企业的经济利益,又能符合国际经济通行规则,进而培养学生熟悉和掌握报检相关的专业技能。

(三)素质目标

(1)具有可持续发展的能力;
(2)具有团队协作能力;
(3)具有收集和处理信息的能力;
(4)具有获取新知识的能力;
(5)具有综合运用所学知识分析和解决问题的能力;
(6)具有良好的职业道德和敬业精神。

五、课程内容与学习目标

(一)课程内容结构安排

本课程共10个学习情境,37个工作任务,具体见表2。

课程内容与学习目标一览表 表2

序号	学习情景	工作任务	学时
1	出入境检验检疫认知	商品的概念	1
		出入境检验检疫	1
2	我国出入境检验检疫的主要法规	出入境检验检疫的主要法律	1
		其他相关的重要法则	1
		国际贸易合同中的检验条款	1
3	商检机构、检务部门和报检队伍	国内外主要的商品检验机构	1
		我国商品检验机构的主要职责	1
		检务部门和报检单位	2
		报检员管理	1
4	法定检验和商品检验检疫中的单证	法定检验的概念、范围、内容	2
		法定检验的标准和方式	2
		出入境检验检疫收费	2
		特殊的法定检验检疫——CISS	2
		商品检验检疫中的单证	2
5	出境商品法定检验程序	一般工作流程	2
		主要出境货物的报检	4
		抽检、检验、查验	2
		签证、放行	2
6	入境商品法定检验程序	一般程序和规定	2
		主要入境货物的报检	3
		进口商品的索赔	2
		进口设备的检验方法	2
		进口原材料的检验	2
7	出入境交通工具、集装箱的报检	集装箱报检	2
		交通运输工具卫生检疫申报和动植物检疫	2

续上表

序号	学习情景	工作任务	学时
8	出入境人员的健康申报及携带物等的申报	健康申报与体检申请	2
		携带物、邮寄物和快件的检验检疫申报	2
9	出入境货物检验检疫注册登记审批的申请和管理	强制性产品认证	2
		质量许可证	2
		注册登记	2
		登记备案、检疫审批	2
		标签标识	2
		出口商品企业设施分类管理	1
10	产品质量认证与质量体系	产品质量和质量认证	1
		产品质量认证的实施程序	2
		认证机构和认证标志	3
		ISO 9000 系列标准	2
合计			68

(二)课程内容要求(表3)

课程内容与学习目标一览表 表3

<table>
<tr><td colspan="2">学习情境1:出入境检验检疫认知</td><td>参考学时:2</td></tr>
<tr><td colspan="3">学习目标:
1. 掌握国际贸易中商品的含义及其分类;
2. 掌握出入境检验检疫的地位和作用</td></tr>
<tr><td colspan="3">学习内容:
1. 商品的概念;
2. 国际贸易中的商品及其分类;
3. 出入境检验检疫的产生和发展;
4. 出入境检验检疫的地位和作用;
5. 出入境检验检疫工作的主要内容</td></tr>
<tr><td>教学资源:
1. 讲义、教案、多媒体课件、图片;
2. 实训指导书、任务工单等</td><td colspan="2">对学生基础要求:
1. 具备商品认知的能力;
2. 知道进出口商品报检的重要性</td></tr>
<tr><td colspan="2">学习情境2:我国出入境检验检疫的主要法规</td><td>参考学时:3</td></tr>
<tr><td colspan="3">学习目标:
1. 了解我国关于进出口商品检验检疫的主要法律法规;
2. 掌握《商检法》的主要内容</td></tr>
<tr><td colspan="3">学习内容:
1.《商检法》及其实施条例;
2. 国家基本法律及其他法规;
3. 检验地点及时间安排;
4. 检验标准与方法</td></tr>
</table>

续上表

<table>
<tr><td>学习情境2:我国出入境检验检疫的主要法规</td><td>参考学时:3</td></tr>
<tr><td>教学资源:
1. 讲义、教案、多媒体课件、图片;
2. 实训指导书、任务工单等</td><td>对学生基础要求:
了解关于报检方面的法律法规</td></tr>
<tr><td>学习情境3:商检机构、检务部门和报检队伍</td><td>参考学时:5</td></tr>
<tr><td colspan="2">学习目标:
1. 了解国内外主要的商检机构;
2. 明确商检机构和人员之间的关系;
3. 熟悉报检员的管理</td></tr>
<tr><td colspan="2">学习内容:
1. 商检机构的主要类型;
2. 国内外主要商检机构;
3. 对进出口商品实施检验;
4. 检务部门;
5. 报检员管理和变更</td></tr>
<tr><td>教学资源:
1. 讲义、教案、多媒体课件、图片;
2. 实训指导书、任务工单等</td><td>对学生基础要求:
1. 熟悉商检主要机构有哪些;
2. 熟悉国外商检机构有哪些</td></tr>
<tr><td>学习情境4:法定检验和商品检验检疫中的单证</td><td>参考学时:10</td></tr>
<tr><td colspan="2">学习目标:
1. 掌握法定检验的主要内容、依据;
2. 熟悉有关法定检验的单证种类;
3. 了解出入境检验检疫收费</td></tr>
<tr><td colspan="2">学习内容:
1. 法定检验;
2. 法定检验的范围;
3. 法定检验的内容;
4. 出入境检验检疫收费;
5. CISS 法定检验</td></tr>
<tr><td>教学资源:
1. 讲义、教案、多媒体课件、图片;
2. 实训指导书、任务工单等;
3. 报检单证等</td><td>对学生基础要求:
1. 熟悉常见的法定报检单证有哪些;
2. 会进行报检费用的计算</td></tr>
<tr><td>学习情境5:出境商品法定检验程序</td><td>参考学时:10</td></tr>
<tr><td colspan="2">学习目标:
1. 掌握出境一般报检的流程;
2. 掌握法定检验范围和条件;
3. 掌握主要出境货物的报检程序;
4. 掌握出口查验和抽检的条件</td></tr>
</table>

续上表

学习情境5:出境商品法定检验程序		参考学时:10
学习内容: 1. 出境商品法定检验的一般工作程序; 2. 报检条件和报检范围; 3. 出境货物报检单的填制; 4. 主要出境货物的报检; 5. 抽样检查和检验; 6. 出口查验和签证		
教学资源: 1. 讲义、教案、多媒体课件、图片; 2. 实训指导书、任务工单等		
学习情境6:入境商品法定检验程序		参考学时:11
学习目标: 1. 熟悉入境商品法定检验程序和方法; 2. 掌握报检的方式、范围、程序、地点; 3. 重点掌握入境货物报检单的填制要求,能准确填写		
学习内容: 1. 入境商品检验的检疫工作程序; 2. 报检资格和要求及报检范围; 3. 主要入境货物的报检; 4. 索赔与索赔条款; 5. 进口设备的检验方法; 6. 进口原材料的检验		
教学资源: 1. 讲义、教案、多媒体课件、图片; 2. 实训指导书、任务工单等	对学生基础要求: 1. 掌握常见法定商检货物的类型; 2. 会缮制相关单证	
学习情境7:出入境交通工具、集装箱的报检		参考学时:4
学习目标: 1. 了解出入境集装箱的报检及交通运输工具检疫的申报; 2. 掌握动植物检疫的相关要求		
学习内容: 1. 出境集装箱的报检; 2. 入境集装箱的报检; 3. 卫生检疫申报; 4. 动植物检疫		
教学资源: 1. 讲义、教案、多媒体课件、图片; 2. 实训指导书、任务工单等		

续上表

<table>
<tr><td>学习情境8:出入境人员的健康申报及携带物等的申报</td><td>参考学时:4</td></tr>
<tr><td colspan="2">学习目标:
1. 了解出入境人员健康申报及旅客携带物、伴侣动物、快递的申报流程;
2. 掌握其报检流程和有关规定</td></tr>
<tr><td colspan="2">学习内容:
1. 出入境人员检疫的概念;
2. 出入境人员监控体检申请;
3. 旅客携带物的申报;
4. 携带伴侣动物的申报;
5. 出入境快件的申报</td></tr>
<tr><td>教学资源:
1. 讲义、教案、多媒体课件、图片;
2. 实训指导书、任务工单等</td><td>对学生基础要求:
掌握出入境人员的健康申报及携带物的申报</td></tr>
<tr><td>学习情境9:出入境货物检验检疫注册登记审批的申请和管理</td><td>参考学时:11</td></tr>
<tr><td colspan="2">学习目标:
1. 了解检验检疫法规的认证、认可、注册、登记、备案、检疫审批;
2. 掌握标签标识申请、复验的申请要求和相关管理</td></tr>
<tr><td colspan="2">学习内容:
1. 强制性范围和主管机关;
2. 出口商品质量许可证;
3. 出口食品生产企业卫生;
4. 出入境快件检验检疫;
5. 出口危险品生产企业的登记;
6. 进出境植物及植物产品</td></tr>
<tr><td>教学资源:
1. 讲义、教案、多媒体课件、图片;
2. 实训指导书、任务工单等;
3. 企业典型案例等</td><td>对学生基础要求:
1. 了解强制性检验的相关知识;
2. 熟悉常见商品的报检流程</td></tr>
<tr><td>学习情境10:产品质量认证与质量体系</td><td>参考学时:8</td></tr>
<tr><td colspan="2">学习目标:
1. 了解产品质量、质量认证和质量体系的基础知识;
2. 了解主要产品的商检标志、认证机构和认证标志</td></tr>
<tr><td colspan="2">学习内容:
1. 质量和质量认证的基本概念;
2. 质量认证的基本内容和种类;
3. 质量认证的作用;
4. 认证制度的发展趋势;
5. 我国注册的主要认证标志;
6. 质量体系的基本概念</td></tr>
</table>

续上表

学习情境10:产品质量认证与质量体系		参考学时:8
教学资源: 1. 讲义、教案、多媒体课件、图片; 2. 实训指导书、任务工单等	对学生基础要求: 了解质量的相关知识	

六、课程实施建议

(一)教材及参考资源建议

1. 教材

冯毅. 进出口商品报检实务[M]. 北京:中国商务出版社,2010.

2. 参考书

[1]刘耀威. 进出口商品检验与建议[M]. 北京:对外经济贸易大学出版社,2012.

[2]卢希纯. 中国出入境检验检疫初探[M]. 北京:中国对外经济贸易出版社,2011.

(二)师资条件建议

(1)具有进出口商品检验检疫管理能力,具有相应技能证书;

(2)具有本学科相关理论知识,符合教师要求,有教师资格证;

(3)具有理实一体化教学能力。

(三)实验实训条件建议(表4)

实 训 条 件　　表4

序号	实训室名称	主要设备名称	主要实训项目
1	国际货运代理业务实训室	1. 报关报检软件; 2. 教学一体化设备	1. 报关实训; 2. 报检实训

(四)教学方法建议

针对具体的教学内容和教学过程,总体采用任务驱动教学法。在具体教学方法中,运用任务引导法、案例法、小组协作学习法等多种方法组织教学,以学生为中心"做中学、学中做",让学生人人参与,培养学生团队协作能力和实践动手能力。

(五)教学评价建议

本课程采用多元性的评价,学习态度、课程作业、实践环节等过程考核占课程总成绩的40%,期末考试(可结合职业技能考证)等结果考核占课程总成绩的60%,全面综合评价学生能力,具体见表5。

过程考核表 表5

<table>
<tr><td colspan="2" rowspan="2">考核项目</td><td rowspan="2">考核方式</td><td colspan="2">比例</td></tr>
<tr><td>分项</td><td>总体</td></tr>
<tr><td rowspan="3">过程考核</td><td>学习态度</td><td>根据课堂教学参与情况、课堂回答问题、出勤情况，由教师综合评定学生的学习态度得分</td><td>20%</td><td rowspan="3">40%</td></tr>
<tr><td>实践环节</td><td>根据学生实践情况，由学生自评、他人评价和教师评价相结合的方式评定成绩</td><td>45%</td></tr>
<tr><td>课程作业</td><td>根据学生完成课后作业、成果报告的情况，由教师来评定成绩</td><td>35%</td></tr>
<tr><td colspan="2">结果考核</td><td>由教师评定笔试成绩</td><td>100%</td><td>60%</td></tr>
<tr><td colspan="4">合计</td><td>100%</td></tr>
</table>

（课程标准制订人：安礼奎）

会计电算化专业
人才培养方案

第一部分　主体部分

一、专业名称（专业代码）

会计电算化（620204）

二、招生对象

普通高中毕业生或同等学力者

三、学制

全日制三年

四、培养目标

本专业培养德、智、体、美全面发展，具有诚信、敬业的职业道德和精益求精的工作态度，熟悉国家财经法规，掌握必备的会计电算化专业理论知识和实践技能，能够独立从事账务处理、财务资金管理、会计软件应用和维护，分析和解决会计、财务管理工作中出现的实际问题的面向生产和管理一线的高素质技术技能专门人才。

五、就业面向

会计电算化专业服务面向工业、商业、服务业等企事业单位和组织。毕业生就业单位主要是企业、事业单位的会计、审计和经济管理部门。从事出纳员、材料核算员、工资核算员、往来核算员、报表分析员、成本核算员、库存系统管理员、采购系统管理员、销售系统管理员、会计、电算会计、稽核员、审计员、纳税申报员等工作，会计电算化专业定位见表3-1。

会计电算化专业定位　　表3-1

服务面向	工业、商业、服务业等企事业单位和组织
就业部门	企业、事业单位的会计、审计和经济管理部门
就业岗位	出纳员、材料核算员、工资核算员、往来核算员、报表分析员、成本核算员、库存系统管理员、采购系统管理员、销售系统管理员、会计、电算会计、稽核员、审计员、纳税申报员
岗位证书	会计从业资格证书、会计电算化初级资格证书、助理会计师

六、培养规格

（一）素质目标

（1）掌握科学的专业学习和思维方法；
（2）树立正确的政治思想，具有良好的思想品德；
（3）掌握良好的工作方法，具备尊重科学、实事求是的作风和创新意识；

(4)具有诚实守信、遵纪守法、廉洁奉公、团结协作、爱岗敬业、吃苦耐劳的良好职业道德和端正的行为规范,具有较强的服务意识。

(二)知识目标

(1)掌握必修的马列主义、毛泽东思想等政治理论课程;

(2)掌握专业所必需的高等数学、计算机应用基础、大学英语等基础知识;

(3)掌握专业所必需的会计基础与操作、会计电算化基础与技能等专业基础知识;

(4)掌握专业所必需的会计经济业务核算、会计报表的编制、成本会计核算、财务管理、财务软件应用技术、电算审计、审计等专业知识。

(三)能力目标

(1)熟悉企业经营活动过程中经济业务的手工处理及电算处理流程;

(2)掌握企业经营活动过程中供、产、销三个环节的核算方法;

(3)掌握成本计算、利润结算的基本方法;

(4)熟练掌握经济业务原始凭证的审核和编制,记账凭证的编制;

(5)具备实际账务处理能力,能熟练完成日记账、明细账及总账的启用、过账、登账、对账、结账等操作;

(6)掌握财务报表的编报、纳税申报表的编报、会计资料的整理等操作方法;

(7)熟练掌握财务软件(金蝶、用友)的操作和处理方法,能利用电算审计软件进行审计,具备一定的会计电算化系统维护和管理能力;

(8)掌握管理学基本知识,通过校企合作赋予学生实际工作经验,具有从事企业基层管理的基本能力。

七、教学环节进程安排表

(一)培养时间分配表

在人才培养的实施过程中,教学环节周数分配见表3-2。

会计电算化专业培养时间分配表 表3-2

学年		第一学年		第二学年		第三学年		合计
学期		一	二	三	四	五	六	
1	入学教育	1周						1周
2	国防教育	2周						2周
3	课内教学	16周	18周	19周	18周	15周		86周
4	实践教学		1周		1周	4周		6周
5	生产实习						19周	19周
累计		19周	19周	19周	19周	19周	19周	114周

注:1. 课内教学指按课程(学习领域)组织的各种教学活动,包括理论课程、理实一体化课程等。

2. 实践教学是指计划单列的非生产性实践教学活动,包括专业认识实践、专项单列实训、课程设计、综合设计、社会实践等。

3. 生产实习是指生产性教学实习活动,包括工学交替生产实习、生产劳动实习、毕业顶岗实习。

(二)教学进程表

本专业的人才培养进程见表3-3。

会计电算化专业教学进程表 表3-3

序号	类别	课程名称	教学时数与学分				考核方式		课内教学时数及实践周数					
			总学时	学分	理论学时	实践学时	考试学期	考查学期	第一学年		第二学年		第三学年	
									一	二	三	四	五	六
									16周	18周	19周	18周	15周	0周
1	公共基础课程	“两课”基础	64	4	64			1	4					
2		“两课”概论	72	4	72			2		4				
3		体育	68	4	68			1、2	2	2				
4		计算机应用基础	96	5	44	52	1		6					
5		高等数学	64	4	64			1	4					
6		大学英语	136	6	136		1		4	4				
7		大学语文	72	4	72					4				
8		任选课1	38	2	38			3			2			
9		任选课2	36	3	36			4				2		
10		应用文写作	30	2	30								2	
11		就业指导	15	1	15			5					1	
公共基础课程小计			691	39	639	52	课内占比		32.18%					
1	专业基础学习领域	会计学	96	5	62	34	1		6					
2		礼仪	36	2	18	18		2		2				
3		会计电算化	108	5	52	56	2			6				
4		财经法规与职业道德	72	4	72		2			4				
5		计算技术与点钞技术	76	3	30	46		2			4			
6		统计学	76	4	60	16	3				4			
7		经济学	76	4	64	12		3			4			
专业基础学习领域小计			540	27	358	182	课内占比		25.15%					
1	专业核心学习领域	中级财务会计Ⅰ	114	7	74	40	3				6			
2		中级财务会计Ⅱ	108	7	52	56		4				6		
3		成本会计	72	9	34	38	4					4		
4		纳税会计	72	9	22	50	4					4		
5		会计报表	60	7	30	30	5						4	
专业核心学习领域小计			426	39	212	214	课内占比		28.21%					
1	专业拓展学习领域	经济法	76	4	66	10		3			4			
2		企业资源管理实务	72	2	32	40		4				4		
3		公路会计	72	4	42	30						4		
4		财务管理	60	4	30	30							4	
5		审计学	60	4	30	30							4	
6		出纳员管理	36	2	4	26		4				2		
7		行业会计比较	60	4	30	30		5					4	
8		Excel在财务会计中的运用	60	4	34	26	5						4	
专业拓展学习领域小计			490	28	268	222	课内占比		22.82%					
课内教学环节合计			2147	133	1477	670	总百分比		71.88%					

续上表

序号	类别	课程名称	教学时数与学分				考核方式		课内教学时数及实践周数					
			总学时	学分	理论学时	实践学时	考试学期	考查学期	第一学年		第二学年		第三学年	
									一	二	三	四	五	六
									16 周	18 周	19 周	18 周	15 周	0 周
1	独立实践环节	入学教育	1 周	2		30			1 周					
2		国防教育	2 周	4		60			2 周					
3		会计电算实训	1 周	2		30				1 周				
4		出纳岗位实训	1 周	2		30						1 周		
5		会计模拟	4 周	5		120							4 周	
6		毕业顶岗实习	19 周	10		570								19 周
独立实践环节合计			840	25		840	总百分比		28.12%					
课时(学分)总计			2987	158	1477	1510	周时数		26	26	24	26	23	0
周数总计									19	19	19	19	19	19
理论教学时数			1477				总百分比		49.45%					
实践教学时数			1510				总百分比		50.55%					

(三)课程设置及学时比例

在人才培养的实施过程中,各教学环节学时比例见表 3-4。

会计电算化专业课程设置及学时比例表 表 3-4

项目	理论教学	实践教学			
		课内实训	专项实训	生产实习	合计
学时	1477	670	270	570	1510
所占比例	49.45%	50.55%			

注:1. 理论教学学时不包含课内的实训环节教学,课内实训是指有课程教学内完成的、非计划单列实践教学。
2. 专项实训是指计划单列的非生产性实践教学,包括专业认识实践、专项单列实训、课程设计、综合设计、社会实践等。
3. 生产实习包含轮岗生产实习、定岗生产实习、毕业顶岗实习。

八、毕业标准

(一)基本要求

(1)德、智、体、美等方面均通过学生管理部门考核达标;
(2)按规定完成课程(学习领域)的学习,成绩合格;
(3)完成各项独立实践环节(单列科目:如实践课、课程设计、实习、毕业实践、毕业设计等)的学习,成绩合格。

(二)职业资格证书要求

(1)必须取得全国计算机等级证(一级及以上)和英语应用能力证书(三级 B);

(2)获得至少一个本专业职业资格证书方可毕业。本专业职业资格证书见表3-5。

会计电算化专业职业资格证书表 表3-5

序号	考 核 项 目	发证部门	等级要求	考核学期
1	会计人员从业资格证书	财政部门	合格	第四学期
2	会计电算化从业资格证书	财政部门	合格	第四学期
3	珠算等级证书	财政部门	四级五级	第一学期

九、其他说明

为了进一步推动专业建设与发展,发挥专业教学指导委员会在专业建设中的指导作用,加强专业内涵建设,深化工学结合的人才培养模式改革,全面提高财会专业教育教学质量,2011年6月,学院成立财会专业教学指导委员会,委员由学院与合作企业共同聘请,并共同制定本专业人才培养方案。

(执笔人:陆亚维)

第二部分 支撑材料

一、专业人才培养实施条件

(一)专业教学团队

1. 师资数量与结构

(1)教师队伍数量应与学生规模相适应,生师比控制在18:1左右。

(2)教师队伍结构优化,梯队合理,45岁以下青年教师中研究生学历或硕士以上学位比例达到30%,专任教师中高级职称的比例≥30%,专任教师中具备双师素质教师的比例应达到80%以上。

(3)每个学习领域(课程)的教师应不少于2人,其中专业核心学习领域应配备相关专业中级技术职称以上的双师素质教师2人。

(4)各专业学习领域及独立实践环节,均应配备行业企业工程技术人员担任兼职教师,兼职教师折算比例应达到50%左右。

(5)专业实习(训)指导教师均为大专以上学历或中级以上职称。实习(训)指导教师具有中高级职称≥20%。

2. 业务水平

教师应具备良好的职业道德和一定的教学科研能力,达到高等教育教师任职资格的要求且具备高等教育教师任职资格。其中主讲教师应由具备讲师以上职称的专任教师或工程师以上职称的兼职教师担任,参加科学研究或技术服务的专任教师人数不少于专任教师总数的25%。

(二)专业教学资源

1. 选用优秀的高职高专规划教材

在选择教材时,应整体研究制定教材选用标准和选用程序,确保具有时代性、应用性、先进性和普适性的优秀教材优先被选用,同时,要注意选用具有鲜明行业特征的高职高专规划教材、特色教材和精品教材。

2. 开发基于工作过程的校本教材

与合作企业共同开发基于工作过程的校本教材,将相关的企业标准、行业规范等导入教材之中,编写中要突破学科体系的构架,将职业教育的教学过程与工作过程相融合,将专业理论知识和技能向企业工作过程知识转变,以典型工作任务作为工作过程知识的载体,并按职业能力构建教材的知识、技能体系,使之成为理实一体化教学的适用教材。专业核心学习领域教材一般要求为特色鲜明的校本教材或国家和地区职业教育优质教材。主要课程建议选用教材见表3-6。

会计电算化专业建议选用教材一览表 表 3-6

序号	教材名称	出版社	主编	出版时间
1	《会计信息系统》(第二版) 《会计信息系统实验》	高等教育出版社	汪刚、沈银萱	2014 年
2	《财务会计——基于会计岗位职责编写》	立信会计出版社	孙关荣	2013 年
3	《成本会计》	东北财经大学出版社	鲁亮升	2013 年
4	《成本会计实务》	北京交通大学出版社	马卫寰	2013 年
5	《税收实务》 《税收练习与实训》	南京大学出版社	唐文俊、尹有飞	2014 年
6	《会计报表编制与分析》	北京大学出版社	赵国忠	2013 年
7	《公路会计学》	校本教材	邱海菊	2015 年

3. 选用精品资源共享课程

充分利用现有国家和地方的精品资源共享课程开展教学,加强网络学习平台建设,通过慕课、个人空间、网络课程等网络技术构建日常教学课程网站,整合各种优质教学资源进行专业教学。可供使用的精品资源共享课程见表 3-7。

会计电算化专业可供选用的精品资源共享课程一览表 表 3-7

序号	课程名称	建设状态	负责人	通过时间
1	公路会计	江西省精品资源共享课	邱海菊	2013 年
2	中级财务会计	江西省精品资源共享课	陆亚维	2014 年
3	成本会计	院精品课程	黄盈盈	2013 年
4	纳税会计	院精品课程	余丽萍	2013 年

4. 专业网络教学资源

以数字化校园为运行载体,以学习领域(课程)为组织形式,利用网络学习平台建设共享性网络教学资源库,主要包括试题库、课件库、专业教学素材库、教学录像库等。网络教学资源库的建议配置见表 3-8。

会计电算化专业网络教学资源库的建议配置 表 3-8

类别	资源	主要内容与要求	备注
专业基本资源	专业简介	专业代码、招生对象、学制、就业面向、专业特点、主要课程等	专业介绍
	人才培养方案	主要包括培养目标、专业面向的职业岗位分析、专业定位、课程体系、核心课程描述、教学进程、毕业标准、实施条件、实施规范、实施流程、实施保障等	
	课程标准	专业核心课程的课程标准	
	教学文件	教学管理相关文件	

续上表

类别	资　源	主要内容与要求	备注
课程教学资源	教学指南	本课程的作用、目标和要求，本课程与职业岗位的关系，本课程与其他课程的关系，本课程的主要特点、课程结构、课程内容、课时分配、课程的重点与难点、实践教学体系、课程教学方法、课程教学资源、课程考核、课程授课方案设计、课程建设与工学结合效果评价等	专业基本配置
	教学设计	主要包括学时安排、学习任务设计、学习内容确定、教学目标设定、教学重点难点分析及处理、任务工单提供、教学方法建议、教学手段选用、教学设施和教学场地安排、教学实施要求、课程考核方法以及课后总结等	
	多媒体课件	优质核心课程课件	
	教学视频库	课程设计录像、课堂教学录像、实训操作演示录像等	
	案例库	以一个完整的企业项目为案例单元，通过模拟大作业来学习会计核算方法，实现知识内容的传授、知识技能的综合应用展示、知识迁移、技能掌握等	
	FALSH 资源	教学难点的动漫演示	
	实训项目	实训目标、实训设备、实训要求、实训内容与步骤、实训项目考核和评价标准、实训报告或总结、技术手册、操作规程与安全注意事项	
	学生作品	学生学习成果、实训作品和生产产品	
自主学习资源	学习指南	课程学习目标与要求，重点、难点提示及释疑，学习方法，典型任务解析，自我测试题及答案，参考资料和网站	专业特色配置
	测试题库	知识和技能测试	
	视频库	学习任务实施操作视频资料	
	网络课程	基于互联网技术的自主学习平台	
	仿真学习软件	通过网中网软件构建仿真学习环境	
	课程链接	与本专业相关的网站	
拓展学习资源	拓展视频资源	其内容可以在教学标准的基础上适当拓展	专业拓展选配
	文献库	与本课程或本专业相关的行业标准、企业规范、专利资料、法律法规、技术资料、成功案例等	
	仪器设备操作手册	常用仪器设备的操作手册	
	课程 BBS	建立由专人管理的网上论坛	
	网上答疑	按主讲教师开设答疑室	
	其他资源	素质教育模块、课外活动园地	

5. 其他教学资源

学院图书馆或资料室应当配置数量适当、结构合理、技术新颖的本专业纸质图书和电子图书，为专业学习、教学、科研和社会服务提供良好的信息服务，同时，还应配置具有时效性的专业杂志和最新会计准则；学院配置的电子图书，具有良好服务功能，能为专业教学资源库建设提供大数据服务。

（三）实验实训条件

1. 校内实训条件

根据会计电算化专业人才培养目标和教学要求，在校内由专任教师与行业企业兼职教师、学院财会处专业技术人员共同设计和建设具备理实一体化教学和专业实训功能的校内实训基地；充分利用校内专业实体（如学院交通勘察设计院、贝通公司和公路工程检测中心等）开展生产实训；加强计算机网络技术在教学中应用推广力度，构建会计手工实训室和会计仿真实训室，以厦门"网中网"等专门软件为支撑建立会计核算岗位仿真实训平台。

根据会计电算化专业人才培养的需要，校内实训条件建议按表3-9配置。

校内实验实训条件配置建议表　　表3-9

序号	名　　称	主要设备	主要功能	对应课程	容纳人数
1	会计手工模拟实训室	会计专业用具、算盘、计算器、点钞机、练习钞、计算机、打印机、传真机、专业装订机、投影仪等	会计基本技能训练；会计手工账核算和账务处理	会计学、计算技术与点钞技术、所有专业核心学习领域、出纳员管理、财务管理、公路会计等项目	50人
2	企业资源管理实训室	ERP沙盘系统，计算机，打印机，投影仪、扫描仪等	主要承担企业资源管理课程实训和ERP沙盘模拟实训	企业资源管理；ERP沙盘模拟实训	50人
3	会计电算化实训室	计算机、服务器、专用财会核算软件、打印机、投影仪等	主要承担会计电算化实训和计算机操作技能培训	会计电算、Excel在财务会计中的运用等	50人
4	会计综合模拟实训室	计算机、服务器、仿真软件、打印机、投影仪等	主要承担会计仿真账务处理实训项目	所有专业核心学习领域和专业拓展学习领域	50人
5	校中厂	计算机、投影仪、打印机、扫描仪、专用工具用具等（设于校内各专业实体）	提供真实的实习环境	认识实习、生产实习、社会实践和顶岗实习	50人

2. 校外实训条件

在校外实训基地的建设中，积极寻求与国内外、区域内大型知名企业开展深层次、紧密型合作，建立与自己的规模相适应的、稳定的校外实训基地，充分满足本专业所有学生综合实践能力及半年以上顶岗实习的需要，发挥企业在人才培养中的作用，由企业提供场地、办公设备、项目和技术指导人员，企业专业财务人员与教师共同组织和带领学生完成真实项目的核算。

校外实训基地有健全的规章制度及基于职业标准的员工日常行为规范，校企双方共同制订《学生顶岗实习过程管理办法》，使学生在实训期间养成遵纪守法的习惯，使其能真正领悟到团队合作精神，同时培养学生解决实际问题的能力。实习过程由专兼职教师共同指导、监督、考评和考核，强化学生顶岗实习的组织与管理，确保了学生半年顶岗实习的效果。

校外实习基地的建设,力求与校内实习基地建设配合适当、互为补充,做到统筹规划,布点合理,功能明确,基本涵盖本专业相关技术领域职业岗位(群)的各类企业,为课程的实践教学提供真实的职业环境,能够满足学生体验企业工作实际、体验企业文化的需要。

二、专业人才培养实施规范

(一)课程教学标准

1. 公共基础课程教学标准

本专业公共基础课程与物流管理专业相同,课程教学标准参考物流管理专业人才培养方案。

2. 专业基础学习领域教学标准(表3-10)

专业基础学习领域教学标准 表3-10

<table>
<tr><td>学习领域1</td><td colspan="3">会计学</td></tr>
<tr><td>学期</td><td>第1学期</td><td>参考学时</td><td>96学时</td></tr>
<tr><td>学习目标</td><td colspan="3">通过本专业基础课的学习,学生能够了解会计的相关专业知识,会计工作组织与会计法规;掌握会计账户的设置,会计科目的使用,会计凭证的填制,会计账簿的登记,财产清查的方法与处理,复式记账方法及主要经济业务的账务处理</td></tr>
<tr><td>学习内容</td><td colspan="3">1. 认识会计,了解会计工作组织与会计法规;
2. 掌握会计科目和账户的设置方法;
3. 掌握复制记账方法;
4. 掌握主要经济业务的核算方法;
5. 掌握会计凭证的填制方法;
6. 掌握会计账簿的登记方法;
7. 掌握财产清查的方法;
8. 掌握简单的报表编制</td></tr>
<tr><td>学习领域2</td><td colspan="3">礼仪</td></tr>
<tr><td>学期</td><td>第2学期</td><td>参考学时</td><td>36学时</td></tr>
<tr><td>学习目标</td><td colspan="3">1. 熟悉仪容、仪表、仪态等方面的基本礼仪规范,提升个人外在形象与素养;
2. 掌握礼仪的基本理论,沟通技巧、个人礼仪等;
3. 提升社交能力、语言表达能力、应变能力等;
4. 培养学生耐心、细致、严谨的工作态度,成为受企业欢迎的人</td></tr>
<tr><td>学习内容</td><td colspan="3">1. 个人形象礼仪;
2. 日常交往礼仪;
3. 常用公务礼仪;
4. 酬宾礼仪;
5. 职业礼仪;
6. 国际礼宾礼仪</td></tr>
<tr><td>学习领域3</td><td colspan="3">会计电算化</td></tr>
<tr><td>学期</td><td>第2学期</td><td>参考学时</td><td>108学时</td></tr>
<tr><td>学习目标</td><td colspan="3">本课程是会计电算化专业的一门专业核心课程,其目标是通过本课程的学习,要求学生掌握一定的会计电算化理论知识,能娴熟使用一种通用财务软件(比如掌握用友财务软件中财务会计模块及供应链模块中各功能的操作技能),达到国家对会计电算初级人员的要求,具备自主学习财务软件新增功能或同类其他财务软件的能力,从而加深对课堂教学内容的理解,激发学生学习专业知识的热情,为今后创造性地从事专业工作打下良好的基础</td></tr>
</table>

续上表

<table>
<tr><td>学习领域3</td><td colspan="3">会计电算化</td></tr>
<tr><td>学期</td><td>第2学期</td><td>参考学时</td><td>108学时</td></tr>
<tr><td>学习内容</td><td colspan="3">本课程传授会计电算化必备的基本理论知识，侧重学习财务软件功能的操作应用；通过本课程的学习，要求掌握各子系统的原理，包括其功能目标、与其他子系统的关系、数据处理流程、系统总体功能模块结构；能娴熟使用一种通用财务软件，比如掌握用友财务软件中财务会计模块及供应链模块中各功能的操作技能</td></tr>
<tr><td>学习领域4</td><td colspan="3">财经法规与职业道德</td></tr>
<tr><td>学期</td><td>第2学期</td><td>参考学时</td><td>72学时</td></tr>
<tr><td>学习目标</td><td colspan="3">1. 掌握会计工作的管理体制和监督体制；
2. 掌握会计人员的不相容职务；
3. 掌握各种票据填写规范要求；
4. 了解我国税收法律</td></tr>
<tr><td>学习内容</td><td colspan="3">学习情境1：会计工作管理体制；
学习情境2：会计监督体制；
学习情境3：会计机构和会计人员；
学习情境4：支付结算管理；
学习情境5：税收法律制度</td></tr>
<tr><td>学习领域5</td><td colspan="3">计算技术与点钞技术</td></tr>
<tr><td>学期</td><td>第2学期</td><td>参考学时</td><td>76学时</td></tr>
<tr><td>学习目标</td><td colspan="3">1. 掌握基本的数字书写能力，掌握票币整点技术；
2. 掌握运用珠算，熟练进行加减乘除运算；
3. 熟练掌握小键盘录入；
4. 了解掌握点钞的基本方法；
5. 熟练掌握一种实用点钞方法</td></tr>
<tr><td>学习内容</td><td colspan="3">1. 财经文字、数字的书写；
2. 珠算的基本功；
3. 珠算的加减乘除运算；
4. 账表算、传票算；
5. 电子计算器及小键盘输入运算；
6. 点钞的基本方法</td></tr>
<tr><td>学习领域6</td><td colspan="3">统计学</td></tr>
<tr><td>学期</td><td>第3学期</td><td>参考学时</td><td>76学时</td></tr>
<tr><td>学习目标</td><td colspan="3">1. 培养学生市场调查能力，收集、阅读和利用资料的能力；
2. 熟悉把握对企业的经济数据分析的能力；
3. 熟练地利用数据的结论进行简单的预测；
4. 培养学生积极主动在企业管理中运用统计知识，分析企业经济活动</td></tr>
<tr><td>学习内容</td><td colspan="3">1. 统计学总论；
2. 统计设计；
3. 统计调查；
4. 统计整理；
5. 统计综合指标；
6. 抽样推断；
7. 相关与回归分析；
8. 统计指数；
9. 时间数列分析；
10. 统计预测；
11. 统计分析报告的撰写</td></tr>
</table>

续上表

学习领域7	经济学		
学期	第3学期	学时	76学时
学习目标	1. 价格形成的一般理论； 2. 消费者理性行为和厂商的生产行为与企业运营的市场规律； 3. 分析宏观经济运行的一般原理； 4. 政府实施宏观调控的原则和方法		
学习内容	学习情境1:市场供求关系； 学习情境2:消费者行为分析； 学习情境3:成本与收益的解释； 学习情境4:企业要素投入的最优组合； 学习情境5:市场理论的分析		

3. 专业核心学习领域教学标准(表3-11)

专业核心学习领域教学标准　　表3-11

学习领域1	中级财务会计		
学期	第3、4学期	参考学时	222学时
学习目标	通过本专业核心课程学习,让学生掌握会计电算化的基本理论和基本方法,在掌握《记账员岗位训练》、《材料核算与管理》、《固定资产核算与管理(含其他长期资产)》、《资金核算与管理》、《成本核算》、《成本管理》、《职工薪酬核算与管理》、《收入、利润核算与管理》、《财务报表编制与分析》等专业知识的基础上,熟练使用财务软件,具备应用计算机进行账务处理的能力		
学习内容	1. 认识会计要素、会计信息质量要求； 2. 掌握货币资金的核算； 3. 掌握金融资产的核算； 4. 掌握存货的核算； 5. 掌握固定资产的核算与管理； 6. 掌握无形资产的核算； 7. 投资性房地产的核算； 8. 负债的核算； 9. 借款费用的核算； 10. 所有者权益的核算； 11. 收入费用的核算； 12. 利润的核算； 13. 所得税的核算； 14. 财务报告的编制		
学习领域2	成本会计		
学期	第4学期	参考学时	72学时
学习目标	1. 学会工业企业各种成本费用的归集和分配方法； 2. 学会工业企业产品成本计算的基本方法和辅助方法； 3. 掌握工业企业产品成本核算的基本流程、成本计划编制以及成本分析的基本原理和方法；使用财务软件,具备应用计算机进行账务处理的能力		

续上表

学习领域2	成本会计		
学期	第4学期	参考学时	72学时
学习内容	1. 成本所涉及的核心概念和理论； 2. 各种费用分配、归集的原理，各种成本计算程序； 3. 要素费用、辅助生产费用、制造费用分配方法； 4. 生产费用在完工产品与在产品之间的分配方法； 5. 成本核算的品种法、分批法、分步法、分类法、定额法； 6. 成本报表的编制与分析		
学习领域3	纳税会计		
学期	第4学期	参考学时	72学时
学习目标	1. 能比较各主要税种的含义、税率及征税范围； 2. 能正确理解纳税会计的基本前提和一般原则； 3. 能根据企业的类型和业务种类判断应纳的税种； 4. 能根据不同税种应纳税额的计算方法计算税金； 5. 能根据不同税种会计科目的不同进行正确的会计核算和账簿登记； 6. 能正确使用各类发票，填制涉税文书，进行网上申报		
学习内容	学习情境1：纳税会计总论； 学习情境2：增值税的核算； 学习情境3：消费税的核算； 学习情境4：营业税的核算； 学习情境5：关税的核算； 学习情境6：资源税的核算； 学习情境7：土地增值税的核算； 学习情境8：企业所得税的核算； 学习情境9：个人所得税的核算； 学习情境10：其他税的核算		
学习领域4	会计报表		
学期	第5学期	参考学时	60学时
学习目标	1. 了解财务报表体系，掌握会计报表编制的原则与要求； 2. 掌握资产负债表、利润表、现金流量表、所有者权益变动表的编制方法； 3. 掌握会计报表主要项目的分析方法； 4. 掌握会计报表综合分析方法； 5. 掌握会计报表主要比率的分析方法		
学习内容	1. 会计报表编制的原则与要求； 2. 资产负债表的作用、结构和主要项目的含义、资产负债表的编制方法； 3. 利润表的作用、结构和主要项目的含义、资产负债表的编制方法； 4. 现金流量表的作用、结构和主要项目的含义、资产负债表的编制方法； 5. 所有者权益变动表的作用、结构和主要项目的含义、资产负债表的编制方法； 6. 企业偿债能力、营运能力、赢利能力、发展能力的分析方法； 7. 会计报表综合分析方法		

4. 专业拓展学习领域教学标准（表 3-12）

专业拓展学习领域教学标准 表 3-12

<table>
<tr><td>学习领域 1</td><td colspan="3">经济法</td></tr>
<tr><td>学期</td><td>第 3 学期</td><td>参考学时</td><td>76 学时</td></tr>
<tr><td>学习目标</td><td colspan="3">1. 了解经济法的内容、涉及的日常现象；
2. 认知税收的定义、税收基本特征、税收要素与分类、中国现行税制；
3. 理解合同法的基本概念、基本内容、构成要素；
4. 认知经济法对日常生活的影响及作用</td></tr>
<tr><td>学习内容</td><td colspan="3">学习情境 1：经济法基本内容；
学习情境 2：会计法；
学习情境 3：审计法；
学习情境 4：票据法；
学习情境 5：合同法</td></tr>
<tr><td>学习领域 2</td><td colspan="3">企业资源管理实务</td></tr>
<tr><td>学期</td><td>第 4 学期</td><td>参考学时</td><td>72 学时</td></tr>
<tr><td>学习目标</td><td colspan="3">1. 熟悉企业各个业务模块的业务要求；
2. 掌握各业务模块的业务流程；
3. 分业务、分岗位、分角色应用 ERP 系统</td></tr>
<tr><td>学习内容</td><td colspan="3">学习情境 1：企业认知；
学习情境 2：ERP 原理认知；
学习情境 3：ERP 系统实施技术；
学习情境 4：ERP 系统使用</td></tr>
<tr><td>学习领域 3</td><td colspan="3">公路会计</td></tr>
<tr><td>学期</td><td>第 4 学期</td><td>参考学时</td><td>72 学时</td></tr>
<tr><td>学习目标</td><td colspan="3">通过本课程的学习，使学生能进行公路在建设、施工和养护等过程中发生相关经济业务的会计核算，促使学生在实际中，根据所服务的会计主体不同，能自如、灵活地运用相关的会计知识解决实际问题，提高动手能力，从而提高其职业能力，因此《公路会计》在本院会计与审计专业中具有重要地位，是专业技能培养的重要环节</td></tr>
<tr><td>学习内容</td><td colspan="3">通过本门课程的学习，学生应达到在公路建设、施工、养护等单位相应的岗位职业能力要求，熟悉各单位会计核算流程，并能掌握和运用相关知识，实现会计管理职能，具体有公路建设、施工、养护等单位的经济内容及会计科目，公路建设单位的基建投资额的核算，公路施工企业工程成本的构成，公路养护单位养护工程成本的形成及特点，建设、施工、养护三种单位会计报表的编制及分析</td></tr>
<tr><td>学习领域 4</td><td colspan="3">财务管理</td></tr>
<tr><td>学期</td><td>第 5 学期</td><td>参考学时</td><td>60 学时</td></tr>
<tr><td>学习目标</td><td colspan="3">通过本课程的学习，学生能够具备风险与收益分析、证券投资与评价、项目投资管理、筹集企业资金及其评价、制定企业股利分配政策、营运资金管理、对企业财务分析和业绩评价等专业能力；资料的收集整理、制订和实施工作计划、检查和判断、理论知识运用等方法能力；交接工作流程确认、沟通协作、语言表达、责任心与职业道德等社会能力</td></tr>
</table>

续上表

<table>
<tr><td>学习领域 4</td><td colspan="3">财务管理</td></tr>
<tr><td>学期</td><td>第 5 学期</td><td>参考学时</td><td>60 学时</td></tr>
<tr><td>学习内容</td><td colspan="3">本课程传授财务管理必备的理论知识，侧重学习财务管理的三大内容：筹资、投资、分配。围绕着企业实际中的财务管理规定，主要有风险与收益、证券投资、项目投资管理、筹集企业资金、制定股利分配、营运资金管理、企业财务分析等，为学生走向管理岗位服务</td></tr>
<tr><td>学习领域 5</td><td colspan="3">审计学</td></tr>
<tr><td>学期</td><td>第 5 学期</td><td>参考学时</td><td>60 学时</td></tr>
<tr><td>学习目标</td><td colspan="3">审计学是会计电算化专业的一门专业核心课程，其目标是通过本课程的学习，要求学生掌握审计的基本理论、审计程序、审计技术与方法、审计报告等基本知识，培养学生的职业判断能力，为后续参加校外专业顶岗实习，参加会计从业资格、会计技术职称及注册会计师考试奠定良好的基础，为今后创造性地从事专业工作打下良好的基础</td></tr>
<tr><td>学习内容</td><td colspan="3">本课程传授审计学必备的基本理论知识，通过本课程的学习，要求掌握审计基本概念和理论，各种取证方法和实质性测试时间、性质、范围及组织，熟悉注册会计师执业准则体系的基本内容和注册会计师职业道德规范的基本要求；收集审计证据及编制审计工作底稿，理解审计报告的涵义、内容要求，掌握审计报告的编制步骤，理解掌握审计计划的编制及审计工作底稿的编制内容、要求，熟悉审计报告的基本内容，掌握审计意见的类型，培养学生分析问题和解决问题的能力</td></tr>
<tr><td>学习领域 6</td><td colspan="3">出纳员管理</td></tr>
<tr><td>学期</td><td>第 4 学期</td><td>参考学时</td><td>36 学时</td></tr>
<tr><td>学习目标</td><td colspan="3">1. 掌握基本的数字书写能力，掌握票币整点技术，掌握一定的珠算计算能力；
2. 掌握现金收付及现金存取的能力；
3. 掌握银行票据业务处理能力；
4. 掌握基本的账务处理能力</td></tr>
<tr><td>学习内容</td><td colspan="3">1. 出纳岗位基本技能训练；
2. 现金业务处理能力训练；
3. 银行业务处理能力训练；
4. 出纳报表业务处理的能力；
5. 出纳岗位生产性实训</td></tr>
<tr><td>学习领域 7</td><td colspan="3">行业会计比较</td></tr>
<tr><td>学期</td><td>第 5 学期</td><td>参考学时</td><td>60 学时</td></tr>
<tr><td>学习目标</td><td colspan="3">1. 能理解并掌握行业会计比较的内容和方法；
2. 熟悉主要行业企业的经营管理特征，掌握其典型的经济业务类型和业务流程；
3. 能根据行业经营管理特点设置会计科目和账户；
4. 能正确进行主要行业典型经济业务的会计处理；
5. 能根据企业的类型和业务种类正确进行会计处理；
6. 能比较不同行业企业会计处理的异同</td></tr>
</table>

续上表

学习领域7	行业会计比较		
学期	第5学期	参考学时	60学时
学习内容	学习情境1:行业会计总论; 学习情境2:商品流通企业会计核算; 学习情境3:房地产开发企业会计核算; 学习情境4:运输企业会计核算; 学习情境5:农业企业会计核算; 学习情境6:旅游餐饮服务企业会计核算; 学习情境7:银行企业会计核算		
学习领域8	Excel在财务会计中的运用		
学期	第5学期	参考学时	60学时
学习目标	1.掌握Excel有关工作表创建、数据类型、数据录入、有效性等操作知识; 2.掌握利用Excel单元格格式、表格样式及条件格式等操作知识; 3.掌握利用Excel表格插入饼图、柱图、折线图等常见图形,以及对图形进行美化的操作知识; 4.掌握利用Excel各类常见公式与函数进行批量数据运算的知识; 5.掌握利用Excel建立差旅费报销单、工资表、固定资产折旧计算表及本量利分析表等的相关操作知识; 6.掌握利用Excel进行日常财务核算并制作会计报表的相关操作知识		
学习内容	学习情境1:创建一般的Excel表格并美化; 学习情境2:进行财务数据的汇总与分析; 学习情境3:使用Excel的各种常见公式和函数; 学习情境4:用Excel编制差旅费报销单、工资表、固定资产折旧表等表格; 学习情境5:用Excel进行日常账务处理和报表编制		

5.独立实践环节教学标准(表3-13)

独立实践环节教学标准 表3-13

学习领域1	会计电算实训		
学期	第2学期	参考学时	30学时
学习目标	1.通过实训,培养学生能根据经济业务进行会计电算化制单、记账、成本核算、报账的能力; 2.通过实训,进一步提高手工和电算化会计实务处理能力; 3.通过实训,培养学生的分析经济业务并进行正确核算、成本计算等实际会计操作能力		
学习内容	围绕建账、日常业务处理两条主线,完成会计电算化从整理资料、手工账务向电算化转换,建立账套、基础设置、日常账务处理、期末账务处理、会计报表的编制等全过程的操作训练		
学习领域2	出纳岗位实训		
学期	第4学期	学时	30学时
学习目标	1.熟悉《现金管理条例》、《银行支付结算办法》等财经法律法规有关货币资金管理的内容; 2.能按照相关财经法规要求规范办理现金收付、银行转账结算业务; 3.能规范的进行验钞、点钞、捆钞等,能辨别银行结算票据的真伪; 4.能规范填制相关原始凭证,会审核原始凭证及记账凭证; 5.能正确登记本外币库存现金、银行存款日记账; 6.熟悉规范保管现金及其他有价证券的方法		

续上表

学习领域 2	出纳岗位实训		
学期	第 4 学期	学时	30 学时
学习内容	以出纳的角色完成某个公司现金、银行存款的业务处理		
学习领域 3	毕业顶岗实习		
学期	第 6 学期	参考学时	570 学时
学习目标	毕业实习是教学过程中一个重要的实践性教学环节，是一次综合性实习，通过实习使学生加深对专业理论知识的理解，培养和提高学生实际操作和分析问题、解决问题的能力，为毕业后零距离就业打下良好的基础		
学习内容	1. 在实习过程中认知企业会计业务的工作流程和各岗位的职责任务，提高岗位的适应能力，学会以各种方式学习，综合素质要有明显进步； 2. 将会计的专业知识和相关政策法规结合，运用到相应的实践岗位，提高观察问题、发现问题、分析问题、解决问题的能力，提高专业水平； 3. 在规范有序的实际工作中养成努力钻研、吃苦耐劳的精神		

（二）教学组织

贯彻“合作办学、合作育人、合作发展”的理念，按照“依托行业、对接产业、定位职业、服务社会”的专业建设思路，以行动导向实施课程教学，形成以教师为主导、学生为主体、教学做合一、理论与实践合一、工学结合的教学模式。始终要重视学生在校学习与实际工作的一致性，采取工学交替、任务驱动、项目导向的一体化教学模式，运用任务驱动法、项目导向法、情境教学法、案例分析法、现场教学法、课堂讨论法等教学方法进行教学，立足于加强学生实际操作能力的培养。

核心课程建议采用“项目导向”教学法，通过典型的工作任务或项目，由教师提出要求或示范，组织学生进行活动，注重“教”与“学”的互动，让学生在活动中增强爱岗敬业、团结协作的意识，实现技能与素质的同步提高。实施“教、学、做”一体化教学，提高学生的学习兴趣，有效培养学生的职业能力；教师可着重进行引导并实施监督和评价。实践课程要加强引导、示范，创设工作情境，让学生亲自动手，提高学生岗位适应能力和分析处理问题的能力。

在教学过程中，要充分借鉴多媒体、教学资源库、网络资源等教学资源辅助教学，特别要注意充分利用“网中网”等仿真软件进行教学，帮助学生联系实际来理解所学知识。重视本专业领域新知识、新规范的发展趋势。要充分利用校外实训基地、校中厂、厂中校，开展校企合作，通过工学结合引导学生提升职业素养、提高职业道德，紧密结合职业技能证书的考核、加强取证项目的训练。

（三）考核评价

建立以能力为核心、以过程为重点的学习绩效考核评价体系，深入中小企业，对会计电算化专业的职业岗位职责及知识、能力和技能要求进行细致的调研与分析，分解知识与能力的考核要素，吸纳用人单位专家参与教学质量评价，确保学生职业能力培养的质量。

遵循“能力为主，知识为辅；过程为主，结果为辅；应会为主，应知为辅；定量为主，定性为辅”的原则,合理确定专业理论考核和职业能力考核的权重,并结合企业考核标准确定能力考核要素,将校内考核与企业实践考核相结合,使学习效果评价与岗位职业标准相吻合。具体考核原则如下:

1. 公共基础课程

总评成绩 = 平时成绩(考勤、提问、作业等) ×40% + 期终考核 ×60%。

2. 专业学习领域

采取过程考核与综合考核相结合的评价方式,同时根据学生取得相应工种的职业资格证书的情况,综合评价学生成绩。

其中,过程考核包括学习态度、课程作业等,占课程总成绩的40%;综合考核包括期末考试、实践考核等,占课程总成绩的60%。

如学生取得相应工种的职业资格证书,则该门课程考核合格。

3. 独立实践环节

以工作态度、实际操作和实习报告等情况综合评定学生成绩,其中工作态度、实际操作等占40%(在企业完成的项目由企业指导教师评定),实习报告占20%。

(执笔人:陆亚维)

第三部分　附　　件

附件1:《会计电算化》课程标准

一、课程定位(表1)

课程定位表　　表1

课程名称及编号	会计电算化(321007)
课设学期及学时	第2学期(108学时)
课程类型	专业基础学习领域
先导课程	会计学
平行课程	计算技术与点钞技术、职业法规与职业道德
后续课程	中级财务会计、行业会计比较、成本会计、会计报表、纳税会计、审计学

二、课程性质

会计电算化是会计电算化专业的一门专业核心课程,其目标是通过课程的学习,要求学生掌握一定的会计电算化理论知识,能娴熟使用一种通用财务软件(比如掌握用友财务软件中财务会计模块及供应链模块中各功能的操作技能),达到国家对会计电算初级人员的要求,具备自主学习财务软件新增功能或同类其他财务软件的能力。

三、课程设计思路

按照职业岗位和职业能力培养的要求,本课程将学生职业能力培养的基本规律与课程系统化、以及学生专业能力、方法能力和社会能力相结合,传授会计电算化必备的基本理论知识,侧重学习财务软件功能的操作使用,培养学生具备较强的财务软件操作能力及后续知识自主学习能力、遵章操作、诚信做账的道德操守。

与江西长运大通物流有限公司、江西顺丰速运有限公司、江西省港航建设投资公司等企业合作,依托学院校企合作顺丰速递等合作项目,与行业企业专家合作,将工作过程知识作为课程教学的核心,将典型工作任务作为工作过程知识的载体,强调工作过程系统化和完整性,教学活动在一体化教室进行。

在开发过程中,通过对职业岗位能力、工作过程进行充分调研,重点对行动领域进行分析,在此基础上,确定学习领域。再根据学习领域确定若干个学习情境,每一情境包括情境任务、教学设计、教学课件、任务工单、分组实训等部分。每个学习情境通过若干个学习任务来具体组织教学。

对学习情境的设计与实施方案如下:

1)根据企业用人要求和岗位技能标准重构教学内容

以岗位工作流程为主线，以学习情境为载体,以完成典型工作任务为导向重构教学内容。

2)根据典型工作任务设计学习任务

将典型财务会计核算工作进行整合,设计学习任务,使每个学习任务所指向的知识技能形成体系,通过相关知识技能的学习,形成完成学习任务所需的知识技能,再通过工作任务的实施强化学生的知识技能。

3)通过多媒体技术化解以往的教学难题

将传统教学过程中难以表达清楚的会计理论、方法体系和实务操作过程,通过多媒体课件进行直观演示、辅助讲解,以提高学生学习理解基本概念、基本理论效率。采用多媒体课件和教师讲授相结合,并全过程演示给学生看,收到直观易懂,深入浅出的教学效果。

4)通过计算机网络构建互动教学平台

利用计算机网络信息共享、信息快速传递功能和多媒体交互性功能,教师与学生进行双向交流,通过学院清华在线教育信息化平台,联合本课程主讲教师和本课程教学团队其他成员,建设好网络课程和课程专业资源库,构建全方位的互动教学平台。

5)根据企业岗位标准构建仿真教学环境

将会计电算化中的业务数据,通过用友 U8 会计院校版软件,在课堂上模拟真实的工作环境,建立某一核算单位的账套并完成相关的账务核算,进而提高学生对具体问题的分析能力和解决问题能力,同时,培养学生的协作意识和创造能力。

四、课程目标

(一)能力目标

(1)能娴熟使用一种通用财务软件;

(2)能达到国家对会计电算初级人员的要求;

(3)能掌握用友财务软件中财务会计及供应链模块中各功能的操作技能;

(4)能具备自主学习财务软件新增功能或同类其他财务软件的能力。

(二)知识目标

(1)理解会计电算化的基本概念和系统总体功能模块结构;

(2)掌握财务会计和供应链模块有关子系统的功能目标、与其他子系统的关系及数据处理流程;

(3)掌握用友财务软件中财务会计模块及供应链模块中各功能的操作方法及操作过程。

(三)素质目标

(1)具有可持续发展的能力;

(2)具有团队协作能力;

(3)具有收集和处理信息的能力;

(4)具有综合运用所学知识分析和解决问题的能力;

(5)具有遵章操作、诚信做账的道德操守;

(6)具有良好的勇于创新、敬业乐业的工作作风及社会责任感。

五、课程内容与学习目标

(一)课程内容结构安排

本课程分10个学习情境、37个工作任务,具体见表2。

课程内容结构安排一览表

表2

序号	学习情境	工作任务	参考学时
1	系统管理情境	系统管理的相关内容	2
		操作员及权限的分配	2
		建立核算单位账套	2
2	基础档案设置情境	基础档案设置的相关内容	2
		基础档案设置的数据对账务的影响	2
		设置基础档案数据	4
3	总账系统初始设置情境	总账系统初始设置的相关内容	2
		总账系统初始设置的操作方法	2
		设置总账系统初始数据	4
4	总账日常业务处理情境	总账日常业务处理的相关内容	2
		总账日常业务处理操作方法	2
		总账日常业务处理中的凭证管理	2
		总账日常业务处理中的出纳管理	4
		总账日常业务处理中的账簿管理	4
5	总账系统期末处理情境	总账系统期末处理的相关内容	2
		总账系统期末处理的操作方法	4
		自动转账设置与生成	4
		总账系统期末处理中的对账与结账	4
6	财务报表编制情境	财务报表编制的相关内容	2
		财务报表编制的操作方法	4
		自定义编制报表	4
		财务报表编制	4
		利用报表模板生成报表	4
7	工资管理情境	工资管理的相关内容	2
		工资管理的操作方法	2
		工资管理的日常业务处理	4
8	固定资产管理情境	固定资产管理的相关内容	2
		固定资产管理的操作方法	4
		固定资产管理日常业务处理	4
9	供应链系统初始设置情境	供应链系统初始设置的相关内容	2
		供应链系统基础科目设置	4
		供应链系统基础信息设置	4
		供应链系统期初数据录入	2

续上表

序号	学习情境	工作任务	参考学时
10	供应链日常业务处理情境	供应链日常业务处理的相关内容	2
		供应链日常业务处理的操作方法	4
		采购、销售的业务处理	2
		库存、存货核算的业务处理	2
合计			108

(二)课程内容要求(表3)

课程内容要求一览表 表3

<table>
<tr><td colspan="2">学习情境1:系统管理情境</td><td>参考学时:6</td></tr>
<tr><td colspan="3">学习内容:
1. 掌握系统管理主要功能;
2. 掌握管理系统与其他子系统的关系;
3. 掌握系统管理的应用</td></tr>
<tr><td colspan="3">职业素质培养:
能够掌握会计软件中有关系统管理的相关内容及完成权限的分配</td></tr>
<tr><td colspan="3">教学方法与策略:
教学方法:1. 任务驱动教学法;2. 小组讨论法
策略:分组学习</td></tr>
<tr><td>教学资源:
讲义、教案、多媒体课件、实验指导书、系统仿真软件</td><td colspan="2">对学生基础要求:
1. 具备初级会计原理知识;
2. 预习教材中的学习内容</td></tr>
<tr><td colspan="3">对教师基本要求:
1. 具有相关专业的双师素质证书;
2. 具有理实一体化教学能力;
3. 掌握相关的业务理论知识,有较好的表达能力、沟通能力及协调能力</td></tr>
<tr><td colspan="2">学习情境2:基础档案设置情境</td><td>参考学时:8</td></tr>
<tr><td colspan="3">学习内容:
1. 掌握基础档案设置的依据;
2. 掌握基础档案的设置内容;
3. 掌握基础档案的设置方法</td></tr>
<tr><td colspan="3">职业素质培养:
能够利用会计软件根据某一会计核算单位的实际情况完成账套的建立工作</td></tr>
<tr><td colspan="3">教学方法与策略:
教学方法:1. 任务驱动教学法;2. 角色扮演法
策略:1. 集中指导;2. 分组学习</td></tr>
<tr><td>教学资源:
教案、多媒体课件、任务工单、系统仿真软件</td><td colspan="2">对学生基础要求:
1. 具备初级会计原理知识;
2. 预习教材中的学习内容</td></tr>
</table>

续上表

<table>
<tr><td colspan="2">学习情境 2:基础档案设置情境</td><td>参考学时:8</td></tr>
<tr><td colspan="3">对教师基本要求:
1. 具有本学科相关理论知识,符合教师要求,有教师资格证;
2. 具有理实一体化教学能力;
3. 具有双师素质相关证书</td></tr>
<tr><td colspan="2">学习情境 3:总账系统初始设置情境</td><td>参考学时:8</td></tr>
<tr><td colspan="3">学习内容:
1. 设置总账系统的控制参数;
2. 设置基础档案信息;
3. 录入账套的期初余额</td></tr>
<tr><td colspan="3">职业素质培养:
能够利用会计软件根据某一会计核算单位的实际内容设置会计科目、凭证类别、项目目录及录入各科目的期初余额</td></tr>
<tr><td colspan="3">教学方法与策略:
教学方法:1. 案例教学法;2. 小组讨论法
策略:分组学习</td></tr>
<tr><td>教学资源:
讲义、教案、多媒体课件、实训指导书、任务工单</td><td colspan="2">对学生基础要求:
1. 具备初级会计原理知识;
2. 预习教材中的学习内容</td></tr>
<tr><td colspan="3">对教师基本要求:
1. 具有相关专业的双师素质证书;
2. 掌握与本学科相关的业务知识,有较好的表达能力和条理性;
3. 具有理实一体化教学能力</td></tr>
<tr><td colspan="2">学习情境 4:总账日常业务处理情境</td><td>参考学时:14</td></tr>
<tr><td colspan="3">学习内容:
1. 填制、查询、修改、冲销、删除凭证及出纳签字;
2. 审核凭证及凭证记账;
3. 现金日记账、银行存款日记账、资金日报表、支票登记簿的管理;
4. 基本会计核算账簿及部门账簿的查询</td></tr>
<tr><td colspan="3">职业素质培养:
能够根据某一会计核算单位的实际资料利用会计软件完成账务的日常业务处理工作</td></tr>
<tr><td colspan="3">教学方法与策略:
教学方法:1. 任务驱动教学法;2. 案例教学法;3. 小组讨论法
策略:分组学习</td></tr>
<tr><td>教学资源:
讲义、教案、多媒体课件、实训指导书、任务工单</td><td colspan="2">对学生基础要求:
1. 具备初级会计原理知识;
2. 预习教材中的学习内容</td></tr>
<tr><td colspan="3">对教师基本要求:
1. 具有相关专业的双师素质证书;
2. 掌握与本学科相关的业务知识,有较好的表达能力和条理性;
3. 具有理实一体化教学能力</td></tr>
</table>

续上表

<table>
<tr><td colspan="2">学习情境5:总账系统期末处理情境</td><td>参考学时:14</td></tr>
<tr><td colspan="3">学习内容:
1. 与银行对账单的对账;
2. 自动转账设置与生成;
3. 期间损益结转;
4. 月末结账</td></tr>
<tr><td colspan="3">职业素质培养:
能够根据某一会计核算单位的实际数据利用会计软件完成账务的期末处理工作</td></tr>
<tr><td colspan="3">教学方法与策略:
教学方法:1. 任务驱动教学法;2. 小组讨论法;3. 案例教学法
策略:分组学习</td></tr>
<tr><td>教学资源:
教案、多媒体课件、实训指导书、任务工单</td><td colspan="2">对学生基础要求:
1. 具备初级会计原理知识;
2. 预习教材中的学习内容</td></tr>
<tr><td colspan="3">对教师基本要求:
1. 具有相关专业的双师素质证书;
2. 掌握与本学科相关的业务知识,有较好的表达能力和条理性;
3. 具有理实一体化教学能力</td></tr>
<tr><td colspan="2">学习情境6:财务报表编制情境</td><td>参考学时:18</td></tr>
<tr><td colspan="3">学习内容:
1. 报表格式定义的步骤与方法;
2. 应用各类函数编制报表公式;
3. 设置资产负债表、利润表、现金流量表的运算公式</td></tr>
<tr><td colspan="3">职业素质培养:
能够根据某一会计核算单位的实际数据利用会计软件完成自定义报表和利用报表模板自动生成报表</td></tr>
<tr><td colspan="3">教学方法与策略:
教学方法:1. 任务驱动教学法;2. 小组讨论法
策略:分组学习</td></tr>
<tr><td>教学资源:
教案、多媒体课件、实训指导书、任务工单</td><td colspan="2">对学生基础要求:
1. 具备初级会计原理知识;
2. 预习教材中的学习内容</td></tr>
<tr><td colspan="3">对教师基本要求:
1. 具有相关专业的双师素质证书;
2. 掌握与本学科相关的业务知识,有较好的表达能力和条理性;
3. 具有理实一体化教学能力</td></tr>
<tr><td colspan="2">学习情境7:工资管理情境</td><td>参考学时:8</td></tr>
<tr><td colspan="3">学习内容:
1. 工资子系统的应用方案及操作流程;
2. 工资子系统的初始化设置;
3. 工资子系统的日常业务处理;
4. 工资报表的查询、汇总和月末处理</td></tr>
</table>

续上表

<table>
<tr><td colspan="2">学习情境 7:工资管理情境</td><td>参考学时:8</td></tr>
<tr><td colspan="3">职业素质培养:
能够根据某一会计核算单位的实际数据利用会计软件完成工资信息的计算、发放和核算</td></tr>
<tr><td colspan="3">教学方法与策略:
教学方法:1. 任务驱动教学法;2. 小组讨论法
策略:分组学习</td></tr>
<tr><td>教学资源:
讲义、教案、多媒体课件、实训指导书、任务工单</td><td colspan="2">对学生基础要求:
1. 具备初级会计原理知识;
2. 预习教材中的学习内容</td></tr>
<tr><td colspan="3">对教师基本要求:
1. 具有相关专业的双师素质证书;
2. 掌握与本学科相关的业务知识,有较好的表达能力和条理性;
3. 具有理实一体化教学能力</td></tr>
<tr><td colspan="2">学习情境 8:固定资产管理情境</td><td>参考学时:12</td></tr>
<tr><td colspan="3">学习内容:
1. 固定资产管理子系统的应用方案及操作流程;
2. 固定资产管理子系统的初始化设置;
3. 固定资产增减变动的处理和累计折旧的计提;
4. 固定资产管理子系统的月末处理</td></tr>
<tr><td colspan="3">职业素质培养:
能够根据某一会计核算单位的实际数据利用会计软件完成固定资产管理子系统的所有业务处理及操作</td></tr>
<tr><td colspan="3">教学方法与策略:
教学方法:1. 任务驱动教学法;2. 小组讨论法
策略:分组学习</td></tr>
<tr><td>教学资源:
讲义、教案、多媒体课件、实训指导书、任务工单</td><td colspan="2">对学生基础要求:
1. 具备初级会计原理知识;
2. 预习教材中的学习内容</td></tr>
<tr><td colspan="3">对教师基本要求:
1. 具有相关专业的双师素质证书;
2. 掌握与本学科相关的业务知识,有较好的表达能力和条理性;
3. 具有理实一体化教学能力</td></tr>
<tr><td colspan="2">学习情境 9:供应链系统初始设置情境</td><td>参考学时:12</td></tr>
<tr><td colspan="3">学习内容:
1. 设置购销存的基础信息;
2. 设置购销存的基础科目;
3. 录入购销存的期初数据</td></tr>
<tr><td colspan="3">职业素质培养:
能够利用会计软件根据某一会计核算单位的实际资料完成采购管理、销售管理、库存管理及存货核算管理的初始化设置</td></tr>
</table>

续上表

<table>
<tr><td>学习情境9:供应链系统初始设置情境</td><td>参考学时:12</td></tr>
<tr><td colspan="2">教学方法与策略:
教学方法:1. 任务驱动教学法;2. 小组讨论法
策略:分组学习</td></tr>
<tr><td>教学资源:
教案、多媒体课件、实训指导书、任务工单</td><td>对学生基础要求:
1. 具备初级会计原理知识;
2. 预习教材中的学习内容</td></tr>
<tr><td colspan="2">对教师基本要求:
1. 具有相关专业的双师素质证书;
2. 教师具备与本学科相关的业务知识,具有较好的表达能力、沟通能力及协调能力</td></tr>
<tr><td>学习情境10:供应链日常业务处理情境</td><td>参考学时:10</td></tr>
<tr><td colspan="2">学习内容:
1. 采购订货业务的内容及操作;
2. 普通采购业务(单货同行)的内容及操作;
3. 销售订货业务的内容及操作;
4. 普通销售业务(单货同行)的内容及操作;
5. 材料领用业务的内容及操作;
6. 产成品入库业务的内容及操作</td></tr>
<tr><td colspan="2">职业素质培养:
能够利用会计软件根据某一会计核算单位的实际资料完成采购管理、销售管理、库存管理及存货核算管理的日常业务处理</td></tr>
<tr><td colspan="2">教学方法与策略
教学方法:1. 任务驱动教学法;2. 小组讨论法
策略:分组学习</td></tr>
<tr><td>教学资源:
教案、多媒体课件、实训指导书、任务工单</td><td>对学生基础要求:
1. 具备初级会计原理知识;
2. 预习教材中的学习内容</td></tr>
<tr><td colspan="2">对教师基本要求
1. 具有相关专业的双师素质证书;
2. 教师具备与本学科相关的业务知识,具有较好的表达能力、沟通能力及协调能力</td></tr>
</table>

六、课程实施建议

(一)教材及参考资源建议

1. 教材

[1]汪刚. 会计信息系统[M]. 北京:高等教育出版社,2014.

[2]汪刚. 会计信息系统实验[M]. 4 版. 北京:高等教育出版社,2014.

2. 参考书

[1]张有峰. 会计电算化[M]. 3 版. 北京:清华大学出版社,2011.

[2]会计从业资格考试辅导教材组编写.初级会计电算化[M].4版.沈阳:东北财经大学出版社有限公司,2011.

[3]中华人民共和国财政部制定.企业会计准则——应用指南[M].北京:中国财经出版社,2006.

[4]赵耀.小企业会计准则:会计核算与纳税实务[M].北京:中国经济出版社,2013.

[5]金艳红.会计规范处理手册[M].北京:机械工业出版社,2012.

[6]许群.会计基础工作规范与会计工作实务[M].北京:中国市场出版社,2012.

[7]中国注册会计师协会编.中国注册会计师行业管理规范[M].北京:经济科学出版社,2011.

[8]张晓燕.会计电算化实务[M].北京:清华大学出版社,2010.

3. 网络课程网址

http://elearn.jxjtxy.com/eol/homepage/course/course_index.jsp? courseId=11062.

4. 精品课程网址

http://elearn.jxjtxy.com/eol/jpk/course/layout/page/index.jsp? courseId=1267.

5. 会计仿真软件网址

http://59.52.97.101:8080.

(二)师资条件建议

(1)专任教师:具有高校教师资格证;具有财务会计岗位工作经历;熟悉会计基本理论与专业知识;具有较强的教科研能力。

(2)兼职教师:具有5年以上财务工作及相关岗位工作经历,有丰富的实际工作经验;具有中级以上专业技术职务或在职业技能竞赛中获得奖励;具有较强的教学组织能力。

(三)实验实训条件建议

建议按表4配置实验实训条件。

实验实训条件配置表 表4

实训室名称	主要设备名称	主要实训项目
会计综合模拟实训室	计算机、服务器、仿真软件、打印机、投影仪等	主要承担会计仿真账务处理实训项目

(四)教学方法建议

针对具体的教学内容和教学过程,总体采用项目教学法。在具体教学方法中,运用任务驱动法、仿真案例法、小组协作学习法等多种方法组织教学,以学生为中心"做中学、学中做",让学生人人参与,培养学生团队协作能力和实践动手能力。

(五)教学评价建议

本课程采用多元性的评价,学习态度、课程作业、实践环节等过程考核占课程总成绩的40%,期末考试(可结合职业技能考证)等结果考核占课程总成绩的60%,全面综合评价学生能力。课程考核参照表5实施。

过程考核表 表5

<table>
<tr><th colspan="2" rowspan="2">考核项目</th><th rowspan="2">考核方式</th><th colspan="2">比例</th></tr>
<tr><th>分项</th><th>总体</th></tr>
<tr><td rowspan="3">过程考核</td><td>学习态度</td><td>根据课堂教学参与情况、课堂回答问题、出勤情况,由教师综合评定学生的学习态度得分</td><td>30%</td><td rowspan="3">40%</td></tr>
<tr><td>实践环节</td><td>根据学生实践情况,由学生自评、他人评价和教师评价相结合的方式评定成绩</td><td>40%</td></tr>
<tr><td>课程作业</td><td>根据学生完成课后作业、成果报告的情况,由教师来评定成绩</td><td>30%</td></tr>
<tr><td colspan="2">结果考核</td><td>由教师评定笔试成绩</td><td>100%</td><td>60%</td></tr>
<tr><td colspan="4">合计</td><td>100%</td></tr>
</table>

(课程标准制订人:叶雄英)

附件2:《中级财务会计》课程标准

一、课程定位(表1)

本课程定位见表1。

课程定位表 表1

课程名称及编号	中级财务会计(311015)
课设学期及学时	第3、4学期(222学时)
课程类型	专业核心学习领域
先导课程	会计学
平行课程	会计电算化、行业会计比较、成本会计
后续课程	会计报表、纳税会计、审计、财务管理等

二、课程性质

中级财务会计是会计电算化专业的专业核心课程,它以实现会计目标为出发点,按照一般公认会计原则,对企业发生的经济业务进行确认、计量、记录和报告。主要依据会计原则和会计法规制度,运用会计基本理论和专门方法对企业会计要素进行确认计量,从而为各方提供反映企业财务状况、经营成果和现金流量等会计信息。《中级财务会计核算》所讲述的会计业务、会计处理程序和方法对会计实务工作发挥着直接的指导作用,是企业会计实务工作中最基本、最重要和最常见的部分,是会计电算化专业的一门重要的职业方向课程。

三、课程设计思路

与江西长运大通物流有限公司、江西顺丰速运有限公司、江西省港航建设投资公司等企业合作,依托学院校企合作顺丰速递等合作项目,与行业企业专家合作,将工作过程知识作为课程教学的核心,将典型工作任务作为工作过程知识的载体,强调工作过程系统化和完整性,教学活动在一体化教室进行。

在开发过程中,通过对职业岗位能力、工作过程进行充分调研,重点对行动领域进行分析,在此基础上,确定学习领域。再根据学习领域确定若干个学习情境,每一情境包括情境任务、教学设计、教学课件、任务工单、分组实训等部分。每个学习情境通过若干个学习任务来具体组织教学。

对学习情境的设计与实施方案如下:

1)根据企业用人要求和岗位技能标准重构教学内容

以岗位工作流程为主线,以学习情境为载体,以完成典型工作任务为导向重构教学内容。

2)根据典型工作任务设计学习任务

将典型财务会计核算工作进行整合,设计学习任务,使每个学习任务所指向的知识技能形成体系,通过相关知识技能的学习,形成完成学习任务所需的知识的技能,再通过工作任务的实施强化学生的知识技能。

3)通过多媒体技术化解以往的教学难题

将传统教学过程中难以表达清楚的会计理论、方法体系和实务操作过程,通过多媒体课件进行直观演示、辅助讲解,以提高学生学习理解基本概念、基本理论效率。例如,对于发出存货计价方法、会计核算程序等内容,就采用多媒体课件和教师讲授相结合,并全过程演示给学生看,收到直观易懂、深入浅出的教学效果。

4)通过计算机网络构建互动教学平台

利用计算机网络信息共享、信息快速传递功能和多媒体交互性功能,教师与学生进行双向交流,通过学院清华在线教育信息化平台,联合本课程主讲教师和本课程教学团队其他成员,建设好网络课程和课程、专业资源库,构建全方位的互动教学平台。

5)根据企业岗位标准构建仿真教学环境

将中级财务会计核算的业务数据,通过“网中网”会计教学软件仿真,在课堂上模拟真实的工作环境,进而提高学生对具体问题的分析能力和解决问题能力,同时,培养学生的协作意识和创造能力。

四、课程目标

(一)能力目标

(1)能联系实际掌握财务会计核算的一般操作方法;
(2)能正确使用企业会计核算中常用的账户;
(3)能按要求正确核算企业的主要经济业务;
(4)能正确计算会计核算的主要指标,能运用会计核算资料对企业财务状况进行初步分析。

(二)知识目标

(1)理解企业财务会计的基本概念和基本理论;
(2)掌握企业财务会计核算的基本目标、基本要求、账户体系和报告体系;
(3)掌握企业财务会计核算的基本过程、程序和基本核算方法。

(三)素质目标

(1)具有可持续发展的能力;

(2)具有团队协作能力;
(3)具有收集和处理信息的能力;
(4)具有获取新知识的能力;
(5)具有综合运用所学知识分析和解决问题的能力;
(6)具有良好的职业道德和敬业精神。

五、课程内容与学习目标

(一)课程内容结构安排

本课程分9个学习情境、37个工作任务,具体见表2。

课程内容结构安排一览表 表2

序号	学习情境	工作任务	参考学时
1	出纳岗位核算情境	现金的核算	4
		银行存款的核算	4
		其他货币资金的核算	4
2	往来岗位核算情境	应收账款核算	4
		应收票据的核算	4
		其他应收款的核算	4
		预付账款的核算	4
		应收债权出售和融资的核算	4
3	存货岗位核算情境	存货的计价	10
		周转材料核算	8
		存货清查	8
4	资产岗位核算情境	固定资产增加的核算	10
		固定资产折旧与后续支出的核算	10
		固定资产处置的核算	8
		无形资产核算	6
		其他非流动资产核算	6
5	投资岗位核算情境	交易性金融资产核算	4
		投资到期与出售金融资产核算	4
		长期投资核算	4
		投资性房地产的核算	4
6	负债岗位核算情境	短期借款的核算	6
		应付及预收款项的核算	6
		应付职工薪酬核算	4
		应交税费用核算	6
		长期借款的核算	6
		应付债券的核算	6
		长期和专项应付款的核算	6

续上表

序号	学习情境	工作任务	参考学时
7	所有者权益岗位核算情境	实收资本的核算	4
		资本公积的核算	4
		留存收益的核算	4
8	财务成果岗位核算情境	收入和费用的核算	10
		利润的核算	6
		所得税的核算	8
9	财务报告岗位核算情境	资产负债表的编制	8
		利润表的编制	6
		现金流量表的编制	12
		所有者权益变动表的编制	6
合计			222

(二)课程内容要求(表3)

课程内容要求一览表 表3

<table>
<tr><td colspan="2">学习情境1:出纳岗位核算情境</td><td>参考学时:12</td></tr>
<tr><td colspan="3">学习内容:
1. 掌握库存现金的核算业务;
2. 掌握银行结算业务;
3. 掌握其他货币资金核算业务;
4. 掌握货币资金的盘点方法</td></tr>
<tr><td colspan="3">职业素质培养:
能够办理出纳岗位相关业务会计核算,学会出纳岗位的会计核算方法和操作技能</td></tr>
<tr><td colspan="3">教学方法与策略:
教学方法:1. 任务驱动教学法;2. 小组讨论法
策略:分组学习</td></tr>
<tr><td>教学资源:
讲义、教案、多媒体课件、实训指导书、任务工单</td><td colspan="2">对学生基础要求:
1. 具备初级会计原理知识;
2. 预习教材中的学习内容</td></tr>
<tr><td colspan="3">对教师基本要求:
1. 具有相关专业的双师素质证书;
2. 掌握与货币资金的核算相关的业务知识,有较好的表达能力和条理性;
3. 具有理实一体化教学能力</td></tr>
<tr><td colspan="2">学习情境2:往来岗位核算情境</td><td>参考学时:20</td></tr>
<tr><td colspan="3">学习内容:
1. 掌握应收票据的业务核算;
2. 掌握应付票据的业务核算;
3. 掌握应收账款的业务核算;
4. 掌握应付账款业务的核算;
5. 掌握其他往来款项业务的核算</td></tr>
</table>

续上表

<table>
<tr><td>学习情境 2:往来岗位核算情境</td><td>参考学时:20</td></tr>
<tr><td colspan="2">职业素质培养:
能够办理往来岗位相关业务会计核算,与客户的交往能力培养</td></tr>
<tr><td colspan="2">教学方法与策略:
教学方法:1. 任务驱动教学法;2. 角色扮演法
策略:1. 集中指导;2. 分组学习</td></tr>
<tr><td>教学资源:
教案、多媒体课件、任务工单、系统仿真软件</td><td>对学生基础要求:
1. 具备初级会计原理知识;
2. 预习教材中的学习内容</td></tr>
<tr><td colspan="2">对教师基本要求:
1. 具有本学科相关理论知识,符合教师要求,有教师资格证;
2. 具有理实一体化教学能力;
3. 具有双师素质相关证书</td></tr>
<tr><td>学习情境 3:存货岗位核算情境</td><td>参考学时:26</td></tr>
<tr><td colspan="2">学习内容:
1. 存货增加业务核算;
2. 存货减少业务核算;
3. 存货减值业务核算</td></tr>
<tr><td colspan="2">职业素质培养:
能够办理存货岗位相关的业务核算,掌握业务核算流程、会计核算方法和操作技能</td></tr>
<tr><td colspan="2">教学方法与策略:
教学方法:1. 案例教学法;2. 小组讨论法
策略:分组学习</td></tr>
<tr><td>教学资源:
讲义、教案、多媒体课件、实训指导书、任务工单</td><td>对学生基础要求:
1. 具备初级会计原理知识;
2. 预习教材中的学习内容</td></tr>
<tr><td colspan="2">对教师基本要求:
1. 具有相关专业的双师素质证书;
2. 掌握与存货岗位的核算相关的业务知识,有较好的表达能力和条理性;
3. 具有理实一体化教学能力</td></tr>
<tr><td>学习情境 4:资产岗位核算情境</td><td>参考学时:40</td></tr>
<tr><td colspan="2">学习内容
1. 固定资产增加的核算;
2. 固定资产后续计量的核算;
3. 固定资产处置的核算;
4. 无形资产增加的核算;
5. 无形资产后续计量的核算;
6. 无形资产处置的核算;
7. 投资性房地产初始计量的核算;
8. 投资性房地产后续计量模式的核算;
9. 投资性房地产转换与处置的核算</td></tr>
</table>

续上表

<table>
<tr><td>学习情境4:资产岗位核算情境</td><td>参考学时:40</td></tr>
<tr><td colspan="2">职业素质培养:
能够办理资产岗位相关业务的会计核算,熟悉资产岗位的基本职责,业务流程,掌握相关的核算方法和操作技能</td></tr>
<tr><td colspan="2">教学方法与策略:
教学方法:1. 任务驱动教学法;2. 案例教学法;3. 小组讨论法
策略:分组学习</td></tr>
<tr><td>教学资源:
讲义、教案、多媒体课件、实训指导书、任务工单</td><td>对学生基础要求:
1. 具备初级会计原理知识;
2. 预习教材中的学习内容</td></tr>
<tr><td colspan="2">对教师基本要求:
1. 具有相关专业的双师素质证书;
2. 掌握与资产岗位核算相关的业务知识,有较好的表达能力和条理性;
3. 具有理实一体化教学能力</td></tr>
<tr><td>学习情境5:投资岗位核算情境</td><td>参考学时:16</td></tr>
<tr><td colspan="2">学习内容:
1. 交易性金融资产的会计核算;
2. 持有至到期投资的会计核算;
3. 可供出售金融资产的会计核算;
4. 长期股权投资的会计核算</td></tr>
<tr><td colspan="2">职业素质培养:
掌握投资岗位的相关会计核算,熟悉投资岗位基本职责、业务流程、能够对金融资产进行准确分类</td></tr>
<tr><td colspan="2">教学方法与策略:
教学方法:1. 任务驱动教学法;2. 小组讨论法;3. 案例教学法
策略:分组学习</td></tr>
<tr><td>教学资源:
教案、多媒体课件、实训指导书、任务工单</td><td>对学生基础要求:
1. 具备初级会计原理知识;
2. 预习教材中的学习内容</td></tr>
<tr><td colspan="2">对教师基本要求:
1. 具有相关专业的双师素质证书;
2. 掌握与投资岗位核算相关的业务知识,有较好的表达能力和条理性;
3. 具有理实一体化教学能力</td></tr>
<tr><td>学习情境6:负债岗位核算情境</td><td>参考学时:40</td></tr>
<tr><td colspan="2">学习内容
1. 职工薪酬的业务处理;
2. 应交税费的业务处理;
3. 借款业务的会计处理;
4. 应付债券的业务处理</td></tr>
<tr><td colspan="2">职业素质培养:
掌握负债岗位相关的业务核算和操作技能,熟悉负债岗位的基本职责,业务流程</td></tr>
</table>

续上表

学习情境6:负债岗位核算情境	参考学时:40
教学方法与策略: 教学方法:1.任务驱动教学法;2.小组讨论法 策略:分组学习	
教学资源: 教案、多媒体课件、实训指导书、任务工单	对学生基础要求: 1.具备初级会计原理知识; 2.预习教材中的学习内容
对教师基本要求: 1.具有相关专业的双师素质证书; 2.掌握与负债岗位核算相关的业务知识,有较好的表达能力和条理性; 3.具有理实一体化教学能力	
学习情境7:所有者权益岗位核算情境	参考学时:12
学习内容: 1.核算实收资本,包括资本的增加、减少业务的核算; 2.核算资本公积,包括资本公积的增加,使用核算; 3.核算留存收益,包括盈余公积、利润分配的核算	
职业素质培养: 熟悉所有者权益会计岗位的基本职责、业务流程,掌握所有者权益的核算方法和操作技能,会处理所有者权益岗位相关业务的会计核算	
教学方法与策略: 教学方法:1.任务驱动教学法;2.小组讨论法 策略:分组学习	
教学资源: 讲义、教案、多媒体课件、实训指导书、任务工单	对学生基础要求: 1.具备初级会计原理知识; 2.预习教材中的学习内容
对教师基本要求: 1.具有相关专业的双师素质证书; 2.掌握与所有者权益岗位核算相关的业务知识,有较好的表达能力和条理性; 3.具有理实一体化教学能力	
学习情境8:财务成果岗位核算情境	参考学时:26
学习内容: 1.核算商品销售收入; 2.核算提供劳务收入; 3.核算期间费用; 4.核算所得税费用; 5.核算利润	
职业素质培养: 能够办理出纳岗位相关业务会计核算,学会出纳岗位的会计核算方法和操作技能	
教学方法与策略: 教学方法:1.任务驱动教学法;2.小组讨论法 策略:分组学习	

续上表

<table>
<tr><td>学习情境 8:财务成果岗位核算情境</td><td>参考学时:26</td></tr>
<tr><td>教学资源:
讲义、教案、多媒体课件、实训指导书、任务工单</td><td>对学生基础要求:
1. 具备初级会计原理知识;
2. 预习教材中的学习内容</td></tr>
<tr><td colspan="2">对教师基本要求:
1. 具有相关专业的双师素质证书;
2. 掌握财务成果岗位核算的业务知识,有较好的表达能力和条理性;
3. 具有理实一体化教学能力</td></tr>
<tr><td>学习情境 9:财务报告岗位核算情境</td><td>参考学时:30</td></tr>
<tr><td colspan="2">学习内容:
1. 编制资产负债表;
2. 编制利润表;
3. 编制现金流量表;
4. 编制所有者权益变动表;
5. 编制所有者权益增减变动表;
6. 编制财务报表的附注</td></tr>
<tr><td colspan="2">职业素质培养:
能够编制企业财务报表,熟悉报表岗位的基本职责、业务流程,掌握报表的编制方法和操作技能</td></tr>
<tr><td colspan="2">教学方法与策略
教学方法:1. 任务驱动教学法;2. 小组讨论法
策略:分组学习</td></tr>
<tr><td>教学资源:
教案、多媒体课件、实训指导书、任务工单</td><td>对学生基础要求:
1. 具备初级会计原理知识;
2. 预习教材中的学习内容</td></tr>
<tr><td colspan="2">对教师基本要求
1. 具有相关专业的双师素质证书;
2. 教师具备与财务报表岗位相关的业务核算知识,具有较好的表达能力、沟通能力及协调能力</td></tr>
</table>

六、课程实施建议

(一)教材及参考资源建议

1. 教材

孙关荣. 财务会计——基于会计岗位职责编写[M]. 北京:立信会计出版社,2013.

2. 参考书

[1]张志凤,闫华红. 东奥初级会计实务[M]. 北京:北京大学出版社出版,2013.

[2]企业会计准则编审委员会. 企业会计准则案例讲解[M]. 北京:立信会计出版社,2014.

[3]陈立军,崔凤鸣. 中级财务会计习题与案例(精编版)[M]. 沈阳:东北财经大学出版社,2012.

3. 网络课程网址

http://elearn. jxjtxy. com/eol/homepage/course/course_index. jsp? courseId = 11062.

4. 精品课程网址

http://elearn. jxjtxy. com/eol/jpk/course/layout/page/index. jsp? courseId = 1267.

5. 会计仿真软件网址

http://59. 52. 97. 101:8080.

(二)师资条件建议

(1)专任教师:具有高校教师资格证;具有财务会计岗位工作经历;熟悉会计基本理论与专业知识;具有较强的教科研能力。

(2)兼职教师:具有5年以上财务工作及相关岗位工作经历,有丰富的实际工作经验;具有中级以上专业技术职务或在职业技能竞赛中获得奖励;具有较强的教学组织能力。

(三)实验实训条件建议

建议按表4配置实验实训条件。

实验实训条件配置表 表4

实训室名称	主要设备名称	主要实训项目
会计综合模拟实训室	计算机、服务器、仿真软件、打印机、投影仪等	主要承担会计仿真账务处理实训项目

(四)教学方法建议

针对具体的教学内容和教学过程,总体采用项目教学法。在具体教学方法中,运用任务驱动法、仿真案例法、小组协作学习法等多种方法组织教学,以学生为中心"做中学、学中做",让学生人人参与,培养学生团队协作能力和实践动手能力。

(五)教学评价建议

本课程采用多元性的评价,学习态度、课程作业、实践环节等过程考核占课程总成绩的40%,期末考试(可结合职业技能考证)等结果考核占课程总成绩的60%,全面综合评价学生能力。课程考核参照表5实施。

过 程 考 核 表 表5

考核项目		考核方式	比例	
			分项	总体
过程考核	学习态度	根据课堂教学参与情况、课堂回答问题、出勤情况,由教师综合评定学生的学习态度得分	30%	40%
	实践环节	根据学生实践情况,由学生自评、他人评价和教师评价相结合的方式评定成绩	40%	
	课程作业	根据学生完成课后作业、成果报告的情况由教师来评定成绩	30%	
结果考核		由教师评定笔试成绩	100%	60%
合计				100%

(课程标准制订人:陆亚维)

附件3:《成本会计》课程标准

一、课程定位(表1)

本课程定位见表1。

课程定位表　　表1

课程名称及编号	成本会计(311017)
课设学期及学时	第4学期(72学时)
课程类型	专业核心学习领域
先导课程	会计学、会计电算化
平行课程	中级财务会计、管理会计
后续课程	纳税会计、审计学、会计报表

二、课程性质

成本会计是会计电算化专业的专业核心课程。通过本课程的学习,使学生了解工业企业产品成本核算的基本要求和一般程序;熟练掌握产品成本核算的基本方法及辅助方法,培养学生从事成本核算和成本分析的职业能力。

三、课程设计思路

成本会计课程以培养学生成本核算、成本分析和成本控制等会计职业能力为教学目标,基于成本会计工作过程,设计教学内容。教学总体设计思路是,打破以知识传授为主要特征的传统学科课程模式,转变为以工作任务为中心组织课程内容,并让学生在完成具体项目的过程中学会完成相应工作任务,并构建相关理论知识。课程内容突出对学生职业能力的训练,理论知识的选取紧紧围绕工作任务完成的需要来进行,同时又充分考虑了高等职业教育对理论知识学习的需要,并融合相关职业资格证书对知识、技能和态度的要求。教学过程中,通过校企合作、校内实训基地建设等多种途径,充分开发学习资源,给学生提供丰富的实践机会。教学效果评价采取过程评价与结果评价相结合的方式,通过理论与实践相结合,重点评价学生的职业操作能力。

四、课程目标

(一)能力目标

(1)成本核算的能力;
(2)阅读及编制成本报表的能力;
(3)成本报表分析的能力。

(二)知识目标

(1)成本、费用、生产成本、生产费用的含义;
(2)成本核算的要求及程序;

(3)要素费用、辅助生产费用、制造费用的分配方法；
(4)完工产品与在产品的费用分配方法；
(5)成本核算的品种法、分批法、分步法的具体应用；
(6)成本核算的分类法、定额法的具体应用；
(7)成本报表的编制与分析。

(三)素质目标

(1)具有热爱所学专业、爱岗敬业、廉洁奉公、不贪不占的精神；
(2)具有胜任成本会计核算岗位的业务素质。

五、课程内容与学习目标

(一)课程内容结构安排

本课程分13个学习情境,25个工作任务,具体见表2。

课程内容结构安排一览表　　表2

序号	学习情境	工作任务	参考学时
1	成本及成本会计职业认知	成本及成本会计的含义	2
		成本核算的原则要求和一般程序	2
2	要素费用核算	材料费用的核算	4
		工资费用的核算	2
		外购动力费用的核算	2
		折旧费用的核算	1
		利息费用、税金和其他费用的核算；	1
3	辅助生产费用核算	辅助生产费用的归集	2
		辅助生产费用的分配	4
4	制造费用核算	制造费用的归集	2
		制造费用的分配	2
5	损失性费用核算	废品损失及停工损失的概念	2
		废品损失的核算方法	4
6	生产费用在完工产品与在产品之间的分配核算	在产品的概念及其数量的确定	2
		生产费用在完工产品与在产品之间分配的方法	4
7	品种法核算应用	产品成本计算的品种法	4
8	分批法核算应用	一般分批法的特点、适用范围及核算程序	4
		简化分批法的特点及应用	4
9	分步法核算应用	分步法的特点和适用范围及应用条件	2
		逐步结转分步法的计算程序及平行结转分步法的核算程序	4
		综合成本还原法	2
10	分类法核算应用	产品成本核算的分类法	4

续上表

序号	学 习 情 境	工 作 任 务	参考学时
11	定额法核算应用	产品成本核算的定额法	4
12	成本报表阅读及编制	成本报表的编制及阅读	4
13	成本报表分析	成本报表的分析	4
合计			72

(二)课程内容要求(表3)

课程内容一览表 表3

<table>
<tr><td>学习情境1:成本及成本会计职业认知</td><td>参考学时:4</td></tr>
<tr><td colspan="2">学习内容:
1. 理解成本及成本会计的相关概念;
2. 掌握成本核算的原则要求和一般程序</td></tr>
<tr><td colspan="2">职业素质培养:理解成本及成本会计的相关概念,掌握成本核算的原则要求和一般程序</td></tr>
<tr><td colspan="2">教学方法与策略:
教学方法:讲授、课堂讨论
策略:1. 集中指导;2. 分组学习</td></tr>
<tr><td>教学资源:
文字教材、录像教材、课件</td><td>对学生基础要求:
1. 学生已了解会计学的基本原理,已掌握会计核算的基本方法和基本操作技能;
2. 预习教材中的学习内容</td></tr>
<tr><td colspan="2">对教师基本要求:
1. 具有本学科相关理论知识,符合教师要求,有教师资格证;
2. 熟悉成本的经济实质,支出、费用和成本之间的关系,熟悉成本核算的要求,熟练掌握成本核算的一般程序、账户设置和账务处理;
3. 具有双师素质相关证书</td></tr>
<tr><td>学习情境2:要素费用核算</td><td>参考学时:10</td></tr>
<tr><td colspan="2">学习内容:
1. 材料费用的核算;
2. 工资费用的核算;
3. 外购动力费用的核算;
4. 折旧费用的核算;
5. 利息费用、税金和其他费用的核算</td></tr>
<tr><td colspan="2">职业素质培养:掌握材料、工资、外购动力、折旧、利息费用、税金和其他费用的核算</td></tr>
<tr><td colspan="2">教学方法与策略:
教学方法:讲授、课堂讨论、案例分析
策略:1. 集中指导;2. 分组学习</td></tr>
<tr><td>教学资源:
文字教材、录像教材、课件、案件分析资料</td><td>对学生基础要求:
1. 学生已了解成本及成本会计相关概念,已掌握成本核算的原则要求和一般程序;
2. 预习教材中的学习内容</td></tr>
</table>

续上表

<table>
<tr><td colspan="2">学习情境 2:要素费用核算</td><td>参考学时:10</td></tr>
<tr><td colspan="3">对教师基本要求:
1. 具有本学科相关理论知识,符合教师要求,有教师资格证;
2. 熟悉企业生产费用的分类,熟悉工业企业费用要素与产品生产成本项目之间的联系和区别;
3. 具有双师素质相关证书</td></tr>
<tr><td colspan="2">学习情境 3:辅助生产费用核算</td><td>参考学时:6</td></tr>
<tr><td colspan="3">学习内容:
1. 辅助生产费用的归集;
2. 辅助生产费用的分配</td></tr>
<tr><td colspan="3">职业素质培养:掌握辅助生产费用归集与分配的方法</td></tr>
<tr><td colspan="3">教学方法与策略:
教学方法:讲授、课堂讨论、案例分析
策略:1. 集中指导;2. 分组学习</td></tr>
<tr><td>教学资源:
文字教材、录像教材、课件、案例分析资料</td><td colspan="2">对学生基础要求:
1. 学生已掌握成本核算的原则要求和一般程序,已掌握材料、工资、外购动力、折旧、利息费用、税金和其他费用的核算;
2. 预习教材中的学习内容</td></tr>
<tr><td colspan="3">对教师基本要求:
1. 具有本学科相关理论知识,符合教师要求,有教师资格证;
2. 熟练掌握辅助生产及辅助生产费用的概念、辅助生产费用核算的特点、辅助生产费用归集和分配的方法;
3. 具有双师素质相关证书</td></tr>
<tr><td colspan="2">学习情境 4:制造费用核算</td><td>参考学时:4</td></tr>
<tr><td colspan="3">学习内容:
1. 制造费用的归集;
2. 制造费用的分配</td></tr>
<tr><td colspan="3">职业素质培养:制造费用归集和分配的核算</td></tr>
<tr><td colspan="3">教学方法与策略:
教学方法:讲授、课堂讨论、案例分析
策略:1. 集中指导;2. 分组学习</td></tr>
<tr><td>教学资源:
文字教材、录像教材、课件、案例分析资料</td><td colspan="2">对学生基础要求:
1. 学生已掌握辅助生产费用归集与分配的方法;
2. 预习教材中的学习内容</td></tr>
<tr><td colspan="3">对教师基本要求:
1. 具有本学科相关理论知识,符合教师要求,有教师资格证;
2. 熟练掌握制造费用的概念和性质、制造费用核算的特点、制造费用归集与分配的方法;
3. 具有双师素质相关证书</td></tr>
<tr><td colspan="2">学习情境 5:损失性费用核算</td><td>参考学时:6</td></tr>
<tr><td colspan="3">学习内容:
1. 废品损失及停工损失的概念;
2. 废品损失的核算方法</td></tr>
</table>

续上表

<table>
<tr><td colspan="2">学习情境5:损失性费用核算</td><td>参考学时:6</td></tr>
<tr><td colspan="3">职业素质培养:了解废品损失及停工损失的概念;掌握废品损失的核算方法</td></tr>
<tr><td colspan="3">教学方法与策略:
教学方法:讲授、课堂讨论、案例分析
策略:1. 集中指导;2. 分组学习</td></tr>
<tr><td>教学资源:
文字教材、课件、案例分析资料</td><td colspan="2">对学生基础要求:
1. 学生已掌握成本核算的原则要求和一般程序;
2. 已掌握要素费用的核算;
3. 已掌握辅助生产费用、制造费用的归集与分配方法;
4. 预习教材中的学习内容</td></tr>
<tr><td colspan="3">对教师基本要求:
1. 具有本学科相关理论知识,符合教师要求,有教师资格证;
2. 熟练掌握废品与废品损失的概念及其对产品成本的影响、废品损失的核算方法、停工损失的概念及其对产品成本的影响、停工损失的核算方法;
3. 具有双师素质相关证书</td></tr>
<tr><td colspan="2">学习情境6:生产费用在完工产品与在产品之间的分配核算</td><td>参考学时:6</td></tr>
<tr><td colspan="3">学习内容:
1. 在产品的概念及其数量的确定;
2. 生产费用在完工产品与在产品之间分配的方法</td></tr>
<tr><td colspan="3">职业素质培养:掌握在产品的概念及其数量的确定;掌握生产费用在完工产品与在产品之间分配的方法</td></tr>
<tr><td colspan="3">教学方法与策略:
教学方法:讲授、课堂讨论、案例分析
策略:1. 集中指导;2. 分组学习</td></tr>
<tr><td>教学资源:
文字教材、录像教材、课件</td><td colspan="2">对学生基础要求:
1. 学生已掌握成本核算的原则要求和一般程序;已掌握要素费用的核算;已掌握辅助生产费用、制造费用的归集与分配方法;已掌握废品损失的核算;
2. 预习教材中的学习内容</td></tr>
<tr><td colspan="3">对教师基本要求:
1. 具有本学科相关理论知识,符合教师要求,有教师资格证;
2. 熟练掌握在产品的概念及其核算对产成品成本的影响、在产品的确定方法、生产费用在完工产品与在产品之间分配的方法(约当产量比例法、定额比例法、定额成本计价法、其他方法);
3. 具有双师素质相关证书</td></tr>
<tr><td colspan="2">学习情境7:品种法核算应用</td><td>参考学时:4</td></tr>
<tr><td colspan="3">学习内容:
1. 品种法的特点和适用范围;
2. 品种法核算的基本程序</td></tr>
<tr><td colspan="3">职业素质培养:理解品种法的特点和适用范围;掌握产品成本计算的品种法核算的基本程序</td></tr>
<tr><td colspan="3">教学方法与策略:
教学方法:文字教材、课件、案例分析资料
策略:1. 集中指导;2. 分组学习</td></tr>
</table>

续上表

<table>
<tr><td>学习情境7:品种法核算应用</td><td>参考学时:4</td></tr>
<tr><td>教学资源:
文字教材、课件、案例分析资料</td><td>对学生基础要求:
1. 学生已了解企业生产特点和管理要求对产品成本计算方法的影响,已熟悉不同产品成本计算方法的含义及特点;
2. 预习教材中的学习内容</td></tr>
<tr><td colspan="2">对教师基本要求:
1. 具有本学科相关理论知识,符合教师要求,有教师资格证;
2. 熟练掌握品种法的特点和适用范围、品种法的计算程序及应用;
3. 具有双师素质相关证书</td></tr>
<tr><td>学习情境8:分批法核算应用</td><td>参考学时:8</td></tr>
<tr><td colspan="2">学习内容:
1. 一般分批法的特点、适用范围及计算程序;
2. 简化分批法的特点及应用</td></tr>
<tr><td colspan="2">职业素质培养:理解分批法的特点和适用范围及计算程序;掌握简化分批法的特点及应用;掌握一般分批法的特点及应用</td></tr>
<tr><td colspan="2">教学方法与策略:
教学方法:讲授、课堂讨论、案例分析
策略:1. 集中指导;2. 分组学习</td></tr>
<tr><td>教学资源:
文字教材、课件、案例分析相关资料</td><td>对学生基础要求:
1. 学生已了解企业生产特点和管理要求对产品成本计算方法的影响,已熟悉不同产品成本计算方法的含义及特点;学生已掌握品种法的计算程序;
2. 预习教材中的学习内容</td></tr>
<tr><td colspan="2">对教师基本要求:
1. 具有本学科相关理论知识,符合教师要求,有教师资格证;
2. 熟练掌握分批法的特点和适用范围、分批法的计算程序及应用;
3. 具有双师素质相关证书</td></tr>
<tr><td>学习情境9:分步法核算应用</td><td>参考学时:8</td></tr>
<tr><td colspan="2">学习内容:
1. 分步法的特点和适用范围及应用条件;
2. 逐步结转分步法的计算程序及平行结转分步法的计算程序;
3. 综合成本还原法</td></tr>
<tr><td colspan="2">职业素质培养:理解分步法的特点和适用范围及应用条件;掌握逐步结转分步法的计算程序及平行结转分步法的计算程序;重点掌握综合成本还原的方法</td></tr>
<tr><td colspan="2">教学方法与策略:
教学方法:1. 任务驱动教学法;2. 角色扮演法
策略:1. 集中指导;2. 分组学习</td></tr>
</table>

续上表

<table>
<tr><td>学习情境9:分步法核算应用</td><td>参考学时:8</td></tr>
<tr><td>教学资源:
讲授、课堂讨论、案例分析</td><td>对学生基础要求:
1. 学生已了解企业生产特点和管理要求对产品成本计算方法的影响,已熟悉不同产品成本计算方法的含义及特点;学生已掌握品种法、分批法的计算程序;
2. 预习教材中的学习内容</td></tr>
<tr><td colspan="2">对教师基本要求:
1. 具有本学科相关理论知识,符合教师要求,有教师资格证;
2. 熟练掌握分步法的主要特点、分步法计算产品成本的一般程序、分步法的分类、逐步结转分步法和平行结转分步法的计算程序、适用范围及优缺点;
3. 具有双师素质相关证书</td></tr>
<tr><td>学习情境10:分类法核算应用</td><td>参考学时:4</td></tr>
<tr><td colspan="2">学习内容:
1. 分类法的特点和适用范围、副产品的概念及其成本计算特点;
2. 分类法的计算程序及副产品的成本计算方法</td></tr>
<tr><td colspan="2">职业素质培养:了解分类法的特点和适用范围、副产品的概念及其成本计算特点;掌握分类法的计算程序及副产品的成本计算方法</td></tr>
<tr><td colspan="2">教学方法与策略:
教学方法:讲授、课堂讨论、案例分析
策略:1. 集中指导;2. 分组学习</td></tr>
<tr><td>教学资源:
文字教材、课件、案例分析相关资料</td><td>对学生基础要求:
1. 学生已了解企业生产特点和管理要求对产品成本计算方法的影响,已熟悉不同产品成本计算方法的含义及特点;学生已掌握品种法、分批法、分步法的计算程序;
2. 预习教材中的学习内容</td></tr>
<tr><td colspan="2">对教师基本要求:
1. 具有本学科相关理论知识,符合教师要求,有教师资格证;
2. 熟练掌握分类法的应用条件和特点、分类法的适用范围、分类法的计算程序、副产品的成本计算(副产品成本计算的特点、主副产品分离前后的成本计算、副产品成本按计划单位成本计算);
3. 具有双师素质相关证书</td></tr>
<tr><td>学习情境11:定额法核算应用</td><td>参考学时:4</td></tr>
<tr><td colspan="2">学习内容:
1. 定额法的特点和适用范围及计算程序;
2. 定额法在产品成本计算中的应用</td></tr>
<tr><td colspan="2">职业素质培养:理解定额法的特点和适用范围及计算程序;掌握定额法在产品成本计算中的应用</td></tr>
<tr><td colspan="2">教学方法与策略:
教学方法:讲授、课堂讨论、案例分析
策略:1. 集中指导;2. 分组学习</td></tr>
</table>

续上表

<table>
<tr><td>学习情境11:定额法核算应用</td><td>参考学时:4</td></tr>
<tr><td>教学资源:
文字教材、课件、案例分析相关资料</td><td>对学生基础要求:
1. 学生已了解企业生产特点和管理要求对产品成本计算方法的影响,已熟悉不同产品成本计算方法的含义及特点;学生已掌握品种法、分批法、分步法、分类法的计算程序;
2. 预习教材中的学习内容</td></tr>
<tr><td colspan="2">对教师基本要求:
1. 具有本学科相关理论知识,符合教师要求,有教师资格证;
2. 熟练掌握定额法的应用条件与特点、定额法的适用范围、定额法的计算程序;
3. 具有双师素质相关证书</td></tr>
<tr><td>学习情境12:成本报表阅读及编制</td><td>参考学时:4</td></tr>
<tr><td colspan="2">学习内容:
1. 成本报表的概念和种类、意义与编制要求;
2. 产品生产成本表、主要产品单位成本表和各种费用报表的结构及编制方法</td></tr>
<tr><td colspan="2">职业素质培养:能理解成本报表的概念和种类、意义与编制要求;掌握产品生产成本表、主要产品单位成本表和各种费用报表的结构及编制方法</td></tr>
<tr><td colspan="2">教学方法与策略:
教学方法:讲授、课堂讨论、案例分析
策略:1. 集中指导;2. 分组学习</td></tr>
<tr><td>教学资源:
文字教材、课件、成本报表</td><td>对学生基础要求:
1. 学生已熟悉成本核算的原则与要求,已熟练掌握各种产品成本核算方法;
2. 预习教材中的学习内容</td></tr>
<tr><td colspan="2">对教师基本要求:
1. 具有本学科相关理论知识,符合教师要求,有教师资格证;
2. 熟练掌握成本报表的概念及种类、成本报表的作用与编制要求、产品生产成本表的结构及编制方法、主要产品单位成本表、制造费用明细表、期间费用明细表的编制;
3. 具有双师素质相关证书</td></tr>
<tr><td>学习情境13:成本报表分析</td><td>参考学时:4</td></tr>
<tr><td colspan="2">学习内容:
1. 成本分析的意义;
2. 成本分析的方法及其应用</td></tr>
<tr><td colspan="2">职业素质培养:理解成本分析的意义;掌握成本分析的方法及其应用</td></tr>
<tr><td colspan="2">教学方法与策略:
教学方法:讲授、课堂讨论、案例分析
策略:1. 集中指导;2. 分组学习</td></tr>
<tr><td>教学资源:
文字教材、课件、成本报表</td><td>对学生基础要求:
1. 学生已了解成本报表的概念和种类、意义与编制要求;已掌握产品生产成本表、主要产品单位成本表和各种费用报表的结构及编制方法;
2. 预习教材中的学习内容</td></tr>
</table>

续上表

学习情境 13:成本报表分析	参考学时:4
对教师基本要求: 1. 具有本学科相关理论知识,符合教师要求,有教师资格证; 2. 熟练掌握成本分析的意义、成本分析的方法(成本分析的一般方法、成本分析的具体方法)、成本指标的分析(成本计划完成情况分析、费用预算执行情况分析、成本效益分析); 3. 具有双师素质相关证书	

六、课程实施建议

(一)教材及参考资源建议

1. 教材

马卫寰. 成本会计实务[M]. 北京:北京交通大学出版社,2010.

2. 参考书

[1]张志凤,闫华红. 初级会计实务[M]. 北京:北京大学出版社,2014.

[2]汤泉,刘淑春. 企业成本核算实务[M]. 北京:中国人民大学出版社,2013.

3. 课程网站

http://elearn.jxjtxy.com/eol/homepage/course/layout/page/index.jsp? courseId=10918.

4. 会计仿真软件网址

http://59.52.97.101:8080.

(二)师资条件建议

(1)具有本学科相关理论知识;

(2)具有账务处理能力,能熟练进行产品成本核算,具有会计从业资格证;

(3)具有理实一体化教学能力。

(三)实验实训条件建议

通过财会理实一体化实训室,向学生演示工业企业产品成本核算的程序与方法,见表4。

实验实训条件配置表 表4

实训室名称	主要设备名称	主要实训项目
会计综合模拟实训室	计算机、仿真软件、打印机、投影仪等	主要承担会计仿真账务处理实训项目

(四)教学方法建议

在教学过程中,总体采用任务驱动教学法。针对不同的教学内容,具体运用案例分析、小组讨论、集中讲授法等多种方法组织教学,让学生在“做中学、学中做”,培养学生实践动手能力及团队协作能力。

(五)教学评价建议

本课程采用多元性的评价方法,学习态度、课程作业、实践环节等过程考核占课程总成绩的40%，期末考试(可结合职业技能考证)等结果考核占课程总成绩的60%，全面综合评价学生能力，见表5。

过程考核表　　表5

<table>
<tr><th colspan="2" rowspan="2">考核项目</th><th rowspan="2">考核方式</th><th colspan="2">比例</th></tr>
<tr><th>分项</th><th>总体</th></tr>
<tr><td rowspan="3">过程考核</td><td>学习态度</td><td>根据课堂教学参与情况、课堂回答问题、出勤情况，由教师综合评定学生的学习态度得分</td><td>30%</td><td rowspan="3">40%</td></tr>
<tr><td>实践环节</td><td>根据学生实践情况，由学生自评、他人评价和教师评价相结合的方式评定成绩</td><td>40%</td></tr>
<tr><td>课程作业</td><td>根据学生完成课后作业、成果报告的情况由教师来评定成绩</td><td>30%</td></tr>
<tr><td colspan="2">结果考核</td><td>由教师评定笔试成绩</td><td>100%</td><td>60%</td></tr>
<tr><td colspan="4">合计</td><td>100%</td></tr>
</table>

(课程标准制订人：黄盈盈)

附件4：《纳税会计》课程标准

一、课程定位

本课程定位见表1。

课程定位表　　表1

课程名称及编号	纳税会计(311019)
开设学期及学时	第4学期(72学时)
课程类型	专业核心学习领域
先导课程	会计学、中级财务会计(一)、统计学
平行课程	公路会计、中级财务会计(二)、成本会计
后续课程	会计报表、审计学、出纳员管理、Excel在财务会计中的运用

二、课程性质

纳税会计是高等职业院校会计专业的一门专业核心课程。它以最新的税收法律、法规及财务会计准则为依据，结合企业纳税会计岗位的典型工作任务，全面系统地学习新税制下各税种的计算、会计处理及纳税申报，是一门融税收、会计等知识于一体的应用型学科。通过本课程学习，使学生熟悉国家税收法律、法规，不同税种的基本状况，能比较广泛、系统地认识和进一步理解税务会计的基本理论，掌握税务会计的基本方法，正确计算企业应纳税额，为企业正确纳税和进行纳税筹划奠定基础。

三、课程设计思路

纳税会计课程以培养学生税务处理能力为教学目标，基于纳税会计岗位工作任务所需的相关专业知识与必要技能为依据设计教学内容。其总体设计思路是，打破以知识传授为主要特征的传统学科课程模式,转变为项目驱动教学模式。课程内容的设计,紧紧围绕项目任务完成的需要来进行,并融合了相关职业资格证书对知识、技能和态度的要求,让学生在完成具体项目的过程中学会完成相应工作任务,并构建相关理论知识,发展职业能力。教学过程中,主要采用以任务驱动为主导的项目教学法,由教师引导按照按“税款计算—账务处理—纳税申报—税款缴纳”的企业纳税岗位任务流程完成主要税种的学习,学生通过教师引导学习之后能自主学习其他税种。项目设计以典型的工业产品来进行,选择以每个税种的税款计算、纳税申报与会计核算作为学习项目,每个学习项目均能体现报税工作的全过程,各学习项目之间保持内容变化而过程不变。课堂教学与实践教学、网络教学相衔接,达到优势互补、相辅相成。在实践教学环节上,手工实验与会计电算化交叉渗透,相互验证,突出对学生职业能力的训练。教学效果评价采取过程评价与结果评价相结合的方式,通过理论与实践相结合,重点评价学生的职业能力。

四、课程目标

(一)能力目标

(1)会办理企业税务登记、发票领购工作;
(2)能根据企业的类型和业务种类判断应纳的税种;
(3)能正确计算相关税费应纳金额并进行相关的会计处理;
(4)会使用各类发票,填制涉税文书,进行网上申报;
(5)会与税务、工商、外汇、银行等机构协商,处理一般的税务事项。

(二)知识目标

(1)掌握税收、税法的基本理论;
(2)能比较各主要税种的含义及征税范围;
(3)能根据不同税种应纳税额的计算方法计算税金;
(4)能根据不同税种会计科目的不同进行正确的会计核算和账簿登记;
(5)能了解不同税种的报税流程和方法。

(三)素质目标

(1)具有依法节税意识;
(2)具有团队精神和协作精神;
(3)具有收集和处理信息的能力;
(4)具有综合运用所学知识分析和解决问题的能力;
(5)具有严谨、诚信的职业品质和良好的职业道德。

五、课程内容与学习目标

(一)课程内容结构安排

本课程分 10 个学习情境、35 个工作任务,具体见表 2。

课程内容结构安排一览表 表2

序号	学习情境	工作任务	参考学时
1	纳税会计总论	纳税会计的含义、对象及特征	2
		纳税会计的职能	2
		纳税会计与其他会计的关系	2
2	增值税的核算	增值税法规概述	2
		增值税的计算	4
		增值税的会计核算	2
		增值税的纳税申报	4
3	消费税的核算	消费税法规概述	2
		消费税的计算	2
		消费税的会计核算	2
		消费税的纳税申报	2
4	营业税的核算	营业税法规概述	1
		营业税的计算与核算	2
		营业税的纳税申报	1
5	关税的核算	关税法规概述	2
		关税的计算	4
		关税的会计核算	2
		关税的纳税申报	2
6	资源税的核算	资源税法规概述	1
		资源税的计算	2
		资源税的会计核算与申报	2
7	土地增值税的核算	土地增值税法规概述与计算	2
		土地增值税的会计核算	2
		土地增值税的纳税申报	1
8	企业所得税的核算	企业所得税法规概述	2
		企业所得税的计算	2
		企业所得税的会计核算	2
		企业所得税的纳税申报	2
9	个人所得税的核算	个人所得税法规概述	2
		个人所得税的计算	2
		个人所得税的会计核算	2
		个人所得税的纳税申报	2
10	其他税的核算	房产税、城镇土地使用税	2
		车船税、印花税	2
		教育费附加	2
合计			72

(二)课程内容要求(表3)

课程内容一览表　　表3

<table>
<tr><td colspan="2">学习情境1:纳税会计总论</td><td>参考学时:6</td></tr>
<tr><td colspan="3">学习内容:
1. 我国现行税制的概况;
2. 纳税会计的含义;
3. 纳税会计的对象、特点和职能;
4. 纳税会计核算基础与原则;
5. 纳税会计与财务会计的联系与区别</td></tr>
<tr><td colspan="3">职业素质培养:
能正确理解纳税会计的概念、目标和任务;通过税务会计和财务会计的比较,进一步熟悉纳税会计的特征;掌握纳税会计的基本前提和一般原则</td></tr>
<tr><td colspan="3">教学方法与策略:
教学方法:1. 任务驱动教学法;2. 小组讨论法
策略:分组学习</td></tr>
<tr><td>教学资源:
讲义、教案、多媒体课件、实训指导书、任务工单</td><td colspan="2">对学生基础要求:
1. 具备初级会计原理知识;
2. 预习教材中的学习内容</td></tr>
<tr><td colspan="3">对教师基本要求:
1. 具有相关专业的双师素质证书;
2. 掌握本学科相关的理论知识,有较好的表达能力和条理性;
3. 具有纳税会计业务处理能力,具有相应技能等级,熟悉办税流程;
4. 具有理实一体化教学能力</td></tr>
<tr><td colspan="2">学习情境2:增值税的核算</td><td>参考学时:12</td></tr>
<tr><td colspan="3">学习内容:
1. 增值税的基本内容,包括纳税义务人、征税范围、税率,一般纳税人和小规模纳税人的认定标准;
2. 一般纳税人应纳税额的计算;
3. 小规模纳税人应纳税额的计算;
4. 增值税的会计科目的设置;
5. 销项税额、进项税额的会计核算;
6. 未交增值税和已交增值税的核算;
7. 减免增值税的会计核算;
8. 增值税的纳税期限、地点、申报方法</td></tr>
<tr><td colspan="3">职业素质培养:
掌握一般纳税人和小规模纳税人应纳税额的计算方法;掌握增值税的会计核算方法;熟悉增值税的申报流程和方法</td></tr>
<tr><td colspan="3">教学方法与策略:
教学方法:1. 任务驱动教学法;2. 角色扮演法
策略:1. 集中指导;2. 分组学习</td></tr>
<tr><td>教学资源:
教案、多媒体课件、任务工单、系统仿真软件</td><td colspan="2">对学生基础要求:
1. 具备初级会计原理知识;
2. 预习教材中的学习内容</td></tr>
</table>

续上表

学习情境2:增值税的核算	参考学时:12
对教师基本要求: 1. 具有相关专业的双师素质证书; 2. 掌握本学科相关的理论知识,有较好的表达能力和条理性; 3. 具有纳税会计业务处理能力,具有相应技能等级,熟悉办税流程; 4. 具有理实一体化教学能力	
学习情境3:消费税的核算	参考学时:8
学习内容: 1. 消费税法规概述; 2. 消费税应纳税额的计算方法; 3. 消费税的会计核算; 4. 生产销售应税消费品、委托加工应税消费品及进口应税消费品应纳消费税的计算和会计核算; 5. 消费税的纳税义务发生时间、纳税期限、地点; 6. 消费税纳税申报表的填制	
职业素质培养: 掌握消费税应纳税额的计算;掌握消费税会计科目的设置及会计核算方法;熟悉消费税的纳税申报,熟悉办税流程	
教学方法与策略: 教学方法:1. 案例教学法;2. 小组讨论法 策略:分组学习	
教学资源: 讲义、教案、多媒体课件、实训指导书、任务工单	对学生基础要求: 1. 具备初级会计原理知识; 2. 预习教材中的学习内容
对教师基本要求: 1. 具有相关专业的双师素质证书; 2. 掌握本学科相关的理论知识,有较好的表达能力和条理性; 3. 具有纳税会计业务处理能力,具有相应技能等级,熟悉办税流程; 4. 具有理实一体化教学能力	
学习情境4:营业税的核算	参考学时:4
学习内容: 1. 营业税法规概述; 2. 计税营业额的确定及应纳税额的计算; 3. 营业税会计科目的设置及会计核算; 4. 营业税纳税义务发生时间、纳税期限、地点	
职业素质培养: 掌握营业税应纳税额的计算;熟练掌握不同行业或特殊业务营业税的会计处理;熟悉营业税的纳税申报,熟悉办税流程	
教学方法与策略: 教学方法:1. 任务驱动教学法;2. 案例教学法;3. 小组讨论法 策略:分组学习	

续上表

<table>
<tr><td>学习情境4:营业税的核算</td><td>参考学时:4</td></tr>
<tr><td>教学资源:
讲义、教案、多媒体课件、实训指导书、任务工单</td><td>对学生基础要求:
1. 具备初级会计原理知识;
2. 预习教材中的学习内容</td></tr>
<tr><td colspan="2">对教师基本要求:
1. 具有相关专业的双师素质证书;
2. 掌握本学科相关的理论知识,有较好的表达能力和条理性;
3. 具有纳税会计业务处理能力,具有相应技能等级;熟悉办税流程;
4. 具有理实一体化教学能力</td></tr>
<tr><td>学习情境5:关税的核算</td><td>参考学时:10</td></tr>
<tr><td colspan="2">学习内容:
1. 关税的基本内容,包括关税的纳税义务人、征税对象、税目和税率等;
2. 关税的减免税优惠,关税的缴纳与退补;
3. 关税完税价格的确定及应纳税额的计算;
4. 关税会计科目的设置及会计核算;
5. 关税的纳税申报</td></tr>
<tr><td colspan="2">职业素质培养:
掌握关税完税价格的确定及应纳税额的计算;掌握关税的会计处理;熟悉关税纳税申报</td></tr>
<tr><td colspan="2">教学方法与策略:
教学方法:1. 任务驱动教学法;2. 小组讨论法;3. 案例教学法
策略:分组学习</td></tr>
<tr><td>教学资源:
教案、多媒体课件、实训指导书、任务工单</td><td>对学生基础要求:
1. 具备初级会计原理知识;
2. 预习教材中的学习内容</td></tr>
<tr><td colspan="2">对教师基本要求:
1. 具有相关专业的双师素质证书;
2. 掌握本学科相关的理论知识,有较好的表达能力和条理性;
3. 具有纳税会计业务处理能力,具有相应技能等级,熟悉办税流程;
4. 具有理实一体化教学能力</td></tr>
<tr><td>学习情境6:资源税的核算</td><td>参考学时:5</td></tr>
<tr><td colspan="2">学习内容
1. 资源税的基本内容,包括资源税的纳税义务人、征税对象、税目和税率等;
2. 资源税应纳税额的计算;
3. 资源税会计科目设置及会计核算;
4. 资源税的纳税申报</td></tr>
<tr><td colspan="2">职业素质培养:
掌握资源税应纳税额的计算;掌握资源税的会计处理方法;了解资源税的纳税申报</td></tr>
<tr><td colspan="2">教学方法与策略:
教学方法:1. 任务驱动教学法;2. 小组讨论法
策略:分组学习</td></tr>
</table>

续上表

<table>
<tr><td>学习情境6:资源税的核算</td><td>参考学时:5</td></tr>
<tr><td>教学资源:
教案、多媒体课件、实训指导书、任务工单</td><td>对学生基础要求:
1. 具备初级会计原理知识;
2. 预习教材中的学习内容</td></tr>
<tr><td colspan="2">对教师基本要求:
1. 具有相关专业的双师素质证书;
2. 掌握本学科相关的理论知识,有较好的表达能力和条理性;
3. 具有纳税会计业务处理能力,具有相应技能等级,熟悉办税流程;
4. 具有理实一体化教学能力</td></tr>
<tr><td>学习情境7:土地增值税的核算</td><td>参考学时:5</td></tr>
<tr><td colspan="2">学习内容:
1. 土地增值税的基本内容,包括土地增值税的纳税义务人、征税对象、税目和税率、减免税优惠等;
2. 土地增值税应纳税额的计算;
3. 土地增值税会计科目的设置及会计核算;
4. 土地增值税的纳税申报</td></tr>
<tr><td colspan="2">职业素质培养:
掌握土地增值税应纳税额的计算;掌握土地增值税的会计处理方法;了解土地增值税的纳税申报,熟悉办税流程</td></tr>
<tr><td colspan="2">教学方法与策略:
教学方法:1. 任务驱动教学法;2. 小组讨论法
策略:分组学习</td></tr>
<tr><td>教学资源:
讲义、教案、多媒体课件、实训指导书、任务工单</td><td>对学生基础要求:
1. 具备初级会计原理知识;
2. 预习教材中的学习内容</td></tr>
<tr><td colspan="2">对教师基本要求:
1. 具有相关专业的双师素质证书;
2. 掌握本学科相关的理论知识,有较好的表达能力和条理性;
3. 具有纳税会计业务处理能力,具有相应技能等级,熟悉办税流程;
4. 具有理实一体化教学能力</td></tr>
<tr><td>学习情境8:企业所得税的核算</td><td>参考学时:8</td></tr>
<tr><td colspan="2">学习内容:
1. 企业所得税的基本内容,包括企业所得税的纳税义务人、征税对象和税率、企业所得税优惠政策等;
2. 企业所得税应纳税所得额的确定、应纳税额的计算;
3. 企业所得税的会计核算方法;
4. 资产负债的账面价值与计税基础的确定;
5. 应纳税暂时性差异与可抵扣性暂时性差异的计算;
6. 企业所得税纳税申报表的填制、纳税申报;
7. 企业所得税的征收方法、纳税期限、纳税地点</td></tr>
<tr><td colspan="2">职业素质培养:
理解企业所得税的征收管理;掌握企业所得税应纳税额的计算;熟练掌握企业所得税会计处理的方法;熟悉企业所得税的申报方法</td></tr>
</table>

续上表

<table>
<tr><td colspan="2">学习情境8:企业所得税的核算</td><td>参考学时:8</td></tr>
<tr><td>教学方法与策略:
教学方法:1. 任务驱动教学法;2. 小组讨论法
策略:分组学习</td><td colspan="2"></td></tr>
<tr><td>教学资源:
讲义、教案、多媒体课件、实训指导书、任务工单</td><td colspan="2">对学生基础要求:
1. 具备初级会计原理知识;
2. 预习教材中的学习内容</td></tr>
<tr><td colspan="3">对教师基本要求:
1. 具有相关专业的双师素质证书;
2. 掌握本学科相关的理论知识,有较好的表达能力和条理性;
3. 具有纳税会计业务处理能力,具有相应技能等级,熟悉办税流程;
4. 具有理实一体化教学能力</td></tr>
<tr><td colspan="2">学习情境9:个人所得税的核算</td><td>参考学时:8</td></tr>
<tr><td colspan="3">学习内容:
1. 个人所得税的基本内容,包括个人所得税的纳税人、征税对象、计税依据、税率和减免政策;
2. 个人所得税应纳税额的计算;
3. 个人所得税的会计科目设置及会计核算;
4. 个人所得税纳税申报表的填制;
5. 个人所得税的扣缴与自行申报</td></tr>
<tr><td colspan="3">职业素质培养:
掌握个人所得税应纳税额的计算方法;掌握个人所得税的代扣代缴、非法人企业个人所得税的计算与申报</td></tr>
<tr><td colspan="3">教学方法与策略
教学方法:1. 任务驱动教学法;2. 小组讨论法
策略:分组学习</td></tr>
<tr><td>教学资源:
教案、多媒体课件、实训指导书、任务工单</td><td colspan="2">对学生基础要求:
1. 具备初级会计原理知识;
2. 预习教材中的学习内容</td></tr>
<tr><td colspan="3">对教师基本要求
1. 具有相关专业的双师素质证书;
2. 掌握本学科相关的理论知识,有较好的表达能力和条理性;
3. 具有纳税会计业务处理能力,具有相应技能等级,熟悉办税流程;
4. 具有理实一体化教学能力</td></tr>
<tr><td colspan="2">学习情境10:其他税的核算</td><td>参考学时:6</td></tr>
<tr><td colspan="3">学习内容:
1. 房产税、城镇土地使用税、车船税、印花税、城建税与教育费附加的纳税人和计税依据;
2. 房产税、城镇土地使用税、车船税、印花税、城建税与教育费附加的计算方法;
3. 房产税、城镇土地使用税、车船税、印花税、城建税与教育费附加的会计核算;
4. 房产税等其他税种的纳税申报</td></tr>
</table>

续上表

<table>
<tr><td colspan="2">学习情境10:其他税的核算</td><td>参考学时:6</td></tr>
<tr><td colspan="3">职业素质培养:
掌握房产税等其他税种的计算及会计处理;了解这些税种的纳税申报</td></tr>
<tr><td colspan="3">教学方法与策略
教学方法:1. 任务驱动教学法;2. 小组讨论法
策略:分组学习</td></tr>
<tr><td>教学资源:
教案、多媒体课件、实训指导书、任务工单</td><td colspan="2">对学生基础要求:
1. 具备初级会计原理知识;
2. 预习教材中的学习内容</td></tr>
<tr><td colspan="3">对教师基本要求
1. 具有相关专业的双师素质证书;
2. 掌握本学科相关的理论知识,有较好的表达能力和条理性;
3. 具有纳税会计业务处理能力,具有相应技能等级;熟悉办税流程;
4. 具有理实一体化教学能力</td></tr>
</table>

六、课程实施建议

(一)教材及参考资源建议

1. 教材

李西杰. 税务会计[M]. 长沙:湖南师范大学出版社,2014 .

2. 参考书

[1]周伟华. 税务会计[M]. 北京:北京交通大学出版社,2010.

[2]梁伟祥. 税务会计实务[M]. 浙江:浙江大学出版社,2011.

[3]许仁忠 赵继红. 纳税实务[M]. 四川:西南财经大学出版社,2012.

3. 网络课程网站

http://elearn. jxjtxy. com/eol/homepage/course/course _ index. jsp? _ style = style _ 2 _ 03&courseId = 10524.

4. 会计仿真软件网址

http://59. 52. 97. 101 :8080.

(二)师资条件建议

(1)专任教师:具有高校教师资格证;具有财务会计岗位工作经历;熟悉会计基本理论与专业知识;具有较强的教科研能力。

(2)兼职教师:具有5年以上财务工作及相关岗位工作经历,有丰富的实际工作经验;具有中级以上专业技术职务或在职业技能竞赛中获得奖励;具有较强的教学组织能力。

(三)实验实训条件建议

通过财会综合实训基地或校外实习基地,向学生展示纳税会计基本业务及会计处理流程、网上报税流程。

(四)教学方法建议

《纳税会计》课程教学在继承传统教学方法的基础上,结合办税工作的特点和我院教学资源的实际,灵活采用案例教学法、项目教学法、团队合作法、角色扮演法以及现场教学法(教师演示、学生模范)等多种教学方法,引导学生积极完成学习任务,让学生在“做中学,学中做”。在培养学生纳税处理实际业务能力的基础上,注重培养学生团队协作能力和实践动手能力。

(五)教学评价建议

本课程采用多元性的评价,学习态度、课程作业、实践环节等过程考核占课程总成绩的40%,期末考试等结果考核占课程总成绩的60%,全面综合评价学生能力,见表4。

过程考核表 表4

考核项目		考核方式	比例	
			分项	总体
过程考核	学习态度	根据课堂教学参与情况、课堂回答问题、出勤情况,由教师综合评定学生的学习态度得分	30%	40%
	实践环节	根据学生实践情况,由学生自评、他人评价和教师评价相结合的方式评定成绩	40%	
	课程作业	根据学生完成课后作业、成果报告的情况由教师来评定成绩	30%	
结果考核		由教师评定笔试成绩	100%	60%
合计				100%

(课程标准制订人:迟颖)

附件5:《会计报表》课程标准

一、课程定位(表1)

课程定位表 表1

课程名称及编号	会计报表(311017)
课设学期及学时	第五学期(60学时)
课程类型	专业核心学习领域型
先导课程	会计学、会计电算化、中级财务会计、统计学
平行课程	财务管理、审计学、Excel在财务会计中的运用
后续课程	毕业顶岗实习

二、课程性质

会计报表是会计电算化专业的专业核心课。通过本课程的学习,使学生掌握资产负债表、利润表、现金流量表、所有者权益变动表四张报表的编制方法，能够对会计报表进行简单的分析，为管理决策提供相关的财务会计信息。

三、课程设计思路

会计报表课程以培养学生会计报表编制与分析等会计职业能力为教学目标，基于会计报表编制工作过程，设计教学内容。教学中其总体设计思路是，打破以知识传授为主要特征的传统学科课程模式，转变为以工作任务为中心组织课程内容，并让学生在完成具体项目的过程中学会完成相应工作任务，并构建相关理论知识，发展职业能力。课程内容突出对学生职业能力的训练，理论知识的选取紧紧围绕工作任务完成的需要来进行，同时又充分考虑了高等职业教育对理论知识学习的需要，并融合了相关职业资格证书对知识、技能和态度的要求。教学过程中，通过校企合作、校内实训基地建设等多种途径，给学生提供实践机会。教学效果评价采取过程评价与结果评价相结合的方式，通过理论与实践相结合，重点评价学生的职业操作能力。

四、课程目标

（一）能力目标

（1）资产负债表、利润表、现金流量表、所有者权益变动表的编制能力；
（2）会计报表的分析能力。

（二）知识目标

（1）财务报表体系、会计报表编制原则与要求；
（2）资产负债表的含义、作用、结构及编制方法；
（3）利润表的含义、作用、结构及编制方法；
（4）现金流量表的含义、作用、结构及编制方法；
（5）所有者权益变动表的含义、作用、结构及编制方法；
（6）会计报表主要项目的分析方法；
（7）会计报表比率分析法；
（8）会计报表综合分析法。

（三）素质目标

（1）具有热爱所学专业、爱岗敬业、廉洁奉公、不贪不占的精神；
（2）具有胜任会计报表编制与分析的业务素质。

五、课程内容与学习目标

（一）课程内容结构安排

本课程分 8 个学习情境、13 个工作任务，具体见表 2。

课程内容结构安排一览表　　表2

序号	学习情境	工作任务	参考学时
1	财务报表认知	财务报表基本知识	2
2	资产负债表编制	资产负债表的编制	8
3	利润表编制	利润表的编制	4
4	现金流量表编制	现金流量表的编制	24
5	所有者权益变动表编制	所有者权益变动表的编制	4
6	会计报表项目分析	资产负债表主要项目分析	2
		利润表主要项目分析	2
		现金流量表主要项目分析	2
7	会计报表比率分析	企业偿债能力分析	3
		企业盈利能力分析	2
		企业营运能力分析	2
		企业发展能力分析	1
8	会计报表综合分析	会计报表综合分析	4
合计			60

(二)课程内容要求(表3)

课程内容一览表　　表3

<table>
<tr><td colspan="2">学习情境1:财务报表认知</td><td>参考学时:2</td></tr>
<tr><td colspan="3">学习内容:
1.财务报表的基本概念;
2.财务报表体系的内容构成;
3.编制报表前的准备工作</td></tr>
<tr><td colspan="3">职业素质培养:
了解财务报表体系,掌握会计报表编制原则与要求,为后面相关章节的会计报表编制与分析的具体方法奠定基础</td></tr>
<tr><td colspan="3">教学方法与策略:
教学方法:1.任务驱动教学法;2.小组讨论法
策略:分组学习</td></tr>
<tr><td>教学资源:
讲义、教案、多媒体课件、实训指导书、任务工单</td><td colspan="2">对学生基础要求:
学生已掌握会计核算的基本方法和基本操作技能</td></tr>
<tr><td colspan="3">对教师基本要求:
1.具有相关专业的双师素质证书;
2.掌握与财务报表相关的业务知识,有较好的表达能力和条理性;
3.具有理实一体化教学能力</td></tr>
<tr><td colspan="2">学习情境2:资产负债表编制</td><td>参考学时:8</td></tr>
<tr><td colspan="3">学习内容:
资产负债表的编制</td></tr>
</table>

续上表

<table>
<tr><td>学习情境 2:资产负债表编制</td><td>参考学时:8</td></tr>
<tr><td colspan="2">职业素质培养:
掌握资产负债表的编制方法</td></tr>
<tr><td colspan="2">教学方法与策略:
教学方法:1. 任务驱动教学法;2. 小组讨论法
策略:分组学习</td></tr>
<tr><td>教学资源:
讲义、教案、多媒体课件、实训指导书、任务工单</td><td>对学生基础要求:
1. 了解财务报表体系;
2. 掌握会计报表编制的原则与要求;
3. 熟知会计报表编制前的准备工作;
4. 预习教材中的学习内容</td></tr>
<tr><td colspan="2">对教师基本要求:
1. 具有相关专业的双师素质证书;
2. 掌握与资产负债表相关的业务知识,有较好的表达能力和条理性;
3. 具有理实一体化教学能力</td></tr>
<tr><td>学习情境 3:利润表编制</td><td>参考学时:4</td></tr>
<tr><td colspan="2">学习内容:
利润表的编制</td></tr>
<tr><td colspan="2">职业素质培养:
掌握利润表的编制方法</td></tr>
<tr><td colspan="2">教学方法与策略:
教学方法:1. 任务驱动教学法;2. 小组讨论法
策略:分组学习</td></tr>
<tr><td>教学资源:
讲义、教案、多媒体课件、实训指导书、任务工单</td><td>对学生基础要求:
1. 学生已了解财务报表体系;
2. 已掌握会计报表编制的原则与要求;
3. 已熟知会计报表编制前的准备工作;
4. 预习教材中的学习内容</td></tr>
<tr><td colspan="2">对教师基本要求:
1. 具有相关专业的双师素质证书;
2. 掌握与利润表相关的业务知识,有较好的表达能力和条理性;
3. 具有理实一体化教学能力</td></tr>
<tr><td>学习情境 4:现金流量表编制</td><td>参考学时:24</td></tr>
<tr><td colspan="2">学习内容:
现金流量表的编制</td></tr>
<tr><td colspan="2">职业素质培养:
掌握现金流量表的编制方法</td></tr>
</table>

续上表

<table>
<tr><td>学习情境4:现金流量表编制</td><td>参考学时:24</td></tr>
<tr><td colspan="2">教学方法与策略:
教学方法:1. 任务驱动教学法;2. 小组讨论法
策略:分组学习</td></tr>
<tr><td>教学资源:
讲义、教案、多媒体课件、实训指导书、任务工单</td><td>对学生基础要求:
1. 学生已了解财务报表体系;
2. 已掌握会计报表编制的原则与要求;
3. 已掌握资产负债表、利润表的编制方法;
4. 预习教材中的学习内容</td></tr>
<tr><td colspan="2">对教师基本要求:
1. 具有相关专业的双师素质证书;
2. 掌握与现金流量表相关的业务知识,有较好的表达能力和条理性;
3. 具有理实一体化教学能力</td></tr>
<tr><td>学习情境5:所有者权益变动表编制</td><td>参考学时:4</td></tr>
<tr><td colspan="2">学习内容:
所有者权益变动表的编制</td></tr>
<tr><td colspan="2">职业素质培养:
掌握所有者权益变动表的编制方法</td></tr>
<tr><td colspan="2">教学方法与策略:
教学方法:1. 任务驱动教学法;2. 小组讨论法
策略:分组学习</td></tr>
<tr><td>教学资源:
讲义、教案、多媒体课件、实训指导书、任务工单</td><td>对学生基础要求:
1. 学生已掌握会计核算的基本方法和基本操作技能;
2. 预习教材中的学习内容</td></tr>
<tr><td colspan="2">对教师基本要求:
1. 具有相关专业的双师素质证书;
2. 掌握与所有者权益变动表相关的业务知识,有较好的表达能力和条理性;
3. 具有理实一体化教学能力</td></tr>
<tr><td>学习情境6:会计报表项目分析</td><td>参考学时:6</td></tr>
<tr><td colspan="2">学习内容:
1. 资产负债表项目分析;
2. 利润表项目分析;
3. 现金流量表项目分析</td></tr>
<tr><td colspan="2">职业素质培养:
掌握主要报表项目的分析方法</td></tr>
<tr><td colspan="2">教学方法与策略:
教学方法:1. 任务驱动教学法;2. 小组讨论法
策略:分组学习</td></tr>
</table>

续上表

<table>
<tr><td>学习情境6:会计报表项目分析</td><td>参考学时:6</td></tr>
<tr><td>教学资源:
讲义、教案、多媒体课件、实训指导书、任务工单</td><td>对学生基础要求:
1. 学生已掌握资产负债表、利润表、现金流量表的编制方法;
2. 已掌握会计报表分析步骤、会计报表分析使用的方法;
3. 预习教材中的学习内容</td></tr>
<tr><td colspan="2">对教师基本要求:
1. 具有相关专业的双师素质证书;
2. 掌握与会计报表分析相关的业务知识,有较好的表达能力和条理性;
3. 具有理实一体化教学能力</td></tr>
<tr><td>学习情境7:会计报表比率分析</td><td>参考学时:8</td></tr>
<tr><td colspan="2">学习内容:
1. 企业偿债能力分析;
2. 企业盈利能力分析;
3. 企业营运能力分析;
4. 企业发展能力分析</td></tr>
<tr><td colspan="2">职业素质培养:
了解会计报表主要比率的含义、作用,掌握财务比率分析的方法</td></tr>
<tr><td colspan="2">教学方法与策略:
教学方法:1. 任务驱动教学法;2. 小组讨论法
策略:分组学习</td></tr>
<tr><td>教学资源:
讲义、教案、多媒体课件、实训指导书、任务工单</td><td>对学生基础要求:
1. 学生已掌握会计报表分析的主体、会计报表分析的内容;
2. 已掌握会计报表分析步骤、会计报表分析使用的方法;
3. 已掌握主要报表项目的分析方法;
4. 预习教材中的学习内容</td></tr>
<tr><td colspan="2">对教师基本要求:
1. 具有相关专业的双师素质证书;
2. 掌握与会计报表比率分析相关的业务知识,有较好的表达能力和条理性;
3. 具有理实一体化教学能力</td></tr>
<tr><td>学习情境8:会计报表综合分析</td><td>参考学时:4</td></tr>
<tr><td colspan="2">学习内容:
1. 会计报表综合分析原理;
2. 会计报表综合分析的方法</td></tr>
<tr><td colspan="2">职业素质培养:
了解会计报表综合分析的含义、作用,了解杜邦财务分析方法</td></tr>
</table>

续上表

<table>
<tr><td colspan="2">学习情境8:会计报表综合分析</td><td>参考学时:4</td></tr>
<tr><td colspan="3">教学方法与策略:
教学方法:1.任务驱动教学法;2.小组讨论法
策略:分组学习</td></tr>
<tr><td>教学资源:
讲义、教案、多媒体课件、实训指导书、任务工单</td><td colspan="2">对学生基础要求:
1.学生已掌握会计报表分析的主体、会计报表分析的内容、会计报表分析步骤、会计报表分析使用的方法;
2.已掌握主要报表项目的分析方法;
3.已掌握报表比率分析的方法</td></tr>
<tr><td colspan="3">对教师基本要求:
1.具有相关专业的双师素质证书;
2.掌握与会计报表综合分析相关的业务知识,有较好的表达能力和条理性;
3.具有理实一体化教学能力</td></tr>
</table>

六、课程实施建议

(一)教材及参考资源建议

1.教材

王海民,伍巧君.财务报表编制与分析[M].北京:中国人民大学出版社,2013.

2.参考书

[1]赵国忠.会计报表编制与分析[M].北京:北京大学出版社,2009.

[2]张志凤,闫华红.初级会计实务[M].北京:北京大学出版社,2014.

3.会计仿真软件网址

http://59.52.97.101:8080.

(二)师资条件建议

(1)具有账务处理能力,能熟练地编制与分析财务报表,具有会计从业资格证;

(2)具有理实一体化教学能力。

(三)实验实训条件建议

通过财会理实一体化实训室,向学生演示会计报表编制与分析的所有方法与步骤,见表4。

实验实训条件配置表 表4

实训室名称	主要设备名称	主要实训项目
会计综合模拟实训室	计算机、仿真软件、打印机、投影仪等	主要承担会计仿真账务处理实训项目

（四）教学方法建议

在教学过程中，总体采用任务驱动教学法。针对不同的教学内容，具体运用案例分析、小组讨论、集中讲授法等多种方法组织教学，让学生在"做中学、学中做"，培养学生实践动手能力及团队协作能力。

（五）教学评价建议

本课程采用多元性的评价，学习态度、课程作业、实践环节等过程考核占课程总成绩的40%，期末考试等结果考核占课程总成绩的60%，全面综合评价学生能力，见表5。

过 程 考 核 表 表5

考核项目		考核方式	比例	
			分项	总体
过程考核	学习态度	根据课堂教学参与情况、课堂回答问题、出勤情况，由教师综合评定学生的学习态度得分	30%	40%
	实践环节	根据学生实践情况，由学生自评、他人评价和教师评价相结合的方式评定成绩	40%	
	课程作业	根据学生完成课后作业、成果报告的情况由教师来评定成绩	30%	
结果考核		由教师评定笔试成绩	100%	60%
合计				100%

（课程标准制订人：黄盈盈）

附件6：《公路会计》课程标准

一、课程定位

课程定位见表1。

课 程 定 位 表 表1

课程名称及编号	公路会计（321005）
课设学期及学时	第四学期（114学时）
课程类型	专业拓展学习领域
先导课程	会计学
平行课程	成本会计、中级财务会计、财务管理
后续课程	审计学、行业会计比较

二、课程性质

公路会计是我院会计电算化专业的核心、特色课程，它是研究公路会计理论和实务的一门经济管理学科。它兼容了基础会计、财务会计课程中涉及的会计核算基本要求、会计职业能力要求，同时它更多地服务于交通建设。该门课程从内容结构方面，涵盖了公路从建设、施工和养护三个不可缺少环节中所有经济业务的核算,从而涉及公路建设单位会计、公路施工企业会计和公路养护单位会计,而这三门会计从会计核算性质来说,又是三门不同类型的会计。因此该门课程无论从学生"学"的角度还是从教师"教"的角度,均具有较大的难度。

全书共分为三篇:第一篇介绍公路建设单位会计的理论和核算方法;第二篇介绍公路施工企业会计理论和核算方法;第三篇介绍养护单位会计理论和方法。通过本课程的学习,使学生能进行公路在建设、施工和养护等过程中发生相关经济业务的会计核算,促使学生在实际中,根据所服务的会计主体不同,能自如、灵活地运用相关的会计知识解决实际问题,提高动手能力,从而提高其职业能力。因此公路会计课程在本院会计电算化专业中具有重要地位,是专业技能培养的重要环节。

三、课程设计思路

根据本院秉承的"以人为本、重德强技、务实求真、追求卓越"的办学理念,强调品德、知识、能力、素质并重,将人才培养目标定位于"高素质技能型专门人才"的办学宗旨。打破以知识传授为主要特征的传统学科课程模式,转变为以工作任务为中心组织课程内容,并让学生在完成具体项目的过程中学会完成相应工作任务,并构建相关理论知识,发展职业能力。课程内容突出对学生职业能力的训练,理论知识的选取紧紧围绕工作任务完成的需要来进行,同时又充分考虑了高等职业教育对理论知识学习的需要,并融合了相关职业资格证书对知识、技能和态度的要求。同时结合交通行业特点,本课程的设计理念为:以公路建设、施工、养护一条龙服务为切入点创建学习情境,构建满足交通行业会计岗位职业能力需求为目标的教学内容,通过校企合作、与行业内企业专家合作等方式,将课本内容进行整合,实现以"任务为导向"的"教、学、做"一体化教学模式。

四、课程目标

(一)能力目标

(1)熟练地对公路建设单位进行记账、算账、报账、管账;
(2)熟练地对公路施工单位进行记账、算账、报账、管账;
(3)熟练地对公路养护单位进行记账、算账、报账、管账;
(4)能熟练地编制公路建设、施工、养护三种单位的会计报表及进行分析;
(5)运用经济管理知识,对资金、资产进行管理,且能进行分析问题和解决问题。

(二)知识目标

(1)了解公路建设、施工、养护等单位的经济内容及资金运动;
(2)掌握公路建设、施工、养护等单位的会计科目及运用;
(3)掌握公路建设单位的资金来源及资金占用的构成;
(4)掌握公路施工企业工程成本的构成;
(5)掌握公路养护单位养护工程成本的形成及特点;
(6)掌握建设、施工、养护三种单位会计报表的编制及分析。

(三)素质目标

(1)培养学生可持续发展的能力;
(2)培养学生与人合作的能力;
(3)培养学生勇于创新、敬业乐业的工作作风;
(4)注重遵章守纪、积极思考、耐心、细致、勇于实践、竞争意识等职业素质的养成。

五、课程内容与学习目标

(一)课程内容结构安排

本课程分 8 个学习情境、28 个工作任务,具体见表 2。

课程内容结构安排一览表

表 2

序号	学习情境	工作任务	参考学时
1	认识公路会计	认识公路	2
		公路会计主体	2
		施工项目管理	2
2	出纳岗位	库存现金的核算	6
		银行存款的核算	6
		其他货币资金的核算	2
3	往来核算岗位	内部往来的核算	2
		应收款项的核算	6
		应付款项的核算	4
4	材料物资核算岗位	物资采购的核算	4
		库存材料的核算	6
		采购保管费的核算	2
		周转材料的核算	4
		临时设施的核算	4
5	薪酬核算岗位	职工薪酬的内容	2
		五险一金的处理	4
		职工薪酬的核算	2
6	工程成本核算岗位	工程施工的核算	10
		机械作业的核算	4
		辅助生产的核算	2
		完工百分比法的应用	8
7	税务核算岗位	营业税的核算	2
		增值税的核算	6
		所得税的核算	6
		其他税种的核算	4

续上表

序号	学习情境	工作任务	参考学时
8	总账报表核算岗位	资产负债表的编制	4
		利润表的编制	2
		财务分析	6
合计			114

(二)课程内容要求(表3)

课程内容一览表 表3

<table>
<tr><td colspan="2">学习情境1:认识公路会计</td><td>参考学时:6</td></tr>
<tr><td colspan="3">学习内容:
1. 了解公路的组成;
2. 了解公路的种类及编号;
3. 掌握公路会计的主体;
4. 掌握施工项目的管理</td></tr>
<tr><td colspan="3">职业素质培养:
1. 通过公路编号识别公路类别;
2. 知道公路各组成部分;
3. 区分公路会计的主体;
4. 施工项目的管理起止阶段</td></tr>
<tr><td colspan="3">教学方法与策略:
教学方法:案例教学法
策略:案例导入</td></tr>
<tr><td>教学资源:
讲义、教案、多媒体课件</td><td colspan="2">对学生基础要求:
1. 具备初级会计原理知识;
2. 了解高速公路基本特征</td></tr>
<tr><td colspan="3">对教师基本要求:
1. 具有相关专业的双师素质证书;
2. 有一定的公路知识,有较好的表达能力和条理性</td></tr>
<tr><td colspan="2">学习情境2:出纳岗位</td><td>参考学时:14</td></tr>
<tr><td colspan="3">学习内容:
1. 认识货币资金业务相关原始凭证;
2. 填制货币资金相关原始凭证;
3. 办理货币资金相关业务;
4. 登记现金日记账、银行存款日记账;
5. 各种结算方式的运用;
6. 其他货币资金业务的办理</td></tr>
<tr><td colspan="3">职业素质培养:
1. 能够办理货币资金相关业务;
2. 会粘贴票据;
3. 会登记现金日记账、银行存款日记账;
4. 能够正确办理银行结算方式;
5. 能够办理其他货币资金业务</td></tr>
</table>

续上表

学习情境2:出纳岗位	参考学时:14
教学方法与策略: 教学方法:1.任务驱动教学法;2.角色扮演法;3.小组讨论法 策略:角色扮演	
教学资源: 教案、多媒体课件、任务工单、系统仿真软件	对学生基础要求: 1.具备初级会计原理知识; 2.识别各种货币资金原始凭证
对教师基本要求: 1.具有本学科相关理论知识,符合教师要求,有教师资格证; 2.具有理实一体化教学能力; 3.具有双师素质相关证书	
学习情境3:往来核算岗位	参考学时:12
学习内容: 1.掌握内部往来的核算; 2.掌握应收款项核算; 3.掌握预收款项核算	
职业素质培养: 1.熟悉往来核算岗位的基本职责、业务流程; 2.掌握所有者权益的核算方法; 3.胜任往来核算岗位	
教学方法与策略: 教学方法:1.案例教学法;2.小组讨论法 策略:分组学习	
教学资源: 讲义、教案、多媒体课件、实训指导书、任务工单	对学生基础要求: 1.具备初级会计原理知识; 2.了解应收款项的核算
对教师基本要求: 1.具有相关专业的双师素质证书; 2.掌握与所有者权益岗位核算相关的业务知识,有较好的表达能力和条理性; 3.具有理实一体化教学能力	
学习情境4:材料物资核算岗位	参考学时:20
学习内容 1.掌握物资采购的核算; 2.掌握库存材料的核算; 3.掌握采购保管费的核算; 4.掌握周转材料的核算; 5.掌握临时设施的核算	
职业素质培养: 1.熟悉该岗位的基本职责,业务流程; 2.能够办理材料核算岗位相关业务的会计核算	

续上表

<table>
<tr><td>学习情境4:材料物资核算岗位</td><td>参考学时:20</td></tr>
<tr><td colspan="2">教学方法与策略:
教学方法:1.任务驱动教学法;2.案例教学法;3.小组讨论法
策略:任务驱动教学</td></tr>
<tr><td>教学资源:
讲义、教案、多媒体课件、实训指导书、任务工单</td><td>对学生基础要求:
1.具备初级会计原理知识;
2.施工企业的材料与建设单位的材料关联性</td></tr>
<tr><td colspan="2">对教师基本要求:
1.具有相关专业的双师素质证书;
2.掌握与资产岗位核算相关的业务知识,有较好的表达能力和条理性;
3.具有理实一体化教学能力</td></tr>
<tr><td>学习情境5:薪酬核算岗位</td><td>参考学时:8</td></tr>
<tr><td colspan="2">学习内容:
1.职工薪酬的组成;
2.五险一金的计提;
3.职工薪酬的会计核算</td></tr>
<tr><td colspan="2">职业素质培养:
1.熟悉职工薪酬核算岗位基本职责、业务流程;
2.能够区分计入工资和不能计入职工的支出;
3.准确计提五险一金;
4.掌握职工薪酬核算岗位的相关会计核算</td></tr>
<tr><td colspan="2">教学方法与策略:
教学方法:1.任务驱动教学法;2.小组讨论法;3.案例教学法
策略:任务驱动</td></tr>
<tr><td>教学资源:
教案、多媒体课件、实训指导书、任务工单</td><td>对学生基础要求:
1.具备初级会计原理知识;
2.工资单、工资结算汇总表、工资分配汇总表</td></tr>
<tr><td colspan="2">对教师基本要求:
1.具有相关专业的双师素质证书;
2.掌握与职工薪酬岗位核算相关的业务知识,有较好的表达能力和条理性;
3.具有理实一体化教学能力</td></tr>
<tr><td>学习情境6:工程成本核算岗位</td><td>参考学时:24</td></tr>
<tr><td colspan="2">学习内容:
1.施工企业工程施工的会计核算;
2.施工企业机械作业的会计核算;
3.施工企业辅助生产的会计核算;
4.完工百分比在施工企业的应用</td></tr>
</table>

续上表

<table>
<tr><td colspan="2">学习情境6:工程成本核算岗位</td><td>参考学时:24</td></tr>
<tr><td colspan="3">职业素质培养:
1. 熟悉工程成本核算岗位基本职责、业务流程;
2. 能够计算工程成本;
3. 掌握工程成本核算岗位的相关会计核算</td></tr>
<tr><td colspan="3">教学方法与策略:
教学方法:1. 任务驱动教学法;2. 小组讨论法;3. 案例教学法
策略:小组讨论学习、案例教学</td></tr>
<tr><td>教学资源:
教案、多媒体课件、实训指导书、任务工单</td><td colspan="2">对学生基础要求:
1. 具备初级会计原理知识;
2. 预习教材中的学习内容</td></tr>
<tr><td colspan="3">对教师基本要求:
1. 具有相关专业的双师素质证书;
2. 掌握与工程成本岗位核算相关的业务知识,有较好的表达能力和条理性;
3. 具有理实一体化教学能力</td></tr>
<tr><td colspan="2">学习情境7:税务核算岗位</td><td>参考学时:18</td></tr>
<tr><td colspan="3">学习内容
1. 营业税—建筑业计算与申报;
2. 增值税的计算与申报;
3. 企业所得税的计算与申报;
4. 个人所得税的计算与申报;
5. 其他税种的计算与申报</td></tr>
<tr><td colspan="3">职业素质培养:
1. 施工企业面临的税收种类;
2. 掌握税务岗位相关业务流程;
3. 胜任税务岗位</td></tr>
<tr><td colspan="3">教学方法与策略:
教学方法:1. 案例教学法;2. 小组讨论法
策略:案例教学</td></tr>
<tr><td>教学资源:
教案、多媒体课件、实训指导书、任务工单</td><td colspan="2">对学生基础要求:
1. 具备初级会计原理知识;
2. 具备税收的基础知识</td></tr>
<tr><td colspan="3">对教师基本要求:
1. 具有相关专业的双师素质证书;
2. 掌握与成本岗位核算相关的业务知识,有较好的表达能力和条理性;
3. 具有理实一体化教学能力</td></tr>
<tr><td colspan="2">学习情境8:总账报表核算岗位</td><td>参考学时:12</td></tr>
<tr><td colspan="3">学习内容:
1. 了解会计报表的组成;
2. 熟悉会计报表的编制要求;
3. 掌握会计报表的编制;
4. 进行财务分析</td></tr>
</table>

续上表

学习情境8:总账报表核算岗位	参考学时:12
职业素质培养: 1. 熟悉报表核算岗位职责及业务流程; 2. 胜任报表核算岗位	
教学方法与策略: 教学方法:1. 任务驱动教学法;2. 小组讨论法;3. 案例教学法 策略:分组学习、任务驱动	
教学资源: 讲义、教案、多媒体课件、实训指导书、任务工单	对学生基础要求: 1. 具备初级会计原理知识; 2. 预习教材中的学习内容
对教师基本要求: 1. 具有相关专业的双师素质证书; 2. 掌握财务成果岗位核算的业务知识,有较好的表达能力和条理性; 3. 具有理实一体化教学能力	

六、课程实施建议

(一)教材及参考资源建议

1. 教材

为突出本课程教学的职业性、实践性、实用性、行业性等特点,选择《公路会计学》教材,该教材以"工作流程"为主线,以各会计职业岗位为单元进行编写,强调该课程理论性与实践性的充分结合,满足了教学需求。

为更好配合教学,在教与学过程中,参考了以下教材:

2. 参考书

[1]刘晓燕. 公路建设单位会计实务[M]. 北京:人民交通出版社,2001.
[2]编写组. 施工项目会计核算与成本管理[M]. 北京:经济科学出版社,2011.
[3]唐菁菁. 建筑工程施工项目成本管理[M]. 2版. 北京:机械工业出版社,2009.

(二)师资条件建议

(1)具有会计核算能力,具有相应技能等级;
(2)具有本学科相关理论知识,符合教师要求,有教师资格证;
(3)具有理实一体化教学能力。

(三)实验实训条件建议

建议按表4配置实验实训条件。

实验实训条件配置表 表4

实训室名称	主要设备名称	主要实训项目
会计综合模拟实训室	计算机、服务器、仿真软件、打印机、投影仪等	主要承担会计仿真账务处理实训项目

（四）教学方法建议

针对具体的教学内容和教学过程，总体采用项目教学法。在具体教学方法中，运用任务引导法、案例法、小组协作学习法等多种方法组织教学，以学生为中心"做中学、学中做"，让学生人人参与，培养学生团队协作能力和实践动手能力。

（五）教学评价建议

本课程采用多元性的评价，学习态度、课程作业、实践环节等过程考核占课程总成绩的40%，期末考试（可结合职业技能考证）等结果考核占课程总成绩的60%，全面综合评价学生能力。教学考核方法建议见表5。

教学评价表 表5

<table>
<tr><th colspan="2" rowspan="2">考核项目</th><th rowspan="2">考核方式</th><th colspan="2">比例</th></tr>
<tr><th>分项</th><th>总体</th></tr>
<tr><td rowspan="3">过程考核</td><td>学习态度</td><td>根据课堂教学参与情况、课堂回答问题、出勤情况，由教师综合评定学生的学习态度得分</td><td>30%</td><td rowspan="3">40%</td></tr>
<tr><td>实践环节</td><td>根据学生实践情况，由学生自评、他人评价和教师评价相结合的方式评定成绩</td><td>40%</td></tr>
<tr><td>课程作业</td><td>根据学生完成课后作业、成果报告的情况由教师来评定成绩</td><td>30%</td></tr>
<tr><td colspan="2">结果考核</td><td>由教师评定笔试成绩</td><td>100%</td><td>60%</td></tr>
<tr><td colspan="4">合计</td><td>100%</td></tr>
</table>

七、其他

学院图书馆藏有大量各种会计类书籍及其参考书，可以满足学生课外学习、查阅资料等需要，同时本课程还有丰富的网上资源：课程标准、电子教案、多媒体课件、案例库、习题库等资源，学生可以利用这些资源进行自主学习、在线测试学习效果，师生也可利用互动平台，进行沟通，解决学习中的问题，为学生的学习及教师的教学，提供充分保障。

（课程标准制订人：邱海菊）